COURS

DE

PHYSIQUE ET CHIMIE

A L'USAGE DES

CANDIDATS AUX ÉCOLES D'ARTS ET MÉTIERS

PAR

J. BASIN

PROFESSEUR AGRÉGÉ AU LYCÉE DE LILLE

1er Fascicule : PHYSIQUE

PARIS

VUIBERT ET NONY, ÉDITEURS

63, Boulevard Saint-Germain, 63

1905

COURS DE PHYSIQUE ET CHIMIE

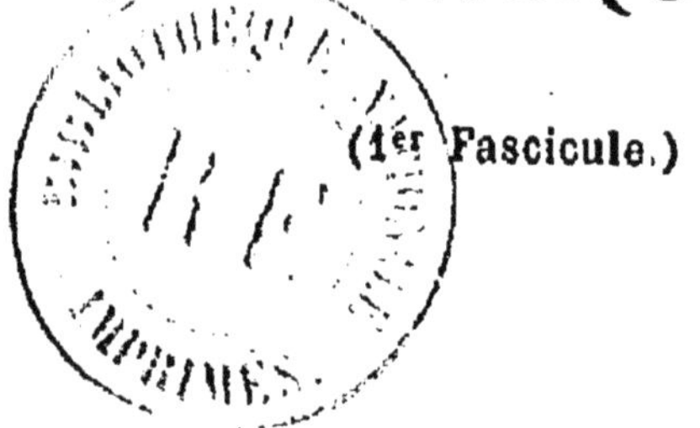

(1er Fascicule.)

DU MÊME AUTEUR

A LA MÊME LIBRAIRIE :

Physique et Chimie élémentaires (1er cycle des lycées, division B); 2 volumes.

Physique (2e cycle, sections scientifiques); 3 vol.

Chimie (2e cycle, sections scientifiques); 3 vol.

Éléments de Physique (2e cycle, sections littéraires); 3 vol.

Éléments de Chimie (2e cycle, sections littéraires); 1 vol.

Leçons de Physique; 3 vol.

Leçons de Chimie; 3 vol.

Pour tous ces ouvrages, consulter le catalogue, qui est envoyé sur demande.

Le tome III des *Leçons de Physique*, qui a pour titre : *Compléments*, forme un superbe volume de 701 pages, avec 478 figures. C'est une sorte de *Physique industrielle* moderne, très élémentaire, s'adressant non pas aux ingénieurs, mais aux élèves studieux des écoles industrielles et à toutes les personnes qui veulent être mises au courant des nouvelles applications de la physique. L'électricité y est l'objet d'un exposé didactique très complet qui pourra servir de base solide à des études ultérieures élevées, et toutes les autres parties de la Physique ont reçu des développements analogues.

Un vol. 19 × 13cm, 2e édition. Broché, 5 fr. ; cart. toile. 5 fr. 50.

On vend séparément l'*Électricité*; un fascicule avec 224 fig. 3 fr.

Méthodes de Résolution et de Discussion des problèmes de Géométrie, à l'usage des candidats aux Écoles d'Arts et Métiers, par G. Lemaire. — Un vol. 22 × 14cm de 223 pages avec 211 fig. 2 fr. 50.

COURS

DE

PHYSIQUE ET CHIMIE

A L'USAGE DES

CANDIDATS AUX ÉCOLES D'ARTS ET MÉTIERS

PAR

J. BASIN

PROFESSEUR AGRÉGÉ AU LYCÉE DE LILLE

1er Fascicule : PHYSIQUE

PARIS

VUIBERT ET NONY, ÉDITEURS

63, BOULEVARD SAINT-GERMAIN, 63

—

1905

PROGRAMME OFFICIEL

DES CONNAISSANCES EXIGÉES DES CANDIDATS AUX ÉCOLES NATIONALES D'ARTS ET MÉTIERS

Éléments de la Physique et de la Chimie.

PHYSIQUE

I. — Propriétés générales de la matière ; différents états des corps ; constitution des corps.

Pesanteur. — Éléments de cette force ; direction, intensité ; centre de gravité.
Poids des corps ; balance.
Équilibre des corps soumis à la pesanteur.

Hydrostatique. — 1° Liquides : surface libre d'un liquide en équilibre ; pression ; pression sur les fonds et sur les parois latérales des vases ; vases communicants ; principe de Pascal ; presse hydraulique ; énoncé du principe d'Archimède ; sa vérification expérimentale ; corps flottants.
Densité des corps ; sa mesure par la balance hydrostatique ; principe des aréomètres.
2° Gaz : pression de l'atmosphère ; baromètres ; principe d'Archimède ; aérostats.

Élasticité des gaz. — Loi de Mariotte ; sa démonstration expérimentale ; machines pneumatiques et de compression.

Écoulement des liquides. — Pompes ; siphons.

II. — Chaleur ; dilatation des corps ; thermomètres.
Changements d'état des corps ; lois de la fusion et de la solidification ; lois de la vaporisation ; évaporation ; ébullition ; lois de la condensation ; tension des vapeurs ; notions élémentaires sur la conductibilité et le rayonnement.

III. — Électricité ; préliminaires ; distribution : influence, condensation ; machines électrostatiques ; électricité atmosphérique ; paratonnerre ; courant électrique ; piles.

PHYSIQUE

CHAPITRE I

NOTIONS PRÉLIMINAIRES

1. Phénomènes chimiques et phénomènes physiques. — Les corps peuvent changer de nature et donner naissance à des corps nouveaux, ayant des propriétés toutes différentes. Tel est le cas du fer maintenu à l'air humide : il se recouvre de rouille, très différente du fer par son aspect extérieur et ses propriétés. De même, un morceau de soufre allumé brûle avec une flamme bleue et se transforme en un gaz à odeur suffocante. Ce sont là des phénomènes *chimiques*.

Il y a d'autres phénomènes, dits *physiques*, qui n'amènent pas de changement dans la nature des corps ; ceux-ci ne subissent que des modifications passagères, lesquelles disparaissent avec la cause qui leur a donné naissance. Ainsi un bâton de verre frotté avec un morceau de drap acquiert momentanément la propriété d'attirer les corps légers, mais le verre est resté du verre ; une barre de fer chauffée s'allonge et rougit, mais reprend sa couleur et ses dimensions primitives quand elle revient à sa température initiale; de l'eau suffisamment refroidie passe à l'état de glace, qui fond et reprend l'état liquide si la température du milieu environnant vient à s'élever.

2. Objet de la physique et de la chimie. — La physique et la chimie sont quelquefois appelées *sciences expérimentales,* parce qu'on y fait constamment des expériences.

La physique a pour objet l'étude des phénomènes physiques. Le physicien observe attentivement ces phénomènes, essaie de les reproduire par l'expérience et cherche à découvrir leurs causes ainsi que les lois qui les régissent.

La chimie s'occupe des phénomènes chimiques. Elle étudie les modifications durables que ces phénomènes produisent dans la nature des corps et recherche les circonstances dans lesquelles ont lieu ces modifications.

3. Propriétés essentielles des corps. — Les corps ont trois propriétés essentielles : l'étendue, l'impénétrabilité et l'inertie.

Tout corps a nécessairement de l'*étendue*; la portion de l'espace qu'il occupe est son volume. Il est de plus *impénétrable*; l'expérience démontre en effet que deux corps ne peuvent exister ensemble dans un même lieu de l'espace : quand une pointe pénètre dans une planche, quand une pierre s'enfonce dans l'eau, il n'y a là qu'une pénétration apparente : la pointe ne fait que refouler les fibres du bois, la pierre ne fait qu'écarter l'eau autour d'elle.

Enfin, tous les corps sont *inertes* par eux-mêmes : cela veut dire que *tout corps qui est en repos ne se met pas de lui-même en mouvement.* De même, tout corps qui est en mouvement ne s'arrête pas de lui-même, et si les corps en mouvement à la surface de la Terre tendent toujours à s'arrêter, c'est que des causes étrangères à ces corps s'opposent sans cesse au mouvement. Considérons, par exemple, une pierre lancée sur un sol horizontal ; si son mouvement ne persiste pas indéfiniment, c'est parce que les aspérités du sol et de la pierre, la résistance de l'air, ralentissent peu à peu le mouvement et finissent par l'annuler. Ces causes de ralentissement sont d'autant plus faibles que la pierre se rapproche davantage de la forme sphérique et que le sol est plus uni ; c'est ainsi que le mouvement d'une bille lancée sur la glace bien unie peut persister très longtemps.

Une foule de faits sont d'ailleurs des conséquences de l'inertie des corps. Ainsi, lorsqu'un train lancé avec une grande vitesse s'arrête trop brusquement, les voyageurs conservant cette même vitesse se trouvent projetés en avant ; de même, lorsqu'on saute d'un tramway en marche, il faut avoir soin de se pencher en sens contraire du mouvement du tramway, sans quoi on est projeté dans le sens de ce mouvement. Enfin, on applique encore le principe de l'inertie lorsque, pour emmancher un marteau, on frappe le manche contre un corps fixe : le marteau continue le mouvement et s'enfonce solidement dans le manche.

4. Constitution des corps. — On admet aujourd'hui que la matière qui constitue les corps n'est pas continue. Ceux-ci seraient formés par la réunion d'un très grand nombre de parties toutes semblables, et ayant un degré de petitesse tel qu'elles échappent à nos instruments d'observation les plus perfectionnés. Ces parties ont reçu le nom de *molécules* (de *moles*, petite masse). Les molécules ne se touchent pas ; elles sont séparées par des intervalles aussi petits qu'elles-mêmes, pouvant augmenter ou diminuer dans différentes circonstances, comme, par exemple, lorsqu'on chauffe un corps ou que l'on exerce une certaine pression à sa surface.

Une foule de faits conduisent à admettre l'existence de ces petits intervalles, qu'on appelle *pores intermoléculaires*. Si, par exemple, tous les corps diminuent plus ou moins de volume quand on exerce sur eux une pression suffisante ; si un mélange d'eau et d'alcool occupe un volume plus petit que la somme des volumes de l'eau et de l'alcool séparés (*fig.* 1), ce ne peut être que parce que les molécules se sont simplement rapprochées.

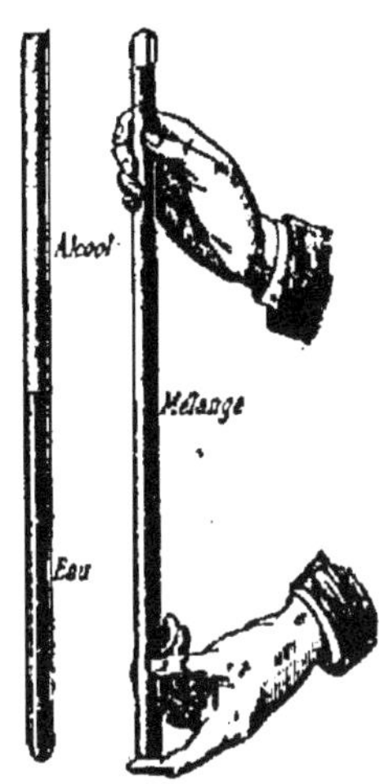

FIG. 1. — Mélange d'eau et d'alcool.

5. Différents états des corps. — Les corps se présentent à nous sous trois états physiques distincts : l'état solide, l'état liquide et l'état gazeux.

1° Les corps *solides* ont un volume à peu près constant et une forme déterminée ; leurs différentes parties restent dans la même situation les unes par rapport aux autres, et, pour les séparer, il faut exercer des efforts relativement considérables. Ex. : un morceau de soufre, un morceau de fer.

2° Les corps *liquides* ont aussi un volume à peu près constant, mais leurs différentes parties peuvent glisser les unes sur les autres avec la plus grande facilité et couler d'un vase dans un autre. Il en résulte que les liquides n'ont pas de forme propre ; ils prennent celle du vase qui les contient et se terminent à la partie supérieure par une surface libre. Ex. : l'eau, le mercure.

3° Les corps *gazeux* ou, plus simplement, les *gaz*, n'ont ni forme, ni volume déterminés ; leur volume change avec celui du vase qui les contient. Quand un gaz est introduit dans une enveloppe quelconque, il tend toujours à l'occuper tout entière : on dit que les gaz sont *expansibles*. Par suite de cette propriété, les gaz exercent sur les parois de l'enveloppe qui les renferme un certain effort, une certaine pression. Cette pression s'appelle la *force élastique* des gaz.

Comme exemple de gaz, on peut citer le gaz d'éclairage.

Remarque. — Entre les trois états ainsi définis, on trouve tous les états intermédiaires. Ainsi le beurre, surtout pendant l'été, se déforme sous la moindre pression ; certains sirops ne prennent que lentement la forme du vase qui les contient, etc.

6. Passage d'un état à un autre état. — Un même corps peut prendre successivement les états solide, liquide et gazeux. On sait que l'eau refroidie suffisamment se change en glace. Quand on chauffe de l'eau, elle finit par bouillir et disparaît dans l'atmosphère à l'état de vapeur, c'est-à-dire à l'état gazeux. Tous les corps sont dans le même cas que l'eau. Nous verrons plus tard qu'on peut amener les gaz à l'état liquide, les liquides à l'état solide. L'air lui-même a été liquéfié et solidifié.

NOTIONS ÉLÉMENTAIRES SUR LES FORCES

7. Considérations générales. — Supposons qu'on élève un corps à une certaine hauteur et qu'on l'abandonne à lui-même : le corps tombe. Cela tient à ce qu'une force, appelée *pesanteur*, sollicite tous les corps à se mettre en mouvement vers le centre de la Terre dès qu'ils ne sont plus soutenus. Quand nous soulevons un corps, nous devons faire un effort, développer une certaine force pour vaincre l'action de cette pesanteur. Il existe dans la nature des forces très variées : une plume en acier placée près d'un aimant est aussitôt attirée ; on dira que l'aimant exerce sur l'acier une force. Une chaudière à vapeur dégage de la vapeur d'eau qui, pressant sur un piston avec une force plus ou moins grande, le met en mouvement. Nous appellerons force *toute cause capable de mettre un corps en mouvement ou de modifier son état de mouvement.*

L'existence d'une force nous est révélée généralement par les effets qu'elle produit. Ainsi un corps placé sur un support produit une dépression plus ou moins forte, et le support se romprait si le poids du corps dépassait une certaine limite ; un ressort enroulé en spirale fléchit plus ou moins lorsqu'on y suspend un corps, etc. Tous ces effets, en même temps qu'ils nous révèlent l'existence des forces, peuvent aussi servir à les mesurer, comme nous le verrons plus loin.

Pour qu'une force soit bien déterminée, il faut qu'on connaisse :

1° son *point d'application,* c'est-à-dire le point du corps sur lequel elle agit directement ;

2° sa *direction,* c'est-à-dire la ligne suivant laquelle la force tend à entraîner son point d'application ;

3° sa *grandeur* ou, comme on dit ordinairement, son intensité.

8. **Comparaison des forces entre elles.** — Lorsque deux forces, appliquées en sens contraire au même point matériel, ne communiquent à ce point aucun mouvement, il est évident qu'elles ont la même grandeur : on dit qu'elles se font *équilibre.* De même, une force a une grandeur double, triple, etc., de la grandeur d'une autre force, lorsqu'elle

fait équilibre à 2, 3,... forces égales à cette dernière, appliquées ensemble au même point et en sens contraire. On peut donc comparer les grandeurs des forces en choisissant une certaine force pour unité.

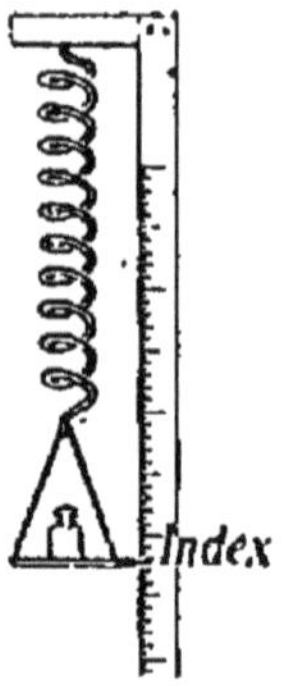

Index

Fig. 2. — Ressort à boudin utilisé comme dynamomètre.

Pour comparer les intensités des forces, on emploie des instruments appelés *dynamomètres*. Ils sont constitués essentiellement par des ressorts qui se déforment sous l'action des forces et reprennent leur position primitive quand celles-ci cessent d'agir. Le dynamomètre le plus simple est le *ressort à boudin*, constitué par une spirale de cuivre ou de fer disposée verticalement (*fig.* 2). L'une des extrémités étant attachée à un point fixe, on suspend successivement à l'autre extrémité des poids de 10, 20, 30,... grammes; le ressort s'allonge et on constate que les allongements sont proportionnels aux forces.

On emploie aussi comme dynamomètre le *peson à ressort courbe*.

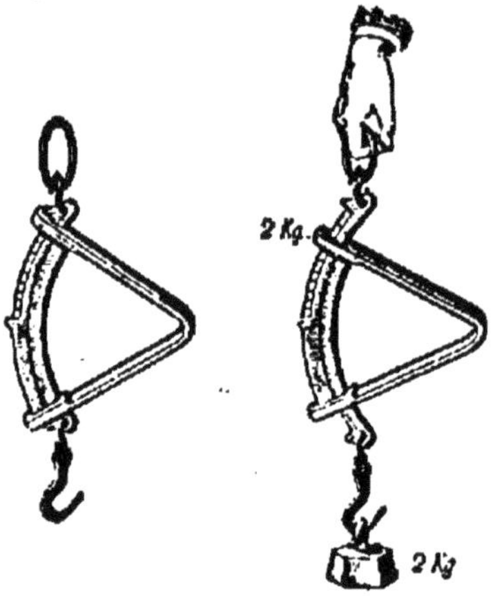

2 Kg.

2 Kg

Fig. 3. — Peson à ressort courbe.

Il se compose d'un ressort d'acier recourbé en son milieu (*fig.* 3). A chaque branche est soudé un arc de cercle qui traverse librement l'autre branche; l'arc qui traverse la branche supérieure se termine par un anneau; l'arc qui traverse la branche inférieure se termine par un crochet. Pour graduer l'instrument, on soutient l'anneau par un point fixe, puis on suspend successivement au crochet 1, 2, 3,... unités de force (ordinairement le kilogramme), et on marque 1, 2, 3,... aux points où s'arrête la branche supérieure sous ces différentes charges. Une force inconnue, appliquée à un peson ainsi gradué et produisant le rapprochement des branches jusqu'à la division 3, par exemple, aura une grandeur égale à 3 unités de force.

9. Unités de force. — L'unité de force employée dans la pratique est le *kilogramme-poids*, qui est la force avec laquelle la pesanteur sollicite le kilogramme-étalon conservé aux Archives nationales.

En Physique, on emploie une unité de force très petite appelée *dyne* (d'un mot grec qui veut dire force). Le kilogramme vaut 981 000 dynes. On voit que la dyne équivaut à peu près au poids d'un milligramme.

10. Composition des forces. — Quand plusieurs forces sont appliquées à un même point matériel, il est généralement possible de les remplacer par une force unique qui, agissant seule sur le point matériel, produirait le même effet que ces forces réunies. Toutes les fois qu'une force peut ainsi en remplacer plusieurs autres, elle prend le nom de *résultante*, et ces dernières le nom de *composantes*.

Fig. 4. — Représentation graphique d'une force.

Pour simplifier l'étude de la composition des forces, on convient de représenter graphiquement celles-ci par des lignes droites de même direction que les forces ; on prend sur ces droites autant d'unités de longueur que la force contient d'unités de force (*fig.* 4), et enfin on indique le sens de l'action par une flèche.

I. Forces concourantes. — Les forces sont dites concourantes lorsqu'elles ont même point d'application.

Deux forces OF et OF' (*fig.* 5), appliquées au même point matériel O, et faisant entre elles un certain angle, peuvent être remplacées par une *résultante*, laquelle est représentée par la diagonale OR du parallélogramme construit sur ces deux forces. Cette règle, souvent appliquée

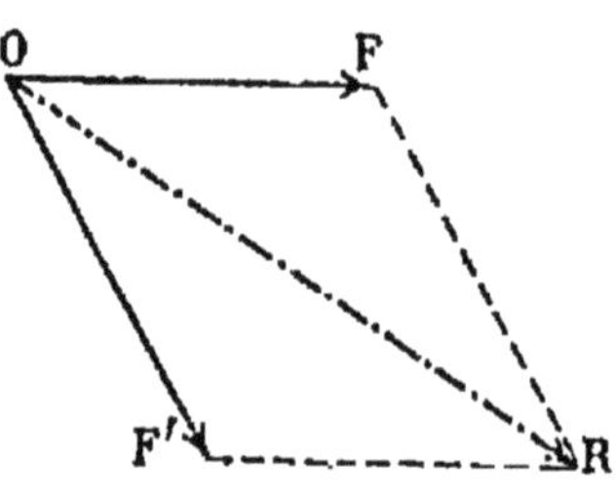

Fig. 5. — Parallélogramme des forces.

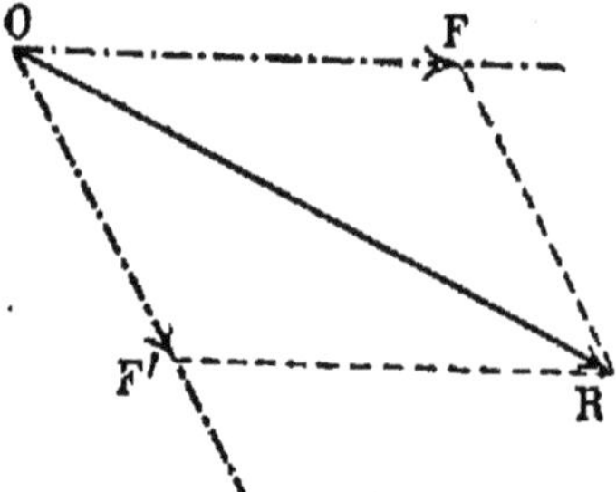

Fig. 6. — Réciproque du parallélogramme des forces.

en Physique, porte le nom de *règle du parallélogramme des forces*.

Réciproquement, étant donnée une force OR (*fig.* 6), on peut la remplacer par deux autres de directions arbitraires OF et OF′. Les grandeurs de ces *composantes* sont représentées par les côtés du parallélogramme dont OR est la diagonale.

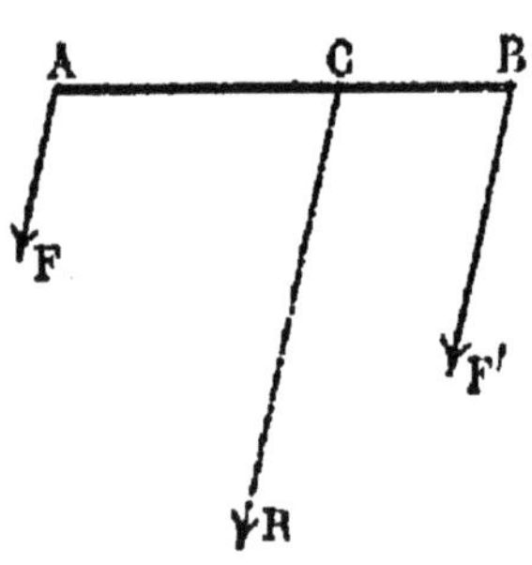

Fig. 7. — Composition de deux forces parallèles.

11. Forces parallèles. — Si l'on considère deux forces AF et BF′ (*fig.* 7) parallèles et de même sens, leur résultante est égale à leur somme, et son point d'application, situé sur la droite qui joint les points d'application des deux forces, divise cette droite en deux parties inversement proportionnelles aux intensités de ces forces. On a donc

$$R = F + F'$$

et

$$\frac{AC}{BC} = \frac{F'}{F}.$$

Si AC = BC, F = F′. Ce cas est appliqué dans la balance ordinaire (20).

Pour obtenir la résultante d'un certain nombre de forces parallèles F, F′, F″, F‴, appliquées en des points A, B, D, E d'un corps solide (*fig.* 8), il suffit de composer d'abord deux de ces forces F et F′ en une seule R d'après la règle précédente, puis cette résultante partielle avec la force F″, et enfin la résultante R′ avec la dernière force F‴. On aura ainsi la résultante finale R″, qui est égale à la somme de toutes les forces parallèles ; son point d'application C″ s'appelle *centre des forces parallèles* ; il jouit d'une propriété importante : si la direction commune de toutes les forces vient à changer, le centre des forces parallèles conserve la même position, pourvu que ces forces conservent leurs intensités et restent appliquées aux mêmes points.

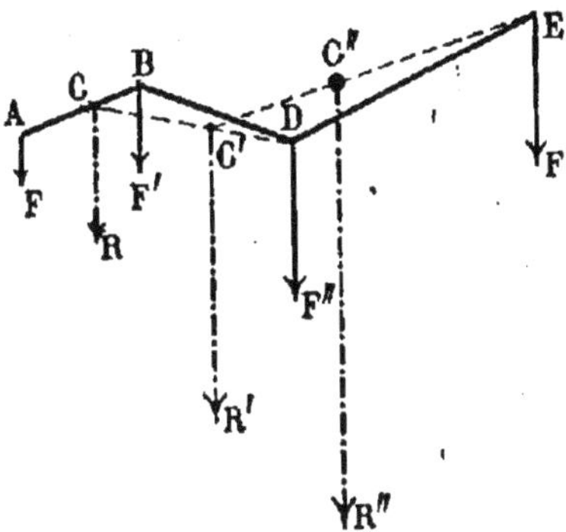

Fig. 8. — Centre des forces parallèles.

11. Notions élémentaires sur le travail des forces. — *On dit qu'une force travaille quand elle imprime un déplacement quelconque à son point d'application.* Ainsi un poids qui tombe, un cheval qui tire une voiture produisent du travail.

Le travail d'une force dépend à la fois de la grandeur de la force et du chemin parcouru par son point d'application. Si un poids d'un kilogramme tombe d'une hauteur d'un mètre, il produit un certain travail ; si le même poids tombe de deux mètres, il produit un travail double, et il en serait de même d'un poids de deux kilogrammes tombant d'un mètre.

Le cas le plus simple de l'évaluation du travail est celui d'une force constante qui déplace son point d'application dans sa propre direction ; le travail est alors le produit de la grandeur de la force par le chemin parcouru.

Soit une force constante de grandeur F, appliquée au point O (*fig.* 9) ; si elle imprime à ce point un déplacement OO' = *e* dans sa propre direction, on a, en représentant, comme on le fait souvent, le travail accompli par W (initiale du mot anglais *work*, travail),

FIG. 9. — Évaluation du travail d'une force constante.

$$W = F \times e.$$

12. Unités de travail. — Dans la pratique, le poids du kilogramme étant habituellement l'unité de force et le mètre l'unité de longueur, l'unité de travail est le *kilogrammètre,* c'est-à-dire le travail produit par un poids de 1 kilogramme tombant d'une hauteur d'un mètre.

L'unité de travail adoptée en Physique est très petite ; on l'appelle *erg* (d'un mot grec qui veut dire *travail*). C'est le travail accompli par une dyne qui déplace son point d'application d'un centimètre. Le kilogrammètre vaut 98 100 000 ergs.

RÉSUMÉ DU CHAPITRE I

Les phénomènes physiques n'altèrent pas la nature des corps et ne leur font éprouver que des modifications passagères ; les phénomènes chimiques changent au contraire la nature des corps.

Les propriétés essentielles des corps sont l'étendue, l'impénétrabilité et l'inertie. Cette dernière propriété appartient aussi bien aux corps qui sont en repos qu'à ceux qui sont en mouvement.

On admet que les corps sont formés par l'agglomération de particules très petites appelées *molécules*, toutes semblables entre elles et séparées par des intervalles très petits.

Les corps peuvent exister sous trois états physiques. Les *solides* présentent une résistance plus ou moins grande à la rupture ; leur volume est à peu près constant et leur forme déterminée. Les *liquides* ont un volume à peu près constant aussi, mais ils prennent la forme du vase qui les contient. Enfin les *gaz* remplissent toujours l'espace qui leur est offert et exercent sur l'enveloppe qui les renferme une certaine pression (force élastique des gaz).

Une *force* est toute cause capable de modifier l'état de repos ou de mouvement d'un corps ; elle est caractérisée par son point d'application, sa direction et sa grandeur. On mesure les forces en cherchant, à l'aide des dynamomètres, combien de fois elles contiennent une force choisie comme unité.

L'unité de force employée en pratique est le kilogramme-poids.

La résultante de deux forces faisant un certain angle est la diagonale du parallélogramme construit sur les deux forces. — Quand deux forces sont parallèles et de même sens, la résultante est égale à leur somme et son point d'application divise la droite qui joint les points d'application des deux forces en deux segments inversement proportionnels aux intensités de ces forces.

Une force qui déplace son point d'application produit du travail. Quand une force constante déplace son point d'application dans sa propre direction, le travail accompli est le produit de la grandeur de la force par le chemin parcouru. Dans la pratique, l'unité de travail est le kilogrammètre (travail nécessaire pour soulever 1^{kg} à 1^{m} de hauteur).

EXERCICES SUR LE CHAPITRE I

1. Deux forces parallèles et de même sens sont appliquées en deux points invariablement liés et distants de 25^{cm} ; l'une des forces, évaluée en dynes, vaut 5 000 dynes ; l'autre force, évaluée en kilogrammes, vaut $0^{kg},200$.

Trouver l'intensité de la résultante et son point d'application.

2. Une force constante qui équivaut au poids de 5^{kg} déplace son point d'application de 50^{cm} dans sa propre direction. Quel est le travail produit? On évaluera le travail en kilogrammètres et en ergs.

CHAPITRE II

NOTIONS GÉNÉRALES SUR LA PESANTEUR

13. Considérations générales. — Tous les corps solides ou liquides, portés à une certaine hauteur et abandonnés à eux-mêmes, tombent à la surface du sol; placés sur un support, ils exercent sur ce support une certaine pression; on dit qu'ils sont *pesants*. Les gaz sont également pesants, et si la plupart des gaz, si la fumée, les aérostats s'élèvent dans l'air, cela est dû à ce que l'air, qui est lui-même pesant, exerce sur tous ces corps une poussée de bas en haut plus forte que l'action exercée par la pesanteur sur ces corps; aussi cette poussée les soulève-t-elle, comme l'eau

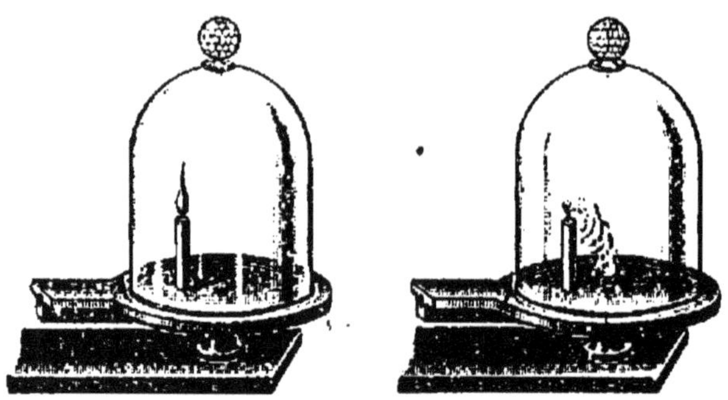

Fig. 10. — Expérience montrant que la fumée est pesante.

soulève un bouchon qu'on y enfonce et qu'on abandonne ensuite. Si l'air n'existait pas, les corps dont nous venons de parler tomberaient aussi. Pour le démontrer, on place une bougie allumée sous une cloche (*fig.* 10) dont on peut enlever l'air à l'aide d'une machine pneumatique. Quand l'air est suffisamment raréfié, la bougie s'éteint et la fumée qui s'échappe de la mèche tombe au lieu de s'élever.

La force qui tend ainsi à entraîner tous les corps vers le centre de la Terre a reçu le nom de *pesanteur* (7).

La pesanteur étant une force, il faut, pour qu'elle soit bien définie, connaître : 1° sa direction ; 2° son intensité ; 3° son point d'application.

14. Direction de la pesanteur. — Fil à plomb. — On détermine la direction de la pesanteur à l'aide du *fil à plomb*. Il se compose d'un fil flexible portant à une extrémité un corps un peu lourd, généralement une masse cylindro-conique en laiton (*fig.* 11). Quand le fil à plomb est abandonné à lui-même, il se tend sous l'influence de la pesanteur, et comme sa tension fait équilibre à cette dernière force, il a nécessairement la même direction qu'elle quand il est en repos.

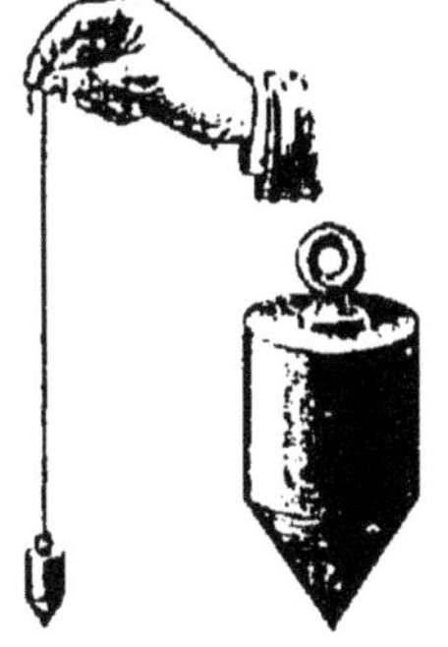

Fig. 11. — Fil à plomb.

La direction de la pesanteur en un lieu quelconque se nomme la *verticale*. Cette direction est la même, dans un même lieu, pour tous les corps : en effet, si l'on dispose plusieurs fils à plomb à côté les uns des autres, on constate que leurs directions sont parallèles quand ils sont en équilibre.

En réalité, les verticales sont les prolongements des rayons terrestres et elles passent par le centre de la Terre (*fig.* 12). Mais, lorsqu'on considère deux points qui ne sont pas très éloignés, on peut, à cause de la petitesse de l'angle formé, considérer les verticales qui passent par ces points comme sensiblement parallèles.

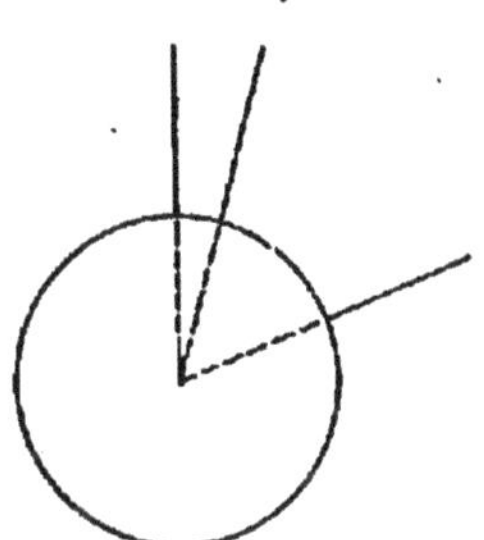

Fig. 12. — Les verticales passent par le centre de la Terre.

D'après ce qui précède, tout se passe comme si la pesanteur était due à une *attraction* exercée par la Terre sur tous les corps, attraction qui émane du centre même de notre globe.

Usages du fil à plomb. — Le fil à plomb est constamment utilisé dans les constructions pour vérifier si un mur est vertical. On tend le fil à plomb devant le mur (*fig.* 13) ; le mur est vertical si son arête est bien parallèle au fil.

C'est aussi le fil à plomb qui sert à vérifier si un plan est horizontal ; on emploie pour cela le *niveau de maçon* (*fig.* 14). Il est formé de deux barres de bois portant un fil à plomb suspendu au sommet de l'angle qu'elles forment : le plan est horizontal quand le fil recouvre une ligne verticale (appelée ligne de foi) tracée sur une barre transversale.

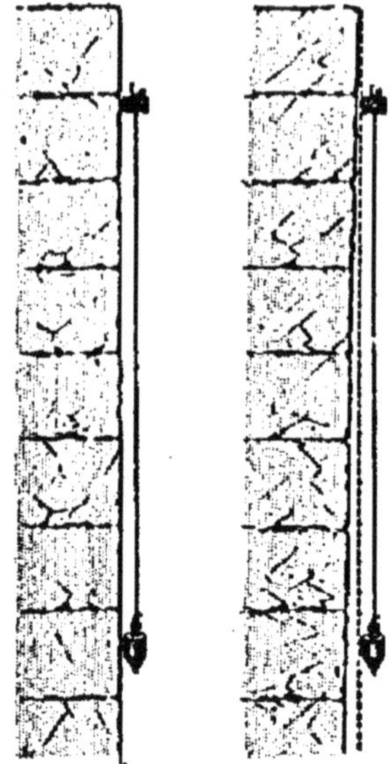

Fig. 13. — Emploi du fil à plomb pour vérifier si un mur est vertical.

15. Intensité de la pesanteur. — Poids. — Quand un corps est divisé en fragments, chaque fragment, si petit qu'il soit, tombe aussi bien que le corps lui-même. On peut donc considérer les molécules d'un corps comme soumises chacune à une petite force verticale dirigée de haut en bas. Toutes ces forces sont égales, et elles peuvent être considérées comme parallèles.

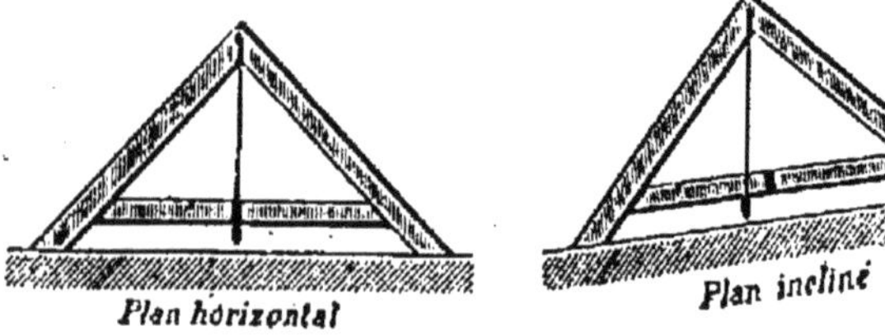

Fig. 14. — Niveau de maçon.

lèles. Nous avons vu (10) qu'il est possible de les remplacer par une force unique qui, agissant seule sur le corps, produirait le même effet que les petites forces réunies. Cette force unique, qui n'est qu'une conception de l'esprit, est la *résultante* de toutes les actions de la pesanteur sur le corps ; elle est égale à la somme de toutes les petites forces verticales et elle est elle-même dirigée suivant la verticale ; sa grandeur représente le *poids* du corps. On peut donc définir le poids d'un corps : ***la grandeur de la résultante de toutes les actions exercées par la pesanteur sur ce corps.***

Le poids d'un corps étant une force, doit s'évaluer en kilogrammes-poids ou en dynes (9). On peut déterminer approximativement le poids d'un corps en le suspendant à un dynamomètre comme le peson à ressort (8).

16. Centre de gravité. — ***Le centre de gravité d'un corps est le point d'application de la résultante de toutes les actions exercées par la pesanteur sur ce corps.***

La position du centre de gravité dans un corps homogène (c'est-à-dire dont toutes les parties sont de même nature) ne dépend que de sa forme. Pour déterminer approximativement cette position, on suspend le corps par un point A de son contour (*fig.* 15). Quand l'équilibre est atteint, la tension du fil est une force qui neutralise à elle seule le poids du corps ; la direction du fil, prolongée, passe nécessairement par le

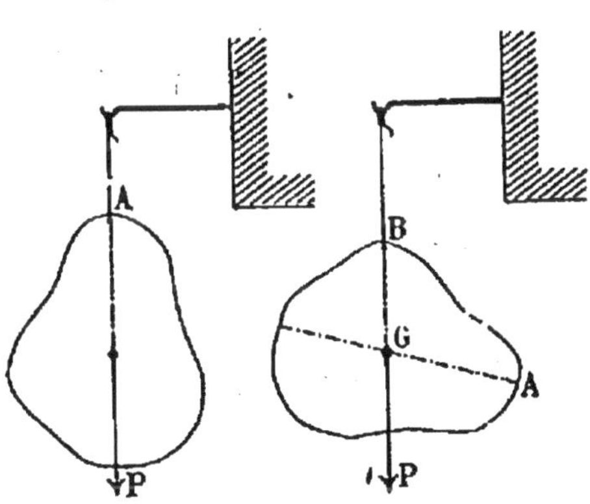

FIG. 15. — Détermination expérimentale du centre du gravité.

centre de gravité. On suspend ensuite le même corps par un autre point, B, de manière à obtenir une seconde direction passant encore par le centre de gravité. Celui-ci se trouve à l'intersection des deux directions obtenues.

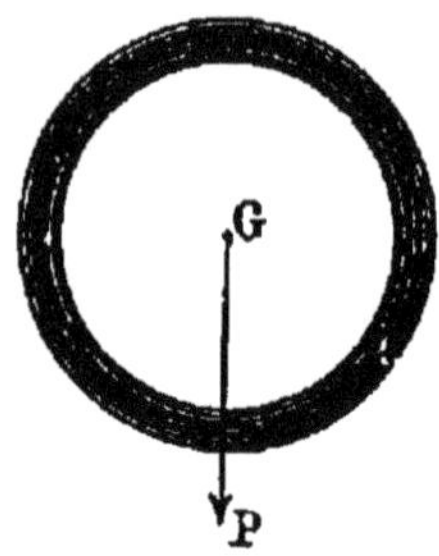

Fig. 16. — Centre de gravité d'un anneau.

Il faut remarquer que le centre de gravité d'un corps peut n'être pas situé dans le corps lui-même; dans un panier, une chaise, il est généralement situé en un point qui ne fait pas partie du corps ; dans un anneau, (*fig.* 16) il est au centre. On doit alors regarder ce point comme invariablement lié au corps, c'est-à-dire gardant toujours la même position relativement au corps et se déplaçant avec lui.

17. Équilibre des corps solides. — Les conditions d'équilibre des corps solides peuvent être déterminées facilement par la considération du centre de gravité.

I. Corps mobile autour d'un axe horizontal (corps suspendu). — Il faut, pour l'équilibre, que le centre de gravité soit soutenu, c'est-à-dire que *la verticale menée par ce point rencontre l'axe* : la pesanteur est alors contre-balancée par la résistance de l'axe. Cette condition étant remplie, l'équilibre peut être stable, instable ou indifférent.

1° L'équilibre est *stable* lorsque le corps écarté de sa position d'équilibre tend à y revenir. Considérons par exemple une règle plate à dessin soutenue à sa partie supérieure (*fig.* 17). Si l'on écarte cette règle de sa position d'équilibre, son poids P peut être décomposé en deux forces (10) dont l'une, f, est détruite par la résistance de l'axe, mais dont l'autre, f', tend à ramener la règle à sa position primitive ;

2° L'équilibre est *instable* lorsque le corps, même très peu écarté de sa position d'équilibre, tend à s'en éloigner de plus en plus ; tel serait le cas de la règle précédente dont l'axe de suspension traverserait la partie inférieure (*fig.* 18). Le centre de gravité est alors au-dessus de l'axe ;

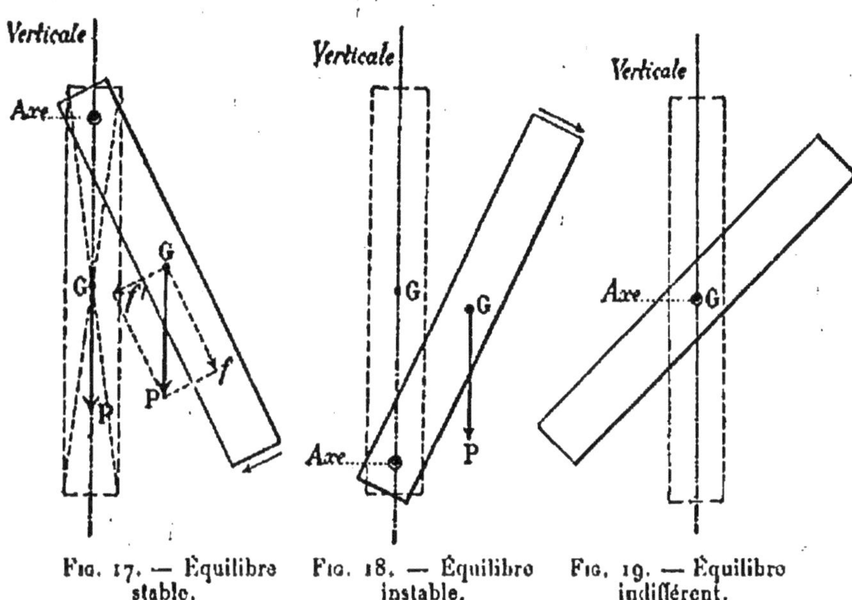

Fig. 17. — Équilibre stable.

Fig. 18. — Équilibre instable.

Fig. 19. — Équilibre indifférent.

3° Enfin, l'équilibre est *indifférent* lorsque le corps est en équilibre dans toutes les positions qu'on lui fait prendre. L'équilibre d'une règle plate soutenue par un axe passant par le point d'intersection de ses diagonales (*fig.* 19) est indifférent. Le centre de gravité coïncidant avec l'axe, le poids de la règle est alors détruit par la résistance de l'axe dans toutes les positions possibles. L'équilibre d'une meule montée sur un axe, des poulies des arbres de transmission, des volants des machines à vapeur est aussi indifférent.

II. Corps reposant sur un plan horizontal (corps appuyé).

— Pour qu'un corps reposant sur un plan horizontal soit en équilibre, il faut que la verticale qui passe par son centre de gravité passe en même temps à l'intérieur de *la base de sustentation*. On appelle ainsi la figure — ordinairement un polygone — que l'on obtient en joignant tous les points d'appui.

L'équilibre peut encore être *stable* (équilibre d'une table, d'une voiture, d'un cône reposant sur sa base), *instable* (équilibre d'une règle maintenue verticalement sur l'extré-

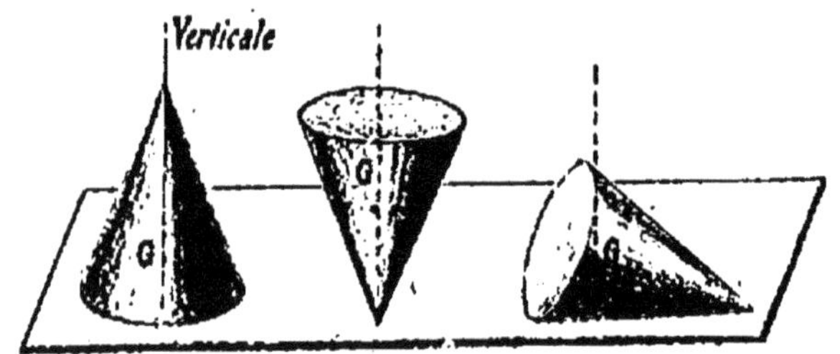

Fig. 20. — Équilibre d'un cône reposant sur un plan horizontal.

mité du doigt, d'un cône vertical s'appuyant sur sa pointe), ou *indifférent* (équilibre d'une sphère, équilibre d'un cône, d'un cylindre roulant sur leurs génératrices). La figure 20 représente les trois genres d'équilibre. En général, l'équilibre est d'autant plus stable que le centre de gravité est situé plus bas ; il faut alors un plus grand déplacement du corps pour que la verticale passant par le centre de gravité tombe en dehors de la base de sustentation.

Applications. — La considération du centre de gravité est d'une grande utilité dans la pratique pour assurer la stabilité des corps.

La stabilité des voitures, des navires, etc., est d'autant plus grande que le centre de gravité est placé plus bas ;

aussi lorsqu'on les charge, dispose-t-on au fond les objets les plus lourds formant *lest*. Les vieux bâtiments, les cheminées d'usines, etc., restent stables tant que la verticale du centre de gravité tombe dans la base qui les supporte. Dans la célèbre tour penchée de Pise, cette verticale est loin de tomber en dehors malgré l'inclinaison de la tour.

Dans la locomotion, nous manœuvrons instinctivement pour que la verticale passant par notre centre de gravité rencontre toujours le sol à l'intérieur de la base de sustentation formée avec les contours extérieurs des pieds; c'est pour cela que nous nous penchons en avant pour monter une pente raide, que nous nous penchons au contraire en arrière pour la descendre. Un homme qui porte un fardeau sur le dos doit se pencher en avant pour ramener dans la base de sustentation la verticale qui passe par le centre de gravité commun au corps et au fardeau; un homme qui porte un fardeau d'une main doit pencher le corps du côté opposé pour la même raison. Un danseur de corde prend un balancier qu'il incline à droite ou à gauche de manière à maintenir le centre de gravité dans le plan vertical qui passe par la corde.

FIG. 21. — Expérience d'équilibre.

Enfin une foule d'expériences sont une application des conditions d'équilibre que nous avons énumérées plus haut. Nous citerons comme exemple l'équilibre d'une pièce de monnaie soutenue par deux fourchettes sur la pointe d'une aiguille ou sur le bord d'un verre (*fig.* 21).

18. Forces agissant sur un corps qui tombe. — Deux forces agissent sur un corps qui tombe : 1° son *poids*, qui l'entraine de haut en bas ; 2° la *résistance de l'air*, qui agit en sens contraire. Le poids peut être considéré comme une force constante pendant toute la durée de la chute, tandis que la résistance de l'air varie considérablement avec la surface des corps, avec leur vitesse, etc.

Faisons tomber simultanément, de la même hauteur, un morceau de craie et une feuille de papier ; la craie arrive à terre bien avant la feuille de papier (*fig.* 22). Roulons maintenant la feuille entre les mains pour en faire une boule bien serrée, puis laissons de nouveau tomber les deux corps ; ils arriveront à terre en même temps.

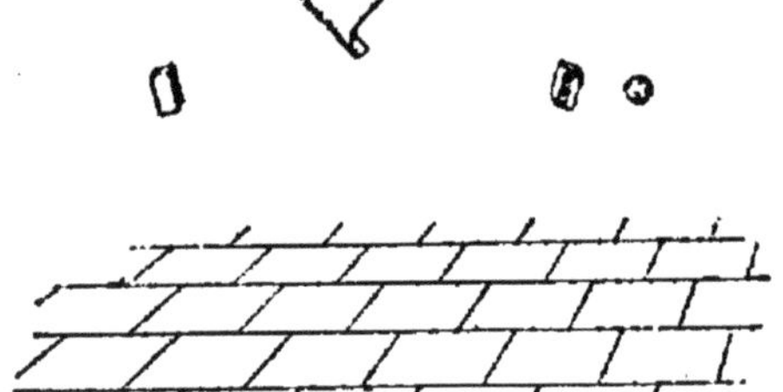

Fig. 22. — Chute de corps de diverses formes.

En réalité, *tous les corps tombent avec la même vitesse,* et les différences que l'on observe sont dues simplement à la résistance de l'air. Si on laissait tomber de la même hauteur des corps quelconques dans un espace préalablement *privé d'air,* on verrait que la durée de la chute est la même pour tous ces corps.

Le mouvement des corps qui tombent va toujours en *s'accélérant régulièrement.* L'expérience montre que la vitesse augmente de quantités égales dans des temps égaux, c'est-à-dire qu'au bout de 2, 3, ... secondes, elle est devenue 2, 3, ... fois plus grande. Si l'on néglige la résistance de l'air, la vitesse d'un corps qui tombe librement est, au bout d'une seconde, $9^m,81$, au bout de deux secondes, $9,81 \times 2$, et ainsi de suite. Cette quantité constante $9^m,81$ dont la vitesse augmente par seconde s'appelle l'*accélération* imprimée par la pesanteur ; elle varie légèrement quand on passe d'un lieu à un autre : à Paris, sa valeur est de $9^m,81$; elle est de $9^m,78$ à l'équateur et de $9^m,83$ à la latitude de 80°.

Traçons deux droites rectangulaires OX et OY (*fig.* 23) ; sur l'horizontale prenons des longueurs quelconques mais égales OA, AB,... qui correspondront chacune à une seconde de chute ; puis élevons successivement aux points A, B, C... des perpendiculaires de longueur proportionnelle aux vitesses atteintes au bout de 1, 2, 3,... secondes (nous prenons ici une échelle très réduite). En joignant les extrémités M, M',... de ces perpendiculaires, on obtient une ligne droite OP, qui est la *représentation graphique* des augmentations régulières de la vitesse. Si l'on veut obtenir la vitesse au bout de $3^s,5$, par exemple, il suffira de mener du point S, milieu de CD, la perpendiculaire à OX ; la longueur SS' de la portion de cette perpendiculaire comprise entre OX et OP, évaluée en mètres, représente (en tenant compte de la réduction) la vitesse cherchée.

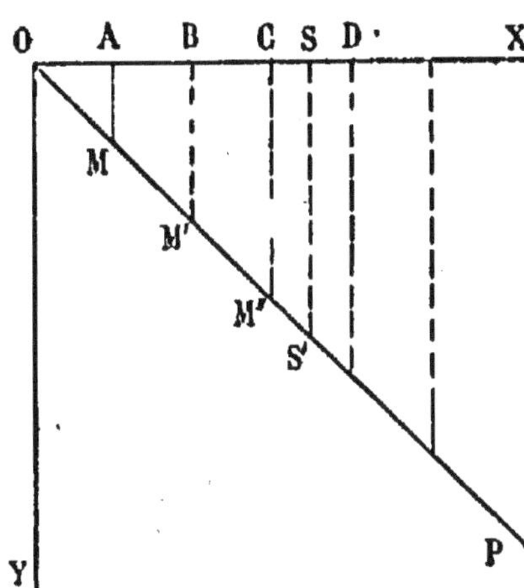

Fig. 23. — Représentation graphique des vitesses.

L'espace parcouru par un corps qui tombe librement augmente aussi suivant une loi simple. Le corps parcourt un espace de $\frac{9^m,81}{2} = 4^m,905$ pendant la première seconde de chute. Au bout de 2 secondes, il a parcouru un espace $2^2 = 4$ fois plus grand, soit $19^m,62$; au bout de 3 secondes, un espace $3^2 = 9$ fois plus grand, soit $44^m,145$, et ainsi de suite.

On peut aussi représenter graphiquement la variation des espaces. Aux points A, B, C,... dans la figure 24 analogue à la précédente, on élève des perpendiculaires de longueur proportionnelle aux espaces $4^m,905$, $19^m,62$, $44^m,145$,... parcourus au bout de 1, 2, 3,... secondes de chute. En joignant les extrémités N, N', N'',... de ces perpendiculaires, on obtient une courbe qui descend très vite. Si l'on veut avoir l'espace parcouru au bout de $3^s,5$, par exemple, on mène du point R, milieu de CD, une perpendiculaire à OX : l'espace cherché est la longueur RR' exprimée en mètres.

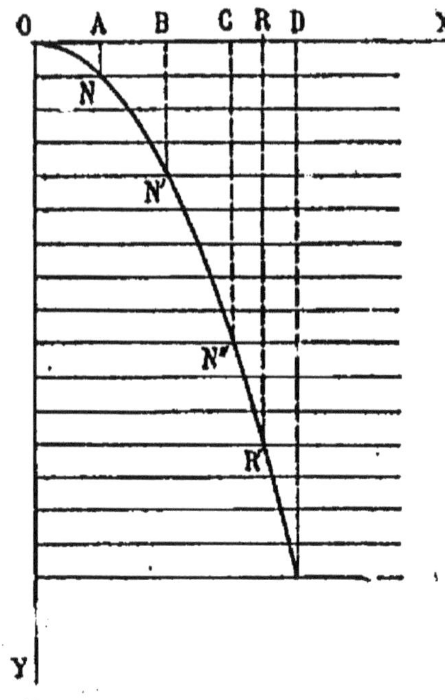

Fig. 24. — Représentation graphique des espaces parcourus.

Applications de la résistance de l'air. — C'est à la résistance de l'air qu'est dû l'éparpillement des liquides qui tombent dans l'air : dans le vide, leur chute aurait lieu en masse comme celle d'un corps solide. On le prouve à l'aide du *marteau d'eau* (*fig.* 25). C'est un tube de verre assez gros, à demi plein d'eau, qu'on a fermé à la lampe après en avoir chassé l'air par ébullition. Quand on le retourne brusquement, l'eau tombe sans se diviser et

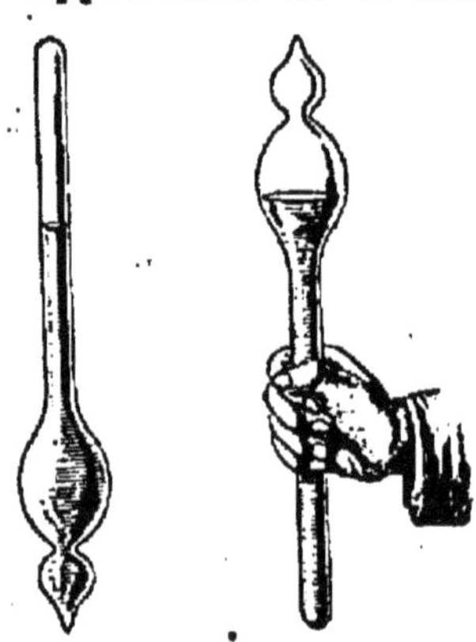
Fig. 25. — Marteau d'eau.

Fig. 26. — Parachute.

rend un son sec, comparable à celui d'une masse solide.

On empêche le mouvement de certains appareils de s'accélérer en leur faisant entraîner une roue à ailettes, qui éprouve de la part de l'air une résistance d'autant plus grande que la rotation de l'appareil est plus rapide. — Certains aéronautes qui veulent procurer des émotions au public quittent leur ballon pour descendre en *parachute* (*fig.* 26). C'est la résistance de l'air qui retarde la descente. — Remarquons enfin que les animaux qui volent trouvent aussi leur point d'appui dans la résistance de l'air.

RÉSUMÉ DU CHAPITRE II

La *pesanteur* est la force qui tend à entraîner tous les corps vers le centre de la Terre. Sa direction est donnée par un fil à plomb en équilibre. Cette direction se nomme la *verticale*. Toutes les verticales passent par le centre de la Terre. Le niveau de maçon est une application du fil à plomb.

Le *poids* d'un corps est la résultante de toutes les actions exercées par la pesanteur sur ce corps. Le point d'application de cette résultante est le *centre de gravité*.

Un corps mobile autour d'un axe horizontal est en équilibre lorsque la verticale qui passe par le centre de gravité rencontre l'axe. L'équilibre peut être stable, instable ou indifférent. Si le corps repose sur un plan horizontal par plusieurs points, il faut, pour qu'il y ait équilibre, que la verticale qui passe par le centre de gravité passe également à l'intérieur du polygone que l'on obtient en joignant les points d'appui.

Tout corps qui tombe est soumis simultanément à deux forces : son poids, et la résistance de l'air. Les lois dites de la chute des corps sont applicables aux corps qui tombent librement dans un espace privé d'air, c'est-à-dire dans le vide : 1° tous les corps tombent également vite ; 2° le mouvement des corps qui tombent va toujours en s'accélérant régulièrement.

EXERCICES SUR LE CHAPITRE II

3. Un corps abandonné à lui-même d'une certaine hauteur a mis 10 secondes pour atteindre le sol. Quel espace a-t-il parcouru ? On négligera la résistance que l'air oppose au mouvement.

4. Pendant combien de temps un corps doit-il tomber librement pour parcourir 100 mètres ? On négligera la résistance de l'air.

5. Un corps tombant dans le vide, sans vitesse initiale, a parcouru 100^{m} pendant les deux dernières secondes de sa chute. De quelle hauteur tombait-il ?

CHAPITRE III

MASSES. — PESÉES.

---

19. Masse d'un corps. — Le poids d'un corps varie légèrement d'un lieu à un autre. Ce fait a amené les physiciens à caractériser un corps, non pas par son poids, mais par sa *masse,* qui est une quantité invariable, indépendante des actions exercées sur le corps par les forces extérieures. La masse d'un corps dépend essentiellement de la quantité de matière qu'il contient et ne peut varier que si le corps gagne ou perd de la matière, c'est-à-dire s'il ne reste plus le même.

Pour déterminer la masse d'un corps, on cherche à l'aide de la balance combien de fois cette masse renferme une masse choisie comme unité. L'unité de masse est le *gramme-masse* ou masse du gramme, représentant *la mil-*

lième partie de la masse du kilogramme-étalon déposé aux Archives nationales. ***Le gramme-masse équivaut à très peu près à la masse d'un centimètre cube d'eau distillée à 4°.***

Pour pouvoir comparer les masses des corps, il est nécessaire d'avoir des multiples et des sous-multiples du gramme-masse. Ces multiples et sous-multiples, disposés ordinairement dans des boîtes spéciales (*fig.* 27), sont appelés vulgairement des *poids marqués* ; en réalité, ce sont des *masses marquées*. On les associe de manière à pouvoir obtenir tous les nombres compris entre 1 et 10, 10 et 100, etc. : il y a donc, outre le gramme-masse, deux masses de 2^{gr}, une masse de 5^{gr} ; de même pour les sous-multiples.

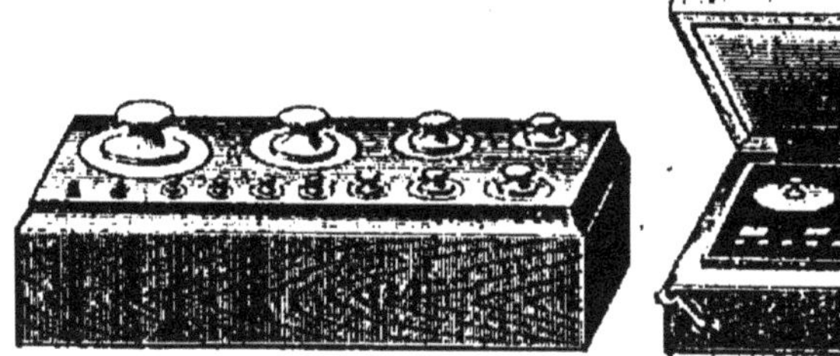

Fig. 27. — Boîtes de masses marquées.

Remarque. — Dans le langage courant on confond généralement la masse d'un corps avec son poids. Ces deux termes ne sont cependant pas synonymes. Le poids d'un corps représente, comme nous l'avons vu, la force avec laquelle il est sollicité par la pesanteur et doit, par suite, s'évaluer en unités de force et non en grammes-masse. Pour un même corps, il existe entre le poids et la masse la relation suivante :

$$P = Mg,$$

g désignant l'accélération imprimée par la pesanteur au lieu considéré (18).

Comme, à Paris, $g = 9^{m},81$ (18), on voit que le poids d'un corps dont la masse est de 10^{gr} a pour valeur à Paris $10 \times 981 = 9810$ dynes.

Le poids et l'accélération g varient tous deux quand on passe d'un lieu à un autre, mais leur rapport $\frac{P}{g}$ restant constant, la masse d'un corps est une quantité *constante* en tous les points du globe.

BALANCE

20. Définition et description. — ***La balance est un instrument qui sert à déterminer la masse d'un corps par une opération appelée pesée.***

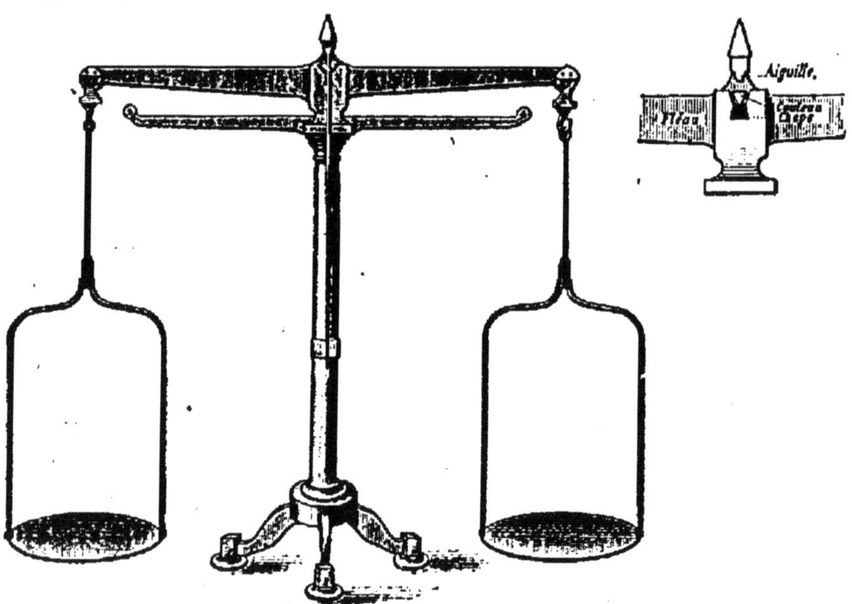

Fig. 28. — Balance ordinaire.

La balance ordinaire (*fig.* 28) se compose d'une barre mobile appelée *fléau,* aux extrémités de laquelle sont suspendus deux plateaux de même poids. Le fléau est traversé en son milieu par un prisme triangulaire appelé *couteau,* dont l'arête inférieure repose en avant et en arrière sur un même plan horizontal constituant la *chape*. Enfin une aiguille verticale est fixée au fléau, et son extrémité, mobile devant un arc divisé, recouvre le zéro de la graduation lorsque le fléau est horizontal.

21. Détermination d'une masse par pesée simple. — Dans toute balance, le fléau est construit de telle sorte que son centre de gravité soit dans le plan vertical qui passe par l'arête inférieure du couteau lorsque le fléau est horizontal, et un peu au-dessous de cet axe. Il en résulte que l'équilibre est stable et que le fléau est horizontal quand il n'y a rien dans les plateaux.

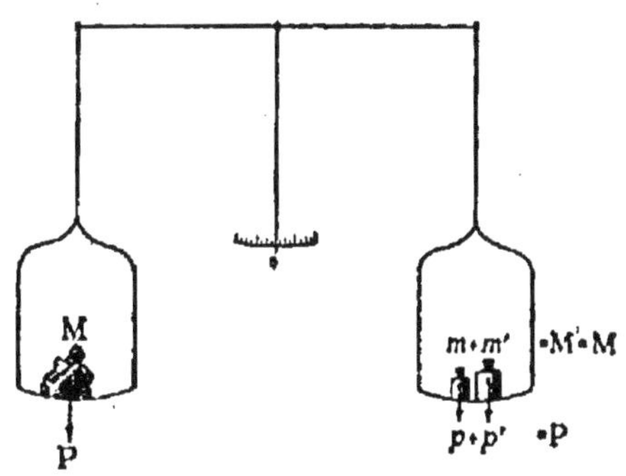

Fig. 29. — Simple pesée.

Cela posé, si l'on met dans un des plateaux un corps de masse M inconnue (*fig.* 29), ce corps exerce sur le plateau une certaine pression représentée par le poids P. Pour que le fléau reste horizontal, il faudra ajouter dans l'autre plateau des masses marquées jusqu'à ce que leur poids soit égal à celui de la masse M.

Le nombre de grammes $m+m'$, en tout M', lu sur les masses marquées, représente la masse du corps ; on a, en effet, pour la masse M, $P = Mg$ (19), et pour les masses marquées, $P = M'g$: donc $M' = M$.

L'opération que nous venons d'exposer s'appelle une simple pesée ; elle n'est exacte que si la balance est juste.

22. Conditions de justesse d'une balance. — Double

pesée. — On dit qu'une balance est juste lorsque l'aiguille recouvre le zéro de la graduation aussi bien quand les plateaux sont vides que quand ils sont pressés par des poids égaux.

Pour qu'une balance soit juste, il faut : 1° que les deux bras du fléau soient parfaitement égaux ; 2° que les plateaux aient le même poids et soient de plus très librement suspendus aux extrémités du fléau. Si ces conditions sont remplies, le fléau placé horizontalement se tient en équilibre quand on applique des poids égaux à ses extrémités ; la résultante de ces poids, ainsi que les poids du fléau et des plateaux, sont alors détruits par la résistance de la chape.

Double pesée. — Les conditions de justesse ne sont jamais réalisées rigoureusement dans la pratique. Elles ne sont cependant pas indispensables, et il est possible de déterminer exactement la masse d'un corps avec une balance qui n'est pas juste ; on emploie pour cela la *méthode de la double pesée.* Le corps à peser étant placé dans un des plateaux, on lui fait équilibre dans l'autre plateau avec des corps quelconques, grenaille de plomb, fragments de papier, etc. ; c'est ce qu'on appelle *faire la tare* (*fig.* 30). Quand l'équilibre est établi, on enlève le corps et on le remplace par des masses marquées jusqu'à ce qu'il y ait de nouveau équilibre. Ces masses sont évidemment égales à la masse du corps, car elles produisent le même effet dans les mêmes circonstances.

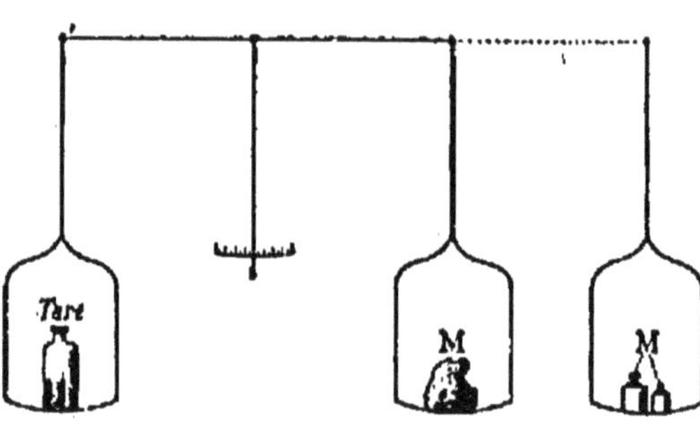

Fig. 30. — Double pesée.

23. Conditions de sensibilité d'une balance. — La sensibilité d'une balance se reconnaît à la masse plus ou moins grande qu'il faut placer dans l'un des plateaux pour rompre l'équilibre du fléau. La sensibilité est la qualité qui caractérise une bonne balance, car on peut, par la double pesée, se soustraire aux conditions de justesse. Les balances dites de précision (*fig.* 31) qu'on rencontre dans les laboratoires

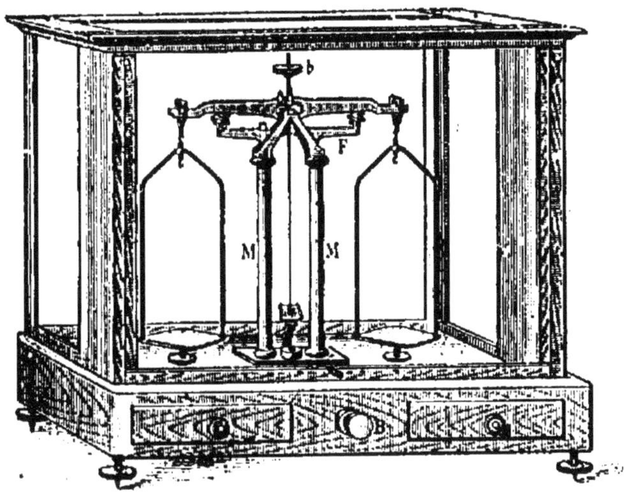

FIG. 31. — Balance de précision.

sont ordinairement sensibles *au milligramme*, c'est-à-dire que leur aiguille se déplace d'une façon visible lorsqu'on place un milligramme dans l'un des plateaux après que l'équilibre a été établi.

Cette sensibilité peut d'ailleurs être augmentée : en employant des procédés spéciaux pour observer les déplacements de l'aiguille, on arrive aujourd'hui à apprécier couramment avec ces balances le $\frac{1}{20}$ de milligramme.

Le calcul démontre qu'une balance est d'autant plus sensible : 1° que les bras du fléau sont plus longs ; 2° que le poids du fléau est moindre ; 3° que le centre de gravité du fléau est plus rapproché de l'arête inférieure du couteau.

DENSITÉS. — POIDS SPÉCIFIQUES

24. Mesure du volume d'un solide ou d'un liquide. — On détermine facilement le volume d'un liquide ou d'un solide à l'aide des *vases gradués*. On appelle ainsi des vases

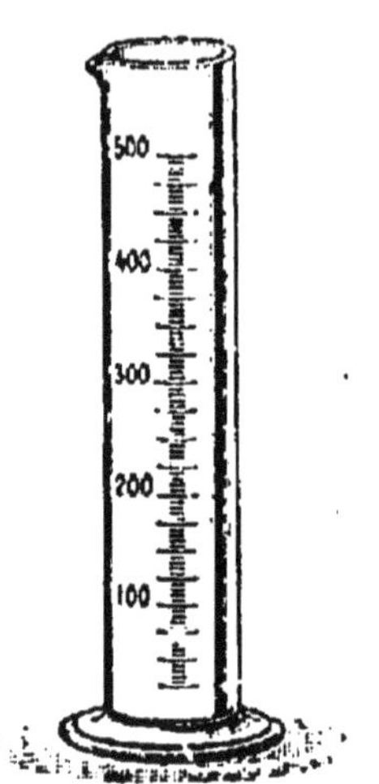

Fig. 32. — Éprouvette graduée.

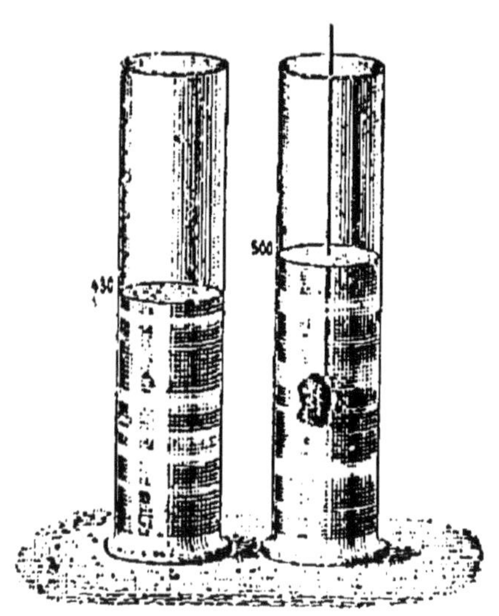

Fig. 33. — Détermination du volume d'un corps solide.

en verre dont la contenance a été divisée en parties d'égal volume, ordinairement en centimètres cubes. Ces parties sont indiquées par une échelle divisée gravée sur le verre (*fig*. 32).

Le volume d'un liquide s'apprécie par une simple lecture. Pour avoir le volume d'un corps solide, on verse dans une éprouvette graduée un volume déterminé (430^{cc} par exemple) d'un liquide dans lequel le solide est insoluble, puis on suspend le solide par un fil fin et on le plonge en entier dans le liquide (*fig.* 33). Si le niveau du liquide monte à la division 500, c'est que le volume du liquide déplacé et, par suite, le volume du solide est de

$$500^{cc} - 430^{cc} = 70^{cc}.$$

25. Définition de la masse spécifique. — ***On appelle masse spécifique d'un corps solide ou liquide la masse d'un centimètre cube de ce corps.*** Ainsi, un centimètre cube de fer pesant $7^{gr},8$, la masse spécifique du fer est $7^{gr},8$; de même, la masse spécifique du mercure est $13^{gr},596$; celle du platine 21^{gr}.

Représentons par m la masse spécifique d'un corps dont le volume est V^{cc} ; la masse M de ce corps sera évidemment donnée par la formule

$$M = V \times m \text{ grammes.}$$

On en tire
$$m = \frac{M}{V},$$

c'est-à-dire que la masse spécifique d'un corps s'obtient *en divisant sa masse par son volume.* La masse est donnée par la balance ; le volume peut être obtenu avec un vase gradué (24).

Densités relatives. — Si l'on applique la formule précédente à l'eau, dont la masse spécifique, par définition, est 1^{gr} à 4°, on a

$$M = V,$$

ce qui montre que, pour l'eau, la masse et le volume sont exprimés par le même nombre (10^{cc} d'eau, par exemple, pèsent 10^{gr}). On peut donc remplacer le volume d'un corps par la masse d'un égal volume d'eau ; le rapport qui existe ainsi entre la masse d'un corps et celle d'un égal volume d'eau s'appelle la *densité relative* du corps ou, plus simplement, la *densité*. La densité d'un corps est représentée par le même nombre que sa masse spécifique. Soient en effet 10^{cc} de fer, dont la masse est 78^{gr} ; la masse spécifique du fer est $\frac{M}{V} = \frac{78}{10} = 7^{gr},8$ et sa densité est égale à $\frac{M}{10}$, c'est-à-dire au nombre 7,8.

26. Définition du poids spécifique. — ***On appelle poids spécifique d'un corps le poids d'un centimètre cube de ce corps.***

Entre le poids spécifique et la masse spécifique d'un même corps, définis comme nous venons de le faire, il existe une relation très simple. On a en effet

$$p = mg,$$

p désignant le poids spécifique (19).

A Paris, par exemple, le poids spécifique du fer est $7,8 \times 981$ dynes.

Le poids spécifique d'un corps varie d'un lieu à un autre ; mais si l'on prend le rapport entre le poids spécifique d'un corps et celui de l'eau dans le même lieu, ce rapport est constant ; on l'appelle *poids spécifique relatif* du corps. Comme il est exprimé par le même nombre que la densité relative du même corps, dans le langage courant on appelle indifféremment *poids spécifique ou densité d'un corps le rapport de la masse de ce corps à la masse d'un égal volume d'eau à 4°.*

RÉSUMÉ DU CHAPITRE III

On caractérise mieux les corps par leur *masse* que par leur poids : le poids d'un corps varie légèrement d'un lieu à un autre ; la masse est invariable. La masse d'un corps s'évalue en grammes-masse à l'aide de la balance.

La *balance* sert à comparer les masses des corps en utilisant leurs poids. Le corps à peser placé dans l'un des plateaux, agit sur ce plateau par son poids et fait incliner le fléau de ce côté. On ajoute alors des masses marquées dans l'autre plateau jusqu'à ce que l'aiguille de la balance revienne au 0 de la graduation ; les masses marquées ont le même poids que le corps et, par suite, la même masse. Cette opération est une *simple pesée* ; elle n'est exacte que si la balance est juste, c'est-à-dire si l'aiguille recouvre le 0 aussi bien quand les plateaux sont vides que quand ils sont pressés par des poids égaux. Pour faire une *double pesée*, on place le corps à peser dans l'un des plateaux, puis on établit l'équilibre dans l'autre plateau avec des corps quelconques. On enlève alors le corps et on le remplace par des masses marquées jusqu'à ce qu'il y ait de nouveau équilibre. Ces masses sont égales à la masse du corps.

Une balance est plus ou moins sensible suivant que la charge qu'il faut placer dans l'un des plateaux pour rompre l'équilibre du fléau est plus ou moins faible.

On appelle masse spécifique d'un corps la masse d'un centimètre cube de ce corps. Elle représente le quotient de la masse totale du corps par son volume. Pour l'eau, dont la masse spécifique est 1^{gr} à 4°, la masse et le volume sont exprimés par le même nombre.

La densité d'un corps est le rapport entre sa masse et celle d'un égal volume d'eau. La densité est exprimée par le même nombre que la masse spécifique.

EXERCICES SUR LE CHAPITRE III

6. Dans une balance à bras inégaux, un corps est équilibré, quand il est placé dans un plateau, par 10^{kg}, et s'il est dans l'autre plateau, par 12^{kg}. Quelle est la masse de ce corps ?

7. Avec une balance fausse dont le grand bras a une longueur qui surpasse de $\frac{1}{100}$ celle du petit, un marchand a pesé 100^{kg}, moitié dans un plateau, moitié dans l'autre. A-t-il gagné ou perdu ?

8. On met dans le plateau A d'une balance à bras inégaux un corps que l'on veut peser et on lui fait équilibre avec 504^{gr} mis dans le plateau B. On met ensuite le corps dans le plateau B et on lui fait équilibre à l'aide de 503^{gr} mis dans le plateau A. On demande la masse du corps.

9. Un corps a une masse équivalente à celle de 5^{lit} d'eau à 4°. Quel est son poids à Paris ?

10. Une boule de verre a 2^{cm} de rayon ; la masse spécifique du verre est $2^{gr},6$; quelle est la masse de cette boule ?

11. On a un cylindre de liège dont la base a 3^{cq} et la hauteur 4^{cm}. La masse de ce cylindre est $2^{gr},88$. On demande : 1° la masse spécifique du liège ; 2° son poids spécifique.

HYDROSTATIQUE

CHAPITRE IV

ÉTUDE DES LIQUIDES EN ÉQUILIBRE

27. Propriétés générales des liquides. — Les liquides sont caractérisés par la facilité avec laquelle leurs molécules peuvent glisser les unes sur les autres ; c'est ce qu'on exprime en disant qu'ils sont *fluides* (de *fluidus,* qui coule). Leur *compressibilité* est très faible: la diminution de volume qu'ils subissent sous l'influence des plus fortes pressions est sensiblement négligeable, et ils reprennent d'ailleurs exactement leur volume primitif quand la compression cesse d'agir, ce qui fait dire que les liquides sont parfaitement *élastiques*. Dans l'étude des liquides, on admet que leur fluidité est parfaite et qu'ils sont tout à fait incompressibles, bien qu'aucun liquide ne possède rigoureusement ces propriétés.

28. Pressions exercées par les liquides. — Les liquides étant pesants, exercent des pressions sur le fond et sur les parois latérales des vases qui les contiennent ; de plus, les couches supérieures pesant sur les couches inférieures, les compriment et font naître des réactions de bas en haut. Outre les pressions dues à la pesanteur, un liquide est ou peut être soumis à des actions extérieures, comme les pressions mécaniques exercées en un point quelconque de sa masse. Toutes ces pressions sont normales (c'est-à-dire perpendiculaires) aux surfaces pressées quand le liquide est en équilibre.

29. Principe de Pascal. — Une propriété importante des liquides est de transmettre dans tous les sens les pressions que l'on exerce sur leur surface. Cette transmission se fait d'après le principe suivant, énoncé par Pascal : ***Toute pression exercée normalement sur une portion de la surface d'un liquide en équilibre se transmet intégralement, c'est-à-dire sans rien perdre de sa valeur, à toute portion de même surface prise sur la paroi ou dans l'intérieur du liquide.***

Pour montrer que les pressions se transmettent dans tous les sens, on se sert d'une boule creuse munie d'ouvertures et surmontée d'un tube de verre résistant dans lequel on peut enfoncer un piston (*fig.* 34). La boule ayant été remplie d'eau, si l'on vient à enfoncer le piston, le liquide pressé s'échappe avec force par toutes les ouvertures à la fois.

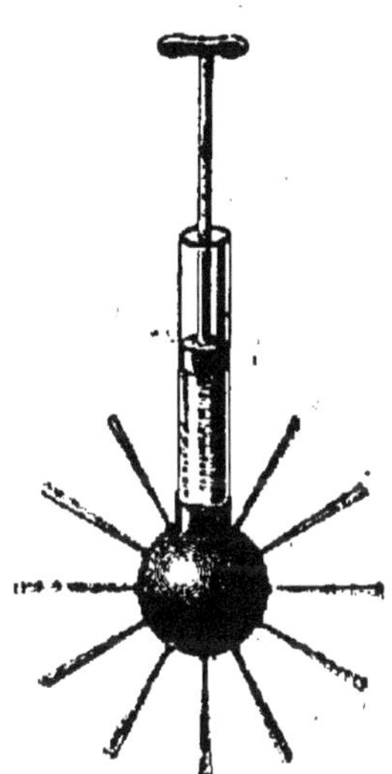

Fig. 34. — Transmission des pressions dans tous les sens.

Pour faire comprendre que les pressions sont proportionnelles aux surfaces pressées, considérons un système de deux tubes cylindriques réunis par un tube horizontal et dont l'un a une section 10 fois plus grande que l'autre (*fig.* 35). Imaginons dans ce système un liquide en équilibre, maintenu par deux pistons mobiles P et P'. Si l'on exerce sur le piston P une pression quelconque, représentée par le poids de 10^{gr} par exemple, il faudra, pour empêcher le piston P′ de s'élever, placer sur lui le poids de 100gr. D'une manière générale, soit f une pression exercée normalement sur une surface s d'un liquide en équilibre (supposé soustrait à l'influence de la pesanteur); la pression F reçue par une surface S du vase qui contient le liquide a pour valeur

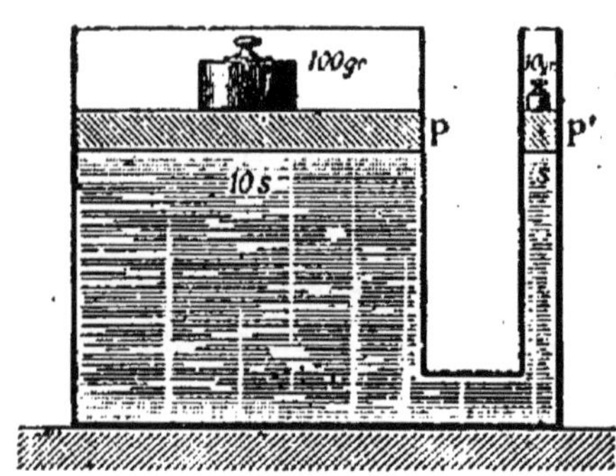

Fig. 35. - Proportionnalité des pressions aux surfaces.

$$F = f \times \frac{S}{s}.$$

Le principe de Pascal fournit donc, en quelque sorte, un moyen de multiplier les forces. La principale application de ce principe est la *presse hydraulique*, qui permet en effet de vaincre une force considérable avec un effort relativement faible. Comme le fonctionnement de cette presse ne peut être bien compris que si l'on connaît les pompes, nous n'en ferons la description qu'après avoir étudié celles-ci (79).

Remarque. — Tous les liquides étant pesants, il est impossible de vérifier rigoureusement par l'expérience le principe de Pascal. On peut cependant en faire une vérification approximative quand les pressions dues au poids du liquide sont négligeables devant les pressions exercées extérieurement, ce qui a lieu dans la presse hydraulique. Quand ces pressions sont du même ordre de grandeur, la pression que supporte une portion de paroi est la somme des pressions dues à la pesanteur et des pressions exercées extérieurement ; on peut dire dans ce cas que si une portion de paroi subit une augmentation de pression, cette augmentation se transmet en tous sens et sans rien perdre de sa valeur.

30. Surface libre d'un liquide en équilibre. — *La sur-*

face libre d'un liquide est plane et horizontale. Pour démontrer approximativement ce principe, on dispose un fil à plomb au-dessus d'un vase contenant de l'eau et on fait plonger la masse qui est suspendue au fil (*fig.* 36). Quand celui-ci est en équilibre, on en approche jusqu'au contact une équerre dont le petit côté s'applique sur la surface de l'eau et on constate alors que le fil suit exactement la direction du grand côté de l'angle droit. Donc la surface libre d'un liquide en équilibre est un plan *horizontal.*

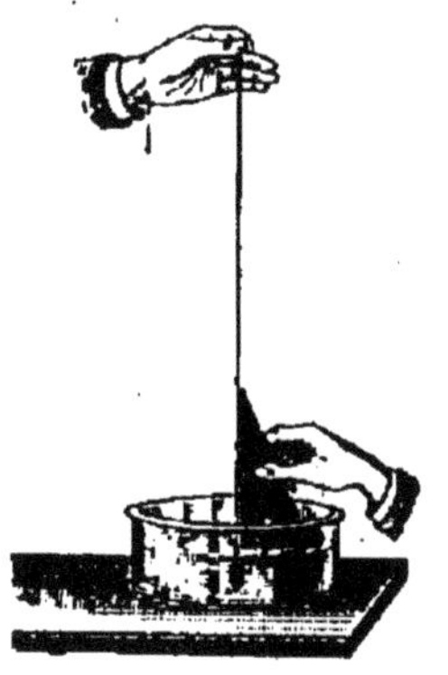
Fig. 36. — La surface libre d'un liquide est horizontale.

Cependant, il faut remarquer que, la Terre étant sensiblement sphérique, la surface libre d'une grande étendue d'eau est une courbe de même forme (*fig.* 37).

Fig. 37. — Surface de la mer, sur une très grande étendue.

31. Uniformité de pression sur un plan horizontal. — Prenons un tube de verre dont l'ouverture inférieure sera fermée par un obturateur, par exemple un fragment de carte mince qui sera maintenu contre l'ouverture à l'aide d'un fil fixé en son milieu (*fig.* 38). Introduisons le tube verticalement dans l'eau de manière que le disque obturateur soit dans un plan horizontal quelconque AB, puis lâchons le fil : l'obturateur reste fixé au tube sous l'effet de la pression exercée par le liquide de bas en haut. Si nous versons de l'eau dans le tube, l'obturateur ne se détachera que lorsque le niveau de l'eau sera le même à l'intérieur qu'à l'extérieur. La pression exercée par la colonne d'eau versée mesure la pression F supportée par une surface du plan AB égale à la surface de l'obturateur. Si on déplace le tube de façon que l'obturateur reste toujours dans le plan AB, on constate qu'il se détache toujours sous la pression de la

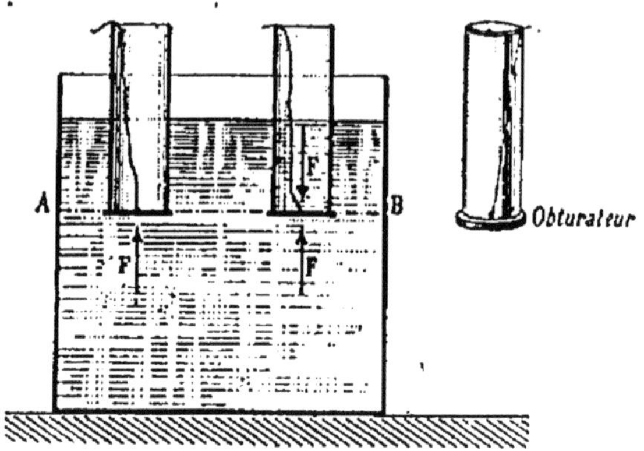

Fig. 38. — Uniformité de pression sur un plan horizontal.

même colonne d'eau. Donc, *dans un liquide en équilibre, des surfaces égales prises sur un même plan horizontal supportent la même pression.*

Réciproquement, tout plan dans lequel des surfaces égales sont également pressées est horizontal ou, comme on dit quelquefois, est *une surface de niveau*. Il en est ainsi notamment pour la surface libre d'un liquide en équilibre, car elle supporte en tous ses points la même pression, qui est la pression exercée par l'atmosphère (50).

32. Variation de la pression avec la profondeur. — Dans un liquide en équilibre, la pression augmente avec la profondeur. *La différence des pressions entre deux sur-*

faces égales situées à des niveaux différents est égale au poids d'une colonne de liquide ayant pour base l'une des surfaces et pour hauteur la distance verticale des deux niveaux.

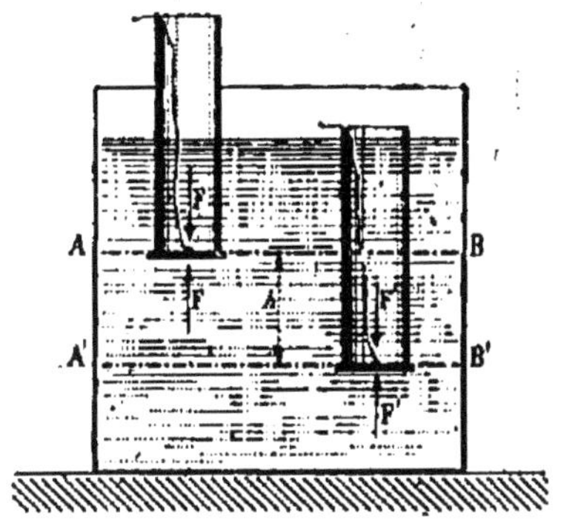

FIG. 39. — Variation de la pression avec la profondeur.

On vérifie aisément ce principe en plaçant successivement le tube à obturateur à deux niveaux différents (*fig.* 39) et en répétant chaque fois l'expérience précédente.

Conséquences. — On peut faire subir à un corps des pressions considérables en le descendant dans un liquide à une profondeur suffisante ; c'est ainsi qu'une boule de verre mince et creuse, lestée avec du plomb et descendue dans la mer, est bientôt brisée par suite de la pression qu'elle supporte. — Les thermomètres employés pour déterminer la température des océans à de grandes profondeurs sont munis d'une enveloppe métallique très épaisse et, par suite, très résistante. — Les bateaux sous-marins sont construits avec des tôles d'une épaisseur en rapport avec la profondeur à laquelle ils pourront avoir à s'enfoncer, c'est-à-dire en rapport avec la pression qu'ils auront à supporter. — Les animaux qui vivent dans la mer à de très grandes profondeurs sont organisés en vue de résister aux pressions formidables qu'ils supportent. Ils appartiennent, de par leur organisation, à un certain niveau marin et ne peuvent pas vivre, à cause de la différence de pression, à des profondeurs de beaucoup supérieures ou inférieures. Dans les recherches marines qui ont pour but de les capturer, ils arrivent souvent à la surface de l'eau dans un état pitoyable, tout comme un aéronaute qui s'aventurerait à une altitude excessive : le trop grand écart entre sa pression intérieure et la pression extérieure lui ferait jaillir le sang par la bouche, le nez, les oreilles, etc., et la mort surviendrait.

33. Équilibre d'un liquide dans des vases communicants. — Lorsqu'un liquide est en équilibre dans deux ou plusieurs vases qui communiquent entre eux, *les surfaces libres dans tous les vases sont situées dans un même plan horizontal.*

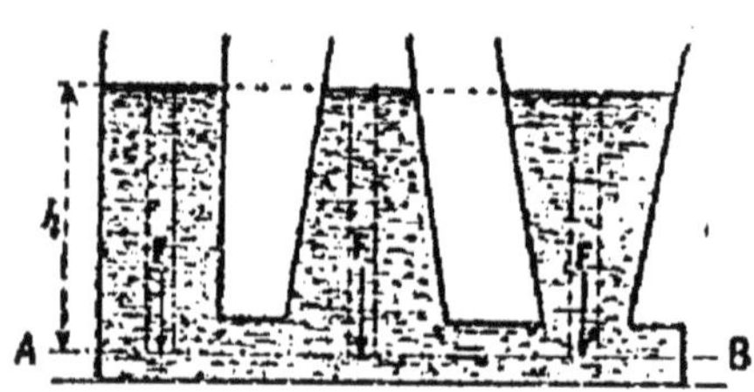

Fig. 40. — Surface libre d'un liquide dans des vases communicants.

En effet, considérons un plan horizontal AB commun à plusieurs vases communicants (*fig.* 40) ; sur ce plan et dans chaque vase prenons une unité de surface ; toutes ces unités de surface doivent supporter la même pression, et il ne peut en être ainsi que si leur distance à la surface libre est la même.

Pour vérifier cette condition d'équilibre, on emploie un large vase (*fig.* 41) portant inférieurement un tube horizontal muni d'un robinet et d'une tubulure. Le vase étant rempli d'eau, on fixe successivement dans la tubulure des tubes de formes différentes et on constate que l'eau s'élève dans ces tubes jusqu'à ce qu'elle atteigne le niveau de la surface libre dans le vase.

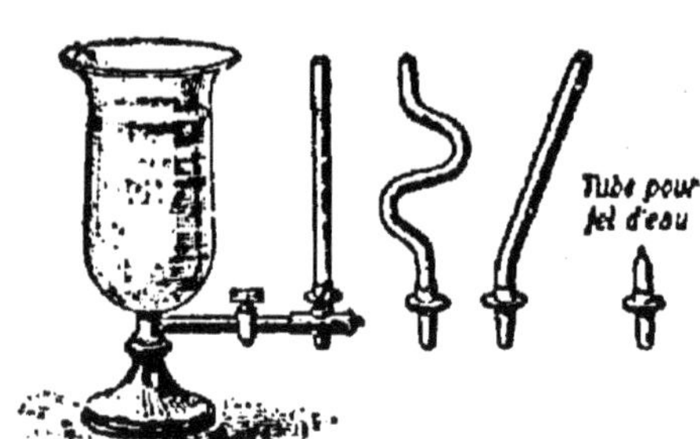

Fig. 41. — Vases communicants.

34. Équilibre de plusieurs liquides dans un vase. — Lorsque plusieurs liquides qui n'exercent l'un sur l'autre aucune action chimique ni dissolvante sont contenus dans un même vase, *ils se superposent par ordre de poids spécifique décroissant de bas en haut.*

Pour le vérifier, on emploie assez souvent un tube fermé aux deux bouts (*fig.* 42) et contenant : une huile légère, de l'alcool coloré, de l'eau saturée de carbonate de potassium pour qu'elle ne se mélange pas à l'alcool, et enfin du mercure. Quand on agite le tube, les liquides paraissent se mélanger, mais dès qu'on le laisse au repos, le mercure, dont le poids spécifique est le plus grand, tombe au fond ; puis viennent successivement : l'eau chargée de carbonate, l'alcool, l'huile ; de plus, on constate que les surfaces de séparation de ces liquides sont horizontales.

FIG. 42. — Fiole des 4 éléments.

ÉVALUATION DES PRESSIONS DUES A LA PESANTEUR

35. Pression sur le fond horizontal d'un vase. — D'après les principes que nous avons établis (32), chaque unité de surface *ab* prise sur le fond d'un vase contenant un liquide (*fig.* 43) supporte une pression égale au poids d'une colonne de liquide ayant pour base *ab* et pour hauteur *h*. La pression supportée par le fond du vase est donc égale *au poids d'une colonne de liquide ayant pour base le fond du vase et pour hauteur la distance verticale du fond à la surface libre.*

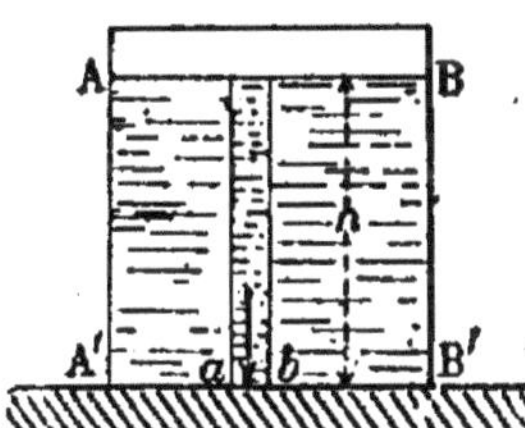

FIG. 43. — Pression sur le fond horizontal d'un vase.

Si on appelle S la surface du fond A'B', *h* sa distance à la surface libre, p le poids spécifique du liquide, la pression F sur le fond est donnée par la formule

$$F = S \times h \times p,$$

dans laquelle F sera exprimée en dynes si S est exprimée en centimètres carrés et h en centimètres.

On voit que la pression sur le fond d'un vase est indépendante de la forme du vase ; elle ne dépend que de la surface du fond et de sa distance à la surface libre.

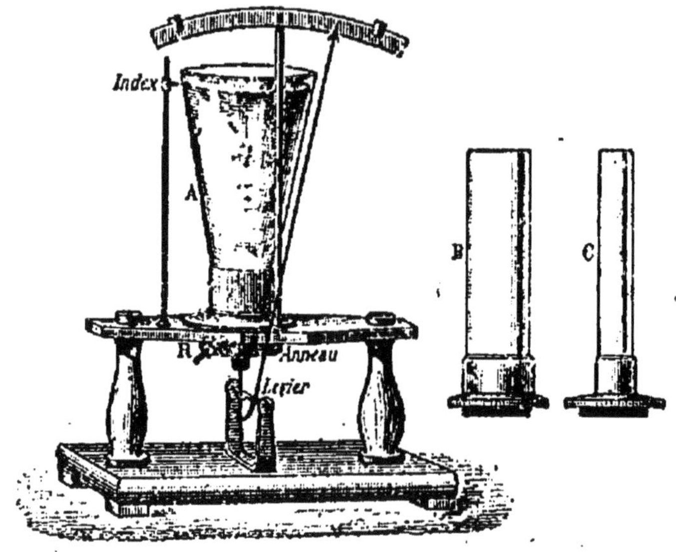

Fig. 44. — Dynamomètre hydrostatique de Pellat.

Pour le démontrer, on se sert du dynamomètre hydrostatique de Pellat (*fig.* 44). Il se compose essentiellement de trois vases sans fond A, B, C, de formes très différentes, que l'on peut visser séparément sur un même anneau fermé inférieurement par une membrane de caoutchouc. Celle-ci constitue pour le vase qui la surmonte un fond mobile, qui s'enfonce plus ou moins suivant la pression qu'exerce sur lui l'eau contenue dans le vase ; ses déplacements sont amplifiés par un levier et indiqués par une longue aiguille mobile sur un cadran. Après avoir vissé sur l'anneau le vase A, par exemple, on y verse de l'eau ; l'aiguille s'avance sur le cadran ; on note l'endroit où elle s'arrête quand le niveau de l'eau a atteint un index horizontal. Le vase est alors vidé par un robinet R et remplacé par le vase B ; en versant de l'eau dans ce dernier jusqu'à l'index, on voit l'aiguille s'arrêter au même endroit que la première fois. Il en serait de même avec le vase C. Donc, dans les trois cas, la pression supportée par le fond du vase est la même.

36. Pressions sur les parois latérales. — Si l'on pratique des ouvertures à différents niveaux dans les parois latérales d'un vase contenant un liquide, le liquide s'échappe avec d'autant plus de force que l'ouverture est plus rapprochée du fond : il existe donc des pressions sur les parois latérales. On démontre que la pression exercée par un liquide sur une portion de surface d'une paroi latérale est égale *au poids d'une colonne de liquide ayant pour base cette surface et pour hauteur la distance verticale de son centre de gravité à la surface libre.*

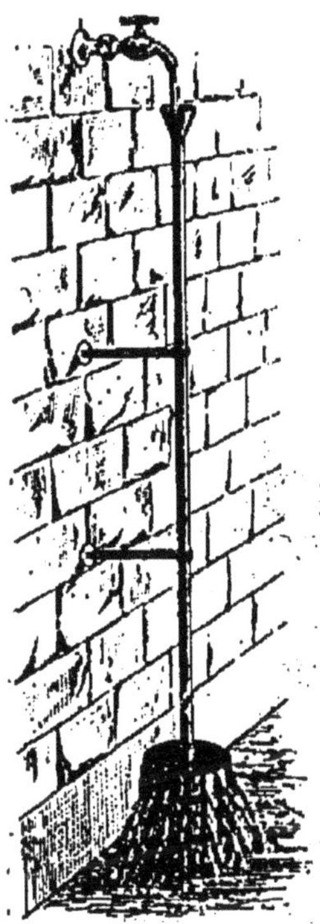

Fig. 45. — Expérience du crève-tonneau.

La pression exercée par un liquide sur une portion de paroi latérale ne dépendant que de la hauteur à laquelle il s'élève au-dessus, on conçoit que l'on puisse produire des pressions considérables avec une quantité de liquide relativement faible. Pascal fit à ce sujet une curieuse expérience : il assujettit solidement un tube long et étroit sur le fond supérieur d'un tonneau plein d'eau (*fig.* 45), puis il versa de l'eau dans le tube ; dès que celle-ci s'éleva à une hauteur un peu considérable, les douves du tonneau s'écartèrent sous l'influence des pressions considérables que l'eau exerçait sur elles.

On doit tenir compte des pressions qui s'exercent latéralement pour la construction des digues, barrages, portes d'écluses, réservoirs : on donne plus d'épaisseur aux parties inférieures qu'à la partie supérieure.

37. Pressions sur l'ensemble des parois. — Si l'on place successivement sur un plateau de balance plusieurs vases de forme quelconque, mais ayant le même poids et contenant la même quantité d'eau, la balance accuse toujours la même augmentation de poids, et cette augmentation est précisément égale au poids du liquide contenu dans chaque vase.

On en conclut que toutes les pressions exercées par un liquide sur l'ensemble des parois du vase qui le contient ont une résultante unique égale au poids du liquide.

APPLICATIONS

38. Applications de l'équilibre d'un liquide dans des vases communicants. — Quand nous en étions au principe, nous avons conservé le terme consacré de *vases communicants*. Passant à l'application, nous devons faire remarquer que le mot vase peut recevoir toute l'extension que l'on veut : il s'applique à des nappes d'eau, des infiltrations, des conduites d'eau, etc. Aussi le principe de l'équilibre d'un liquide dans des vases communicants présente-t-il une foule d'applications ; nous citerons le niveau d'eau, les jets d'eau, la distribution de l'eau dans les villes, les puits ordinaires et les puits artésiens, les écluses.

Niveau d'eau. — C'est un instrument qui sert à mesurer la différence de niveau de deux points d'un terrain. Il se compose d'un tube de laiton dont les extrémités, coudées à angle droit, supportent deux petites éprouvettes en verre

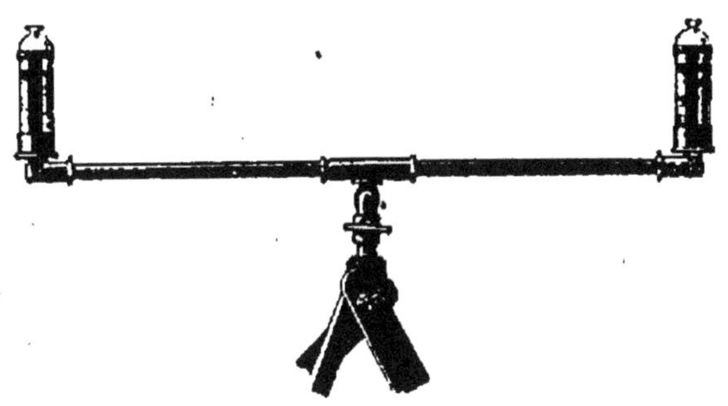

Fig. 46. — Niveau d'eau.

(*fig.* 46) contenant de l'eau colorée jusqu'aux 3/4 environ de leur hauteur. Pour se servir du niveau d'eau, on dispose le tube horizontalement sur un trépied et on place l'appa-

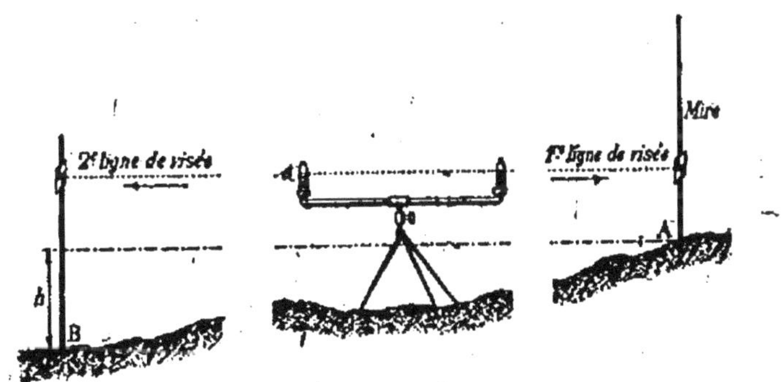

Fig. 47. — Emploi du niveau d'eau.

reil entre les deux points A et B dont on veut déterminer la distance verticale (*fig.* 47). Un aide se transporte alors au point A avec une mire (on appelle ainsi une règle divisée munie d'une plaque partagée en quatre carrés peints avec des couleurs voyantes) ; il y fixe cette mire verticalement et, d'après les signes de l'opérateur qui a l'œil fixé sur le niveau, il élève ou abaisse la plaque jusqu'à ce que le centre de celle-ci coïncide avec le plan horizontal passant par les surfaces libres du liquide dans les deux éprouvettes. La même opération est ensuite répétée au point B. La différence h entre les deux distances successives du centre de la plaque au pied de la mire donne la différence de niveau des deux points A et B.

Jets d'eau. — Pour avoir un *jet d'eau,* il faut disposer un réservoir d'eau dans un endroit sensiblement plus élevé que l'orifice par lequel l'eau doit jaillir. Celle-ci tend à s'élever au même niveau que dans le réservoir, mais elle n'atteint pas tout à fait cette hauteur ; cela tient à la fois aux frottements du liquide dans les tuyaux de conduite, à la résistance que l'air oppose au jet et à la chute des gouttelettes qui retombent sur celles qui montent.

Distribution d'eau dans les villes. — Elle se fait toujours d'après le principe des vases communicants. L'eau est généralement amenée dans de grands réservoirs qui dominent le faîtage des maisons à desservir, et de là elle se répand dans la canalisation, montant jusqu'aux derniers étages des habitations, avec une tendance à regagner le niveau qu'elle a dans le réservoir (tendance seulement, car avec toutes les prises d'eau qui se font simultanément sur la canalisation, la pression se trouve bien diminuée).

A Paris et dans beaucoup de grandes villes, il y a deux canalisations : une pour l'eau de lavage et d'arrosement (voirie publique, cours, industrie, etc.), une autre pour l'eau destinée aux usages domestiques. L'eau d'arrosement étant utilisée au niveau du sol n'a pas besoin d'avoir autant de pression que celle qui doit monter en haut des maisons ; comme elle est prise dans la Seine, la Marne, et élevée coûteusement au moyen de pompes, on se contente de la faire monter dans des réservoirs placés à un niveau aussi bas que possible.

De même, dans beaucoup de villes où les maisons sont étagées sur des coteaux, on répartit la distribution en zones afin de ne pas faire monter toute l'eau à grands frais jusqu'au point culminant : des réservoirs sont placés à deux ou trois niveaux différents, desservant, les uns la partie basse, d'autres la partie moyenne, etc., de la ville.

Les travaux faits pour assurer le service des eaux à Paris ont coûté près d'un demi-milliard. L'eau pour usages domestiques s'y vend 0fr,35 le mètre cube : c'est un prix moyen ; à Nancy, à Pau, elle coûte 0fr,10 ; à Constantinople, 0fr,90.

Puits artésiens. — Les *puits artésiens* sont des trous étroits, forés à la sonde, qui pénètrent jusqu'à une nappe d'eau et

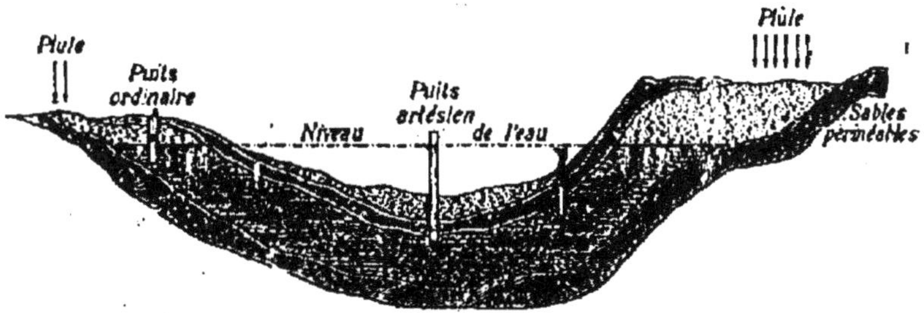

Fig. 48. — Puits artésien et puits ordinaire.

dans lesquels l'eau s'élève naturellement à une hauteur plus ou moins grande. La figure 48 montre leur disposition théorique. Si l'on fore des puits en des points du sol situés à des niveaux plus élevés que celui de la nappe, l'eau s'y élèvera jusqu'à ce qu'elle ait atteint ce dernier niveau et on aura un *puits ordinaire.*

Écluses. — Les *écluses* sont de courtes portions de canal qu'on peut isoler à volonté, au moyen de portes, soit de la partie amont, soit de la partie aval. Les deux parties du canal séparées par une écluse s'appellent le bief supérieur et le bief inférieur ; l'eau y est à des niveaux différents. L'écluse sert de trait d'union entre les deux biefs, en raison de ce que l'eau peut y être mise alternativement au niveau de l'un et de l'autre. Pour faire passer un bateau d'un bief dans l'autre, on ferme une porte, on ouvre l'autre, et on amène ainsi l'eau dans l'écluse au niveau du bief où est le bateau : celui-ci s'avance dans

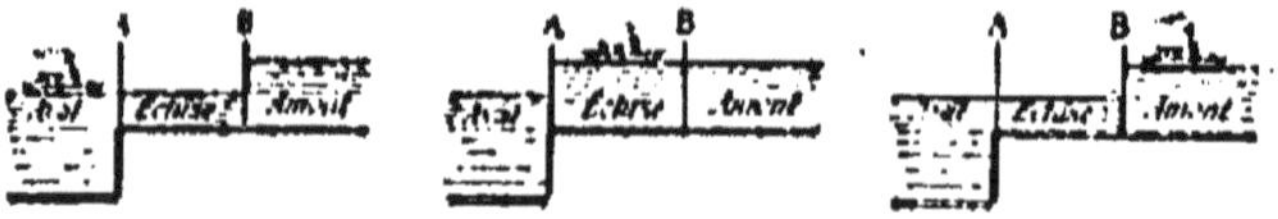

FIG. 49. — Passage d'un bateau d'un niveau inférieur à un niveau supérieur.

l'écluse ; ensuite on ferme la porte ouverte, on ouvre la porte fermée, et le niveau s'établit toujours avec le bief où il s'agissait d'amener le bateau, qui n'a plus qu'à continuer sa route.

La figure 49 montre les opérations de passage d'un bateau

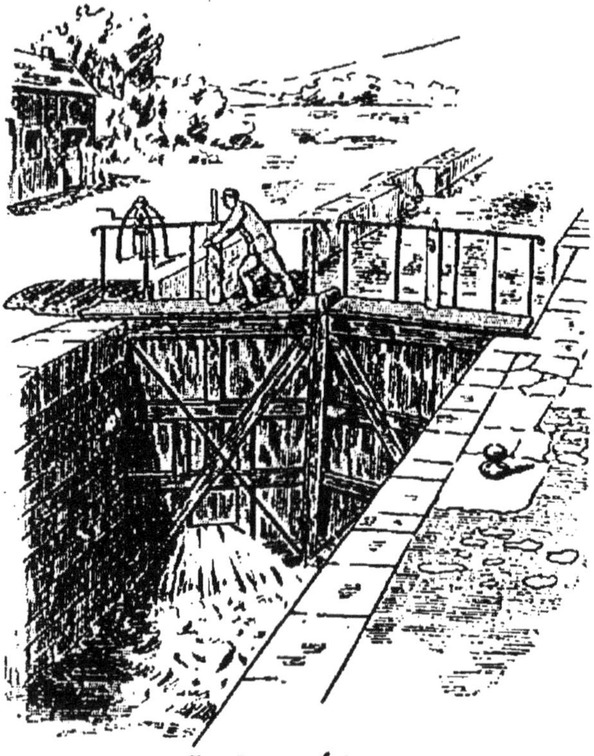

FIG. 50. — Écluse.

d'aval en amont (suivant que les portes A et B sont tracées en pointillé ou en trait plein, elles sont ouvertes ou fermées).

Au moyen d'une série d'écluses échelonnées sur un canal, on peut ainsi faire circuler des bateaux d'un point à un autre beaucoup plus élevé, et les canaux font en effet souvent communiquer des cours d'eau ayant une grande différence d'altitude.

La figure 50 représente une porte d'écluse à deux vantaux; la porte est fermée, et c'est par une vanne (appelée vantelle) que l'eau s'écoule.

39. Niveau à bulle d'air. — Le niveau à bulle d'air est une application de la superposition d'un gaz et d'un liquide dans un même vase; il sert principalement à vérifier si une surface plane est horizontale. Il se compose d'un tube de verre légèrement arqué (*fig.* 51), rempli presque entièrement par un liquide très mobile comme l'alcool ou l'éther. Ce tube est enchâssé dans une gaine de laiton, fixée sur une tablette dressée. L'instrument est réglé de telle manière que lorsque la tablette repose sur un plan bien horizontal, celui-ci se trouve être parallèle à la surface du liquide dans le tube; la bulle d'air qu'on y a laissée, au remplissage, occupe alors le sommet de la courbure, et ses extrémités correspondent à deux repères fixes, qui sont ordinairement constitués par des bandes transversales de laiton appliquées sur le tube. Pour reconnaître si une surface est horizontale, on place le niveau sur cette surface dans deux directions sensiblement perpendiculaires : si dans ces deux positions successives la bulle d'air vient se placer exactement entre les deux repères, la surface est horizontale, puisqu'elle contient deux droites horizontales.

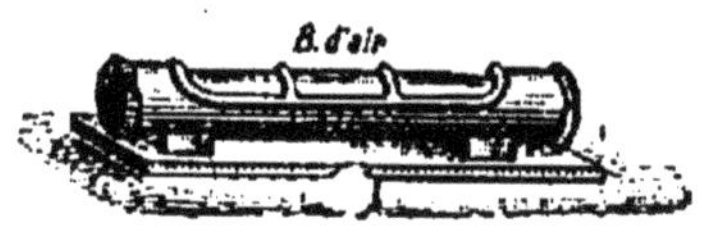

Fig. 51. — Niveau à bulle d'air.

Ce niveau, à cause de sa sensibilité et de son petit volume, est souvent disposé sur une planchette à trépied et lunette pour remplacer dans les travaux de nivellement le niveau d'eau ordinaire des arpenteurs. Enfin certaines machines mobiles (locomobiles, machines à battre, etc.), ainsi que les instruments de physique de précision qu'il importe de fixer bien horizontalement après chaque déplacement, sont munis d'un niveau à bulle d'air.

40. Applications des pressions latérales. — Une importante application des pressions latérales réside dans l'emploi des turbines hydrauliques, qui se généralise de plus en plus, surtout dans les régions montagneuses où les chutes d'eau abondent. Mais il existe aussi de petits appareils de laboratoire ou des jouets qui montrent l'effet des pressions latérales.

Vases à réaction. — Considérons un petit vase cylindrique rempli d'eau et soutenu par un flotteur (*fig.* 52); sur deux portions égales de paroi a et a', diamétralement opposées, les pressions exercées par le liquide sont égales et de sens contraires et se font équilibre. Si l'on supprime la portion de paroi a, la pression qui s'exerçait sur cette portion fait jaillir le liquide; la pression qui s'exerce sur a' n'étant plus contre-balancée, tend à imprimer au vase un mouvement en sens inverse de l'écoulement.

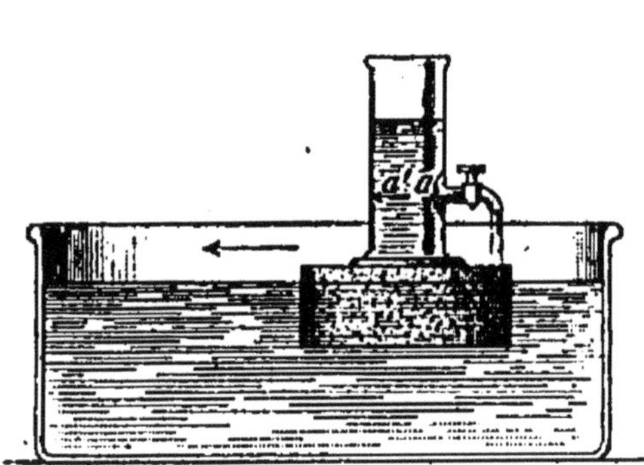

FIG. 52. — Vase à réaction.

Tourniquet hydraulique. — Il se compose d'un vase de verre reposant sur un pivot vertical et portant inférieurement un tube dont les extrémités sont recourbées en sens contraires (*fig.* 53). Dès que le vase contient de l'eau, celle-ci s'écoule par les extrémités du tube et l'appareil prend un mouvement de rotation en sens contraire de l'écoulement.

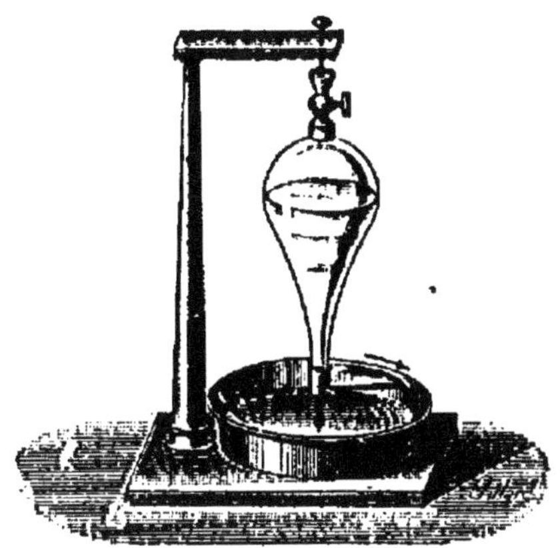

Fig. 53. — Tourniquet hydraulique.

Turbines. — La turbine est un moteur qui permet de transformer l'énergie d'une chute d'eau en mouvement circulaire. Ce mouvement est ensuite recueilli et utilisé comme celui que fournissent les machines à vapeur.

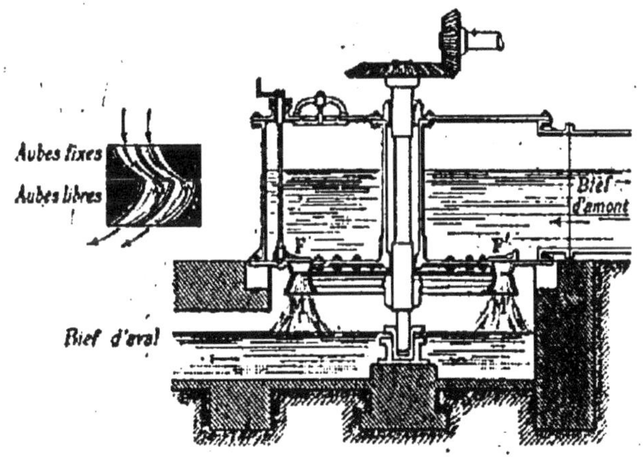

Fig. 54. — Turbine à réaction.

La turbine comprend une cuve dans laquelle l'eau s'engouffre pour s'échapper avec violence par le fond, qui est percé de trous sur tout son pourtour. Ces ouvertures ou aubes fixes (*fig.* 54) ont une direction inclinée, et l'eau qui sort par là vient frapper contre d'autres ouvertures inclinées en sens inverse et appartenant, celles-là, à un plateau mobile, auquel se trouve imprimé un mouvement circulaire. Ce mouvement est recueilli par un arbre calé au centre du plateau mobile.

Sur la figure 54 on voit en F, F' deux aubes fixes et en M, M' deux aubes mobiles ; l'ensemble de ces dernières constitue la turbine proprement dite. On règle la vitesse en faisant varier par une vanne la quantité d'eau qui pénètre dans la cuve et aussi au moyen d'obturateurs qui découvrent plus ou moins les ouvertures des aubes fixes.

Depuis qu'on capte partout l'énergie des chutes d'eau pour l'utiliser sous toutes les formes (en passant le plus souvent par la forme intermédiaire et si commode d'énergie électrique), la turbine s'est répandue à l'infini. Il n'est pas jusqu'au modeste moulin qui ne remplace maintenant sa roue à aubes par une turbine. — D'ailleurs la turbine à vapeur semble aussi avoir une tendance à remplacer la machine à vapeur à laquelle nous sommes habitués.

41. Notions élémentaires de capillarité. — La capillarité constitue, en quelque sorte, une exception aux conditions d'équilibre des liquides. Les phénomènes qu'elle produit ont d'abord été observés dans des tubes dont le diamètre était assez étroit pour pouvoir être comparé à celui d'un cheveu ; c'est ce qui leur a fait donner le nom de *phénomènes capillaires.*

Si l'on examine la surface libre d'un liquide en équilibre, on voit que près des parois verticales elle cesse d'être plane ; à un centimètre environ de ces parois, la surface commence à se relever ; elle remonte le long de la paroi en formant une courbe dont la concavité est tournée vers le haut (*fig.* 55). D'après cela, si l'on plonge dans un vase un tube dont le diamètre est inférieur à 2cm, non seulement la surface libre du liquide dans ce tube ne sera pas horizontale, mais elle sera à un niveau plus élevé que dans le vase et formera une courbe concave.

Supposons maintenant que l'on place dans le même appareil un liquide qui ne mouille pas les parois, du mercure par exemple. Un phénomène inverse se produira. Il y aura une dépression convexe le long des parois : le mercure s'élèvera dans le tube à un niveau inférieur au niveau extérieur et sa surface libre sera une courbe convexe (*fig*. 56).

Fig. 55. — Ascension capillaire d'un liquide qui mouille les parois.

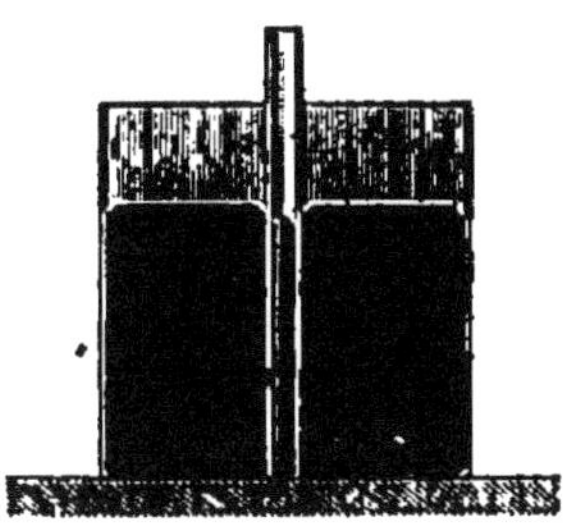

Fig. 56. — Dépression capillaire d'un liquide qui ne mouille pas les parois.

La capillarité joue un rôle important dans l'ascension de la sève chez les végétaux. C'est à la capillarité que sont dues l'imbibition rapide d'un morceau de sucre ou de craie mis en léger contact avec l'eau, l'ascension rapide de l'huile ou de l'alcool dans une mèche de coton. On attribue à un phénomène de capillarité l'ascension de l'eau dans les terres arables, eau qui provient des couches profondes et humides. Ce fait a une grande importance en temps de sécheresse.

RÉSUMÉ DU CHAPITRE IV

Les liquides sont des corps fluides, très peu compressibles et parfaitement élastiques ; ils exercent des pressions sur les parois des vases qui les renferment, parce qu'ils sont pesants.

La transmission des pressions dans les liquides est soumise au principe de Pascal : les pressions exercées sur une portion de la surface d'un liquide se transmettent intégralement et dans tous les sens, proportionnellement aux surfaces pressées.

La surface libre d'un liquide est plane et horizontale.

Dans un liquide en équilibre, des surfaces égales prises sur un même plan horizontal supportent la même pression. La différence des pressions exercées sur deux surfaces égales situées à des niveaux différents est égale au poids d'un cylindre de liquide ayant pour base l'une des surfaces et pour hauteur la distance verticale des deux niveaux. La pression augmente avec la profondeur.

Lorsqu'un liquide est contenu dans des vases communicants, il ne peut y avoir équilibre que si les surfaces libres dans tous les vases sont situées dans un même plan horizontal.

Plusieurs liquides contenus dans un même vase sont en équilibre lorsqu'ils sont superposés par ordre de poids spécifique décroissant de bas en haut.

La pression supportée par le fond d'un vase est égale au poids d'une colonne de liquide ayant pour base le fond du vase et pour hauteur la distance verticale du fond à la surface libre. Cette pression ne dépend donc pas de la forme du vase.

Les liquides exercent aussi des pressions latérales. Sur l'ensemble des parois, les pressions ont une résultante unique égale au poids du liquide.

Comme applications de l'équilibre d'un liquide dans des vases communicants citons : le niveau d'eau, qui sert à mesurer la différence de niveau de deux points d'un terrain ; les jets d'eau ; la distribution de l'eau dans les villes.

Le niveau à bulle d'air est un tube légèrement courbé qui contient de l'alcool et une bulle d'air ; lorsque l'instrument est posé sur un plan bien horizontal, la bulle d'air occupe le sommet de la courbure.

Les pressions latérales sont utilisées dans les moteurs hydrauliques appelés turbines ; dans les laboratoires on les met en évidence par le vase à réaction et le tourniquet hydraulique.

EXERCICES SUR LE CHAPITRE IV

12. Quelle est la pression supportée par le fond d'un vase cylindrique contenant du mercure, sachant que le rayon du cercle qui forme le fond est 5^{cm} et que la surface libre du liquide est à $12^{cm},5$ au-dessus du fond ? On évaluera cette pression d'abord en dynes, puis en kilogrammes-poids. Le poids spécifique du mercure est $13,6 \times 981$ dynes.

13. Un bateau, dont la partie inférieure a 35^{m} de long sur $3^{m},50$ de large, est immergé dans une rivière au 3/4 de sa hauteur extérieure, laquelle est de $2^{m},50$. Quelle est, de bas en haut, la pression exercée par l'eau sur le fond du bateau ?

14. Un vase de forme conique a 8^{cm} de diamètre à son ouverture et 12^{cm} de hauteur ; il est placé verticalement et rempli de mercure et d'eau dans des proportions telles que la masse du mercure est le triple de la masse de l'eau. On demande l'épaisseur de chaque couche liquide.

CHAPITRE V

PRINCIPE D'ARCHIMÈDE. — CORPS FLOTTANTS

42. Considérations générales. — Les corps plongés dans les liquides se trouvent dans les mêmes conditions que les parois mêmes des vases ; ils supportent donc des pressions et, comme ces pressions sont plus fortes sur les parties qui sont plus profondément immergées, l'ensemble des pressions, autrement dit leur résultante, agit sur le corps de bas en haut. Cette résultante est d'autant plus forte que le volume du corps immergé est plus grand, par suite que le volume du liquide déplacé est plus considérable. Ainsi l'eau supporte une grosse poutre et non une légère aiguille ; un énorme navire flotte à sa surface, tandis qu'un simple grain de sable s'y enfonce : cela tient à ce que l'aiguille et le grain de sable ne déplacent qu'une petite quantité d'eau dont la pression est inférieure à leur poids, tandis que la pression exercée par l'eau que pourrait déplacer le navire ou la poutre serait bien supérieure à leurs poids.

C'est Archimède le premier qui détermina la valeur exacte de la pression totale subie par les corps immergés.

43. Énoncé et démonstration du principe d'Archimède. — *Sur tout corps plongé dans un liquide s'exerce une force verticale dirigée de bas en haut et égale au poids du liquide déplacé.* — Cette force s'appelle ordinairement *poussée* du liquide. Elle est appliquée au point qui serait le centre de gravité du volume occupé par le corps supposé plein du liquide.

La vérification la plus simple du principe d'Archimède se fait avec une éprouvette graduée et une balance ordinaire, de préférence une balance *hydrostatique*. On appelle ainsi une balance spéciale à haute colonne et à courts plateaux munis en dessous d'un crochet (*fig.* 57).

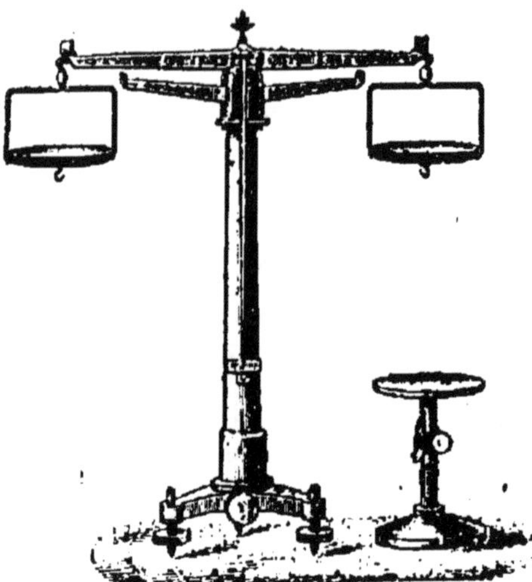

FIG. 57. — Balance hydrostatique.

On suspend par un fil un corps de forme quelconque sous l'un des plateaux de la balance et on établit l'équilibre

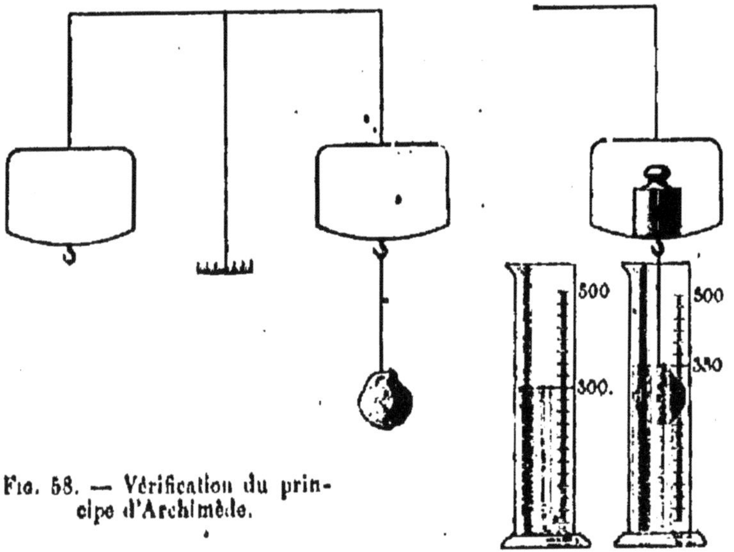

FIG. 58. — Vérification du principe d'Archimède.

en mettant une tare dans l'autre plateau (*fig*. 58). On verse alors dans une éprouvette graduée un volume d'eau déterminé (300^{cc} par exemple), puis on dispose l'éprouvette au-dessous du plateau qui supporte le corps de manière que celui-ci soit complètement immergé. L'équilibre est rompu, par suite de la poussée éprouvée par le corps. Supposons que le niveau de l'eau ait monté de 300 à 350^{cc} : c'est que le volume du corps est 50^{cc} ; on constate qu'il suffit, pour rétablir l'équilibre, de placer 50^{gr} dans le plateau qui supporte le corps. Donc la poussée éprouvée par le corps est égale au poids de l'eau déplacée.

44. Conséquences du principe d'Archimède. — Il résulte du principe d'Archimède que tout corps immergé dans un liquide en équilibre est soumis à deux forces : son *poids* P, et la *poussée* F, dirigée en sens contraire. Ne considérons pour l'instant que des corps homogènes : le poids et la poussée sont directement opposés et la résultante de ces deux forces est égale à leur différence. Trois cas peuvent se présenter :

1° *Le poids est supérieur à la poussée* : $P > F$. — Le corps abandonné à lui-même dans le liquide est soumis à la résultante constante $P - F$, et tombe d'un mouvement uniformément accéléré (18), avec une accélération γ plus petite que l'accélération g que lui imprimerait son poids P en chute libre. On réalise ce cas en mettant un morceau de plomb dans l'eau (*fig.* 59).

Fig. 59. — Le poids est supérieur à la poussée.

2° *Le poids est égal à la poussée* : $P = F$. — Les deux forces se font équilibre et le corps peut rester immobile dans le liquide. Tel est le cas d'une bille d'ivoire plongée dans de l'acide sulfurique concentré (*fig.* 60).

3° *Le poids est inférieur à la poussée* : P < F. — Le corps immergé est alors sollicité de bas en haut par la résultante F — P ; il remonte d'un mouvement uniformément accéléré et finit par sortir en partie du liquide. Au fur et à

FIG. 60. — Le poids est égal à la poussée.

FIG. 61. — Le poids est inférieur à la poussée.

mesure qu'il émerge, la force F décroît progressivement en même temps que diminue le volume déplacé, et il arrive un moment où cette poussée est égale au poids du corps. Celui-ci est alors en équilibre : on dit qu'il *flotte*.

On réalise ce cas en plaçant un bouchon dans l'eau (*fig.* 61), ou du plomb dans du mercure.

D'après ce qui précède, pour qu'un corps homogène flottant soit en équilibre à la surface d'un liquide, il faut que le poids du corps soit égal au poids du liquide déplacé.

REMARQUE. — Quand le corps immergé est hétérogène, ce qui est le cas général, les deux forces P et F ont des points d'application distincts, mais elles sont parallèles et de sens contraires, de sorte que leur résultante est encore égale à leur différence.

Les trois cas examinés plus haut peuvent encore se présenter. On les réalise en mettant un œuf successivement dans l'eau pure, dans l'eau contenant du sel en proportions convenables et dans l'eau saturée de sel, ou encore au moyen d'un petit appareil appelé *ludion*.

Le ludion est une figurine en émail soutenue par une petite boule de verre creuse percée d'une ouverture à la partie inférieure ; le tout est placé dans une éprouvette presque pleine d'eau et fermée hermétiquement par une membrane élastique (*fig.* 62). Au commencement, la petite boule ne contient que de l'air et elle émerge en partie à la surface du liquide ; mais si l'on exerce une pression sur la membrane, l'eau se trouvant comprimée par l'air qui est au-dessus, pénètre dans la boule : le poids devient supérieur à la poussée et le ludion descend. En diminuant un peu la pression, on peut arriver, après plusieurs tâtonnements, à maintenir le ludion en équilibre au milieu du liquide. Enfin si l'on fait cesser la pression, l'air contenu dans la boule se détend, réagit en chassant l'eau qui y a pénétré, et le ludion devenu plus léger revient flotter à la surface du liquide.

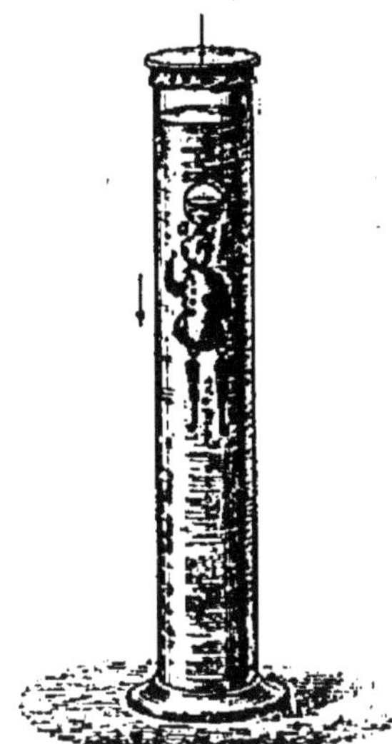

Fig. 62. — Ludion.

APPLICATIONS DU PRINCIPE D'ARCHIMÈDE

45. Détermination de la masse spécifique d'un corps solide. — Nous avons vu que l'on détermine facilement la masse spécifique d'un corps en divisant sa masse, déterminée à l'aide de la balance, par son volume, mesuré avec un vase gradué (25). Quand on ne dispose pas de vase gradué, on opère de la façon suivante :

On place le corps sur un des plateaux de la balance hydrostatique, puis on attache sous le même plateau un fil métallique très fin qui servira à le soutenir dans l'eau, et on fait la tare (*fig.* 63). En enlevant le corps et en le remplaçant par des masses marquées jusqu'à ce qu'il y ait de nouveau équilibre, on obtient sa masse M par double pesée. Les masses marquées sont alors enlevées à leur tour, puis le corps est suspendu à l'aide du fil et immergé dans de l'eau distillée : l'équilibre est rompu. Pour le rétablir, il faut ajouter sur le même plateau des masses M' dont le poids fasse équilibre au poids d'eau déplacée. Les masses M'

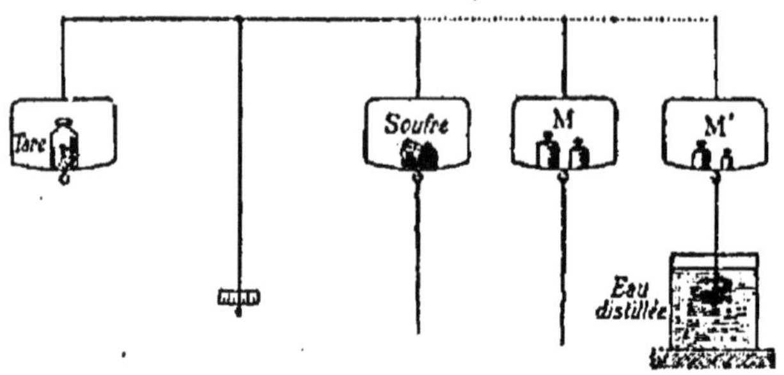

Fig. 63. — Méthode de la balance hydrostatique pour les solides.

et l'eau déplacée ayant même poids ont aussi même masse; donc la masse spécifique du solide est représentée par le quotient $\frac{M}{M'}$.

En réalité, les masses spécifiques sont définies à 0° ; d'autre part, ce n'est qu'à 4° qu'un centimètre cube d'eau a pour masse 1gr ; mais comme on ne cherche pas à atteindre une grande précision par cette méthode, on se contente du quotient $\frac{M}{M'}$ pour la masse spécifique.

46. Détermination de la masse spécifique d'un corps liquide. — On suspend au-dessous d'un des plateaux de la balance hydrostatique une boule de verre lestée avec du mercure ou de la grenaille de plomb et on établit la tare (*fig.* 64). On fait alors plonger cette boule dans le liquide à étudier, l'alcool par exemple, et on rétablit l'équilibre par des masses marquées M, lesquelles représentent la masse du liquide déplacé par la boule. On fait plonger de même la boule dans de l'eau distillée ; les masses marquées

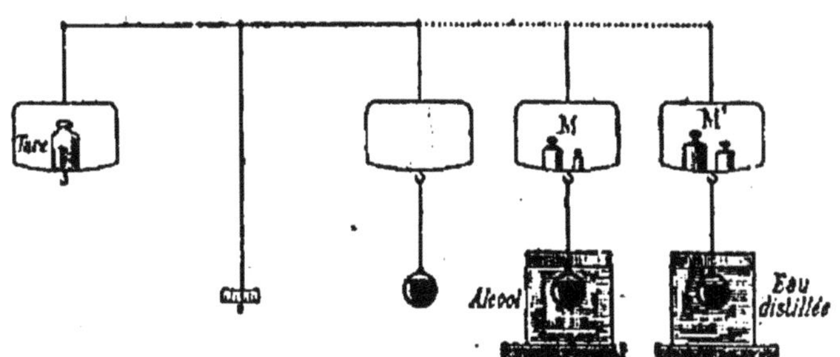

FIG. 64. — Méthode de la balance hydrostatique pour les liquides.

M' qu'il faut ajouter sur le plateau, du même côté, pour rétablir l'équilibre représentent la masse de l'eau déplacée.

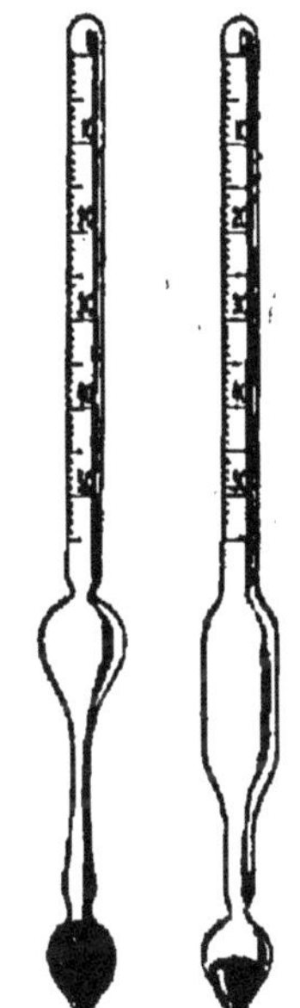

FIG. 65. — Formes d'aréomètres.

La masse spécifique du liquide est très sensiblement égale au quotient $\frac{M}{M'}$.

47. Aréomètres. — ***Les aréomètres sont des flotteurs lestés de manière à s'enfoncer verticalement dans les liquides.*** — On leur donne la forme d'un flotteur cylindrique ou ovoïde en verre creux, lesté inférieurement par une petite ampoule contenant du mercure ou de la grenaille de plomb (*fig.* 65) ; ce flotteur est surmonté d'une tige cylindrique portant la graduation. Quand un aréomètre est placé dans un liquide, il y a équilibre lorsque le liquide déplacé et l'aréomètre ont le même poids, et, par suite, la même masse. Le volume du liquide déplacé par l'aréomètre est d'autant plus grand que ce liquide est plus léger. Ces aréomètres sont donc *à volume variable* et *à poids constant.*

Pèse-acides de Baumé. — Cet aréomètre est destiné aux liquides plus denses que l'eau. Pour graduer un pèse-acides, on le leste de manière qu'il s'enfonce jusque vers le haut de la tige dans l'eau pure ; on marque 0 au point d'affleurement (*fig.* 66). On le plonge ensuite dans de l'eau salée formée avec 15 parties de sel et 85 parties d'eau. Cette dissolution étant plus dense que l'eau, l'instrument s'enfonce moins ; on marque 15 au point d'affleurement. Il ne reste plus qu'à diviser l'intervalle entre 0 et 15 en 15 parties égales et à prolonger les degrés jusqu'au bas de la tige. La graduation va de 0 à 45 dans les pèse-acides ordinaires ou faibles, de 0 à 70 dans les pèse-acides concentrés. Les pèse-acides sont surtout employés soit pour surveiller la fabrication et la concentration des acides, des sirops de sucre, des lessives, des dissolutions salines, etc., soit pour s'assurer de leur valeur, la plupart de ces corps étant vendus d'après leur concentration.

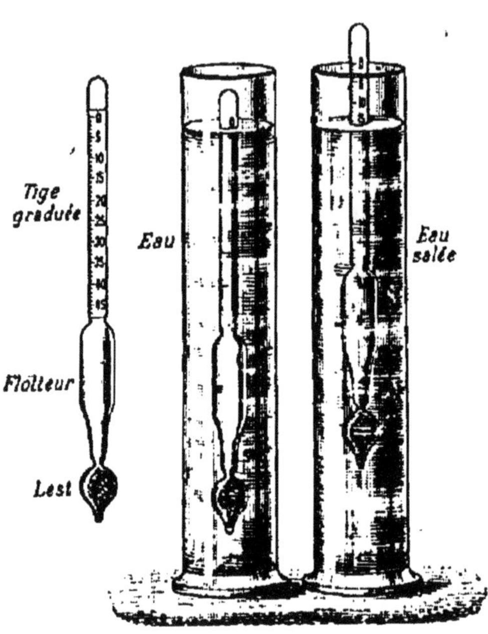

Fig. 66. — Pèse-acides ordinaire et son mode primitif de graduation.

Pèse-liqueurs de Baumé. — Le pèse-liqueurs est destiné aux liquides moins denses que l'eau.

L'instrument est lesté de telle sorte qu'il affleure au bas de la tige dans de l'eau salée formée avec 10 parties de sel et 90 parties d'eau ; ce point d'affleurement est le zéro de la graduation (*fig.* 67). On plonge ensuite l'aréomètre dans l'eau pure, il s'enfonce plus que dans l'eau salée et on marque 10 au point d'affleurement. On divise enfin l'intervalle 0-10 en 10 parties égales et on prolonge les divisions jusqu'au sommet de la tige. La graduation va de 10 à 45° dans les pèse-liqueurs ordinaires, et de 10 à 70° dans les pèse-éthers.

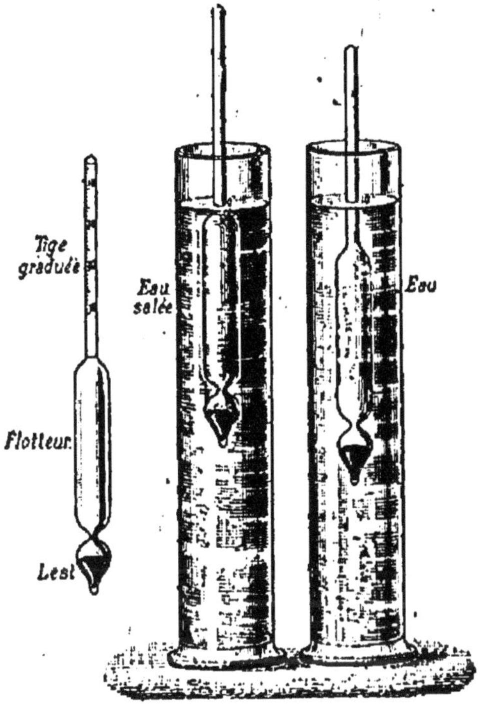

Fig. 67. — Pèse-liqueurs et son mode primitif de graduation.

Le pèse-liqueurs et le pèse-éthers sont utilisés principalement pour déterminer la richesse de l'ammoniaque et la concentration des différents éthers.

Alcoomètre centésimal de Gay-Lussac. — L'alcoomètre de Gay-Lussac est un aréomètre qui, par une simple lecture, fait connaître la proportion pour cent en volumes d'alcool pur contenu dans un liquide alcoolique à 15° centigrades.

Quand on veut graduer directement un alcoomètre, on le leste de manière que le point d'affleurement soit au bas de la tige dans l'eau pure à 15° ; on marque zéro en ce point (*fig.* 68). On plonge ensuite l'instrument dans différents liquides à 15°, contenant 5, 10, 15,... volumes d'alcool pur auxquels on ajoute assez d'eau distillée pour avoir chaque fois 100 volumes; on marque successivement 5, 10, 15,... aux différents points d'affleurement. Les intervalles ainsi obtenus sont d'autant plus écartés qu'on s'approche davantage du sommet de la tige; on les divise chacun en cinq parties égales pour achever la graduation.

Fig. 68. Alcoomètre de Gay-Lussac.

L'alcoomètre de Gay-Lussac ne donne des indications exactes que dans les liquides alcooliques ne contenant que de l'eau et de l'alcool.

En outre, la richesse d'un liquide alcoolique n'est donnée par une simple lecture qu'autant que sa température est 15°; si la température est différente de 15°, il faut avoir recours à des tables spéciales.

48. Applications diverses. — Outre la détermination des masses spécifiques par la balance hydrostatique et l'emploi des aréomètres, le principe d'Archimède a des applications très variées. Il explique pourquoi un navire s'enfonce moins dans la mer que dans l'eau douce, pourquoi les poissons peuvent descendre ou monter dans l'eau en comprimant plus ou moins leur vessie natatoire. Il fait comprendre pourquoi, lorsqu'on veut renflouer un navire échoué sur un bas-fond, on lui accole généralement des bateaux chargés : c'est que ceux-ci, quand on les décharge, tendent à se soulever et à soulever en même temps le navire auquel ils sont accolés.

Enfin nous citerons, comme étant particulièrement des applications des conditions d'équilibre des corps flottants, les *ceintures de sauvetage*, les *bouées ordinaires*, les *bouées de sauvetage*, les *bateaux sous-marins*, les *flotteurs* destinés à indiquer le niveau de l'eau dans les chaudières des machines à vapeur ou le niveau des liquides dans les bacs-jauge.

RÉSUMÉ DU CHAPITRE V

La résultante de toutes les pressions exercées par un liquide en équilibre sur un solide qui y est immergé est dirigée de bas en haut et est égale au poids du liquide déplacé. Ce principe, énoncé par Archimède, se vérifie expérimentalement avec une balance et une éprouvette graduée.

Comme conséquence du principe d'Archimède, tout corps plongé dans un liquide est soumis à deux forces de sens contraires : son poids P et la poussée F exercée par le liquide. Si le corps est homogène, ces deux forces ont un même point d'application, qui est le centre de gravité du corps. Trois cas peuvent se présenter : 1° le poids est supérieur à la poussée : le corps tombe, sollicité par une force égale à P — F ; 2° le poids est égal à la poussée : le corps est en équilibre dans le liquide ; 3° le poids est inférieur à la poussée : le corps remonte, sollicité par la force F — P ; il émerge peu à peu à la surface du liquide, et la poussée diminuant progressivement finit par devenir égale à P. Le corps flotte alors.

Pour avoir la masse spécifique d'un solide, on détermine d'abord sa masse M par double pesée, puis on détermine la poussée qu'il éprouve lorsqu'il est plongé dans l'eau ; les masses marquées M' dont le poids équilibre cette poussée représentent la masse d'un volume d'eau égal à celui du corps. La masse spécifique est le quotient $\frac{M}{M'}$. Quand il s'agit d'un liquide, on plonge une boule lestée dans ce liquide et dans l'eau, et on détermine dans chaque cas la masse d'un volume de liquide égal à celui de la boule et la masse d'un même volume d'eau. La masse spécifique du liquide est le quotient de ces deux masses.

Les *aréomètres* sont des flotteurs lestés de manière à s'enfoncer verticalement dans les liquides. Ils sont tous en verre et comprennent une tige portant la graduation, un renflement et une ampoule contenant le lest. Ils servent surtout à déterminer le degré de concentration des liquides usuels.

Le pèse-acides de Baumé est destiné aux liquides plus lourds que l'eau ; les deux degrés qui ont fixé la graduation sont le degré 0 (dans l'eau pure) et le degré 15 (dans l'eau salée formée de 15p de sel et 85p d'eau).

EXERCICES SUR LE CHAPITRE V

15. Un cylindre droit en bois d'orme (masse spécifique $0^{gr},8$) flotte sur l'eau de manière que son axe soit vertical. On demande la hauteur qui émerge au-dessus de l'eau. La hauteur totale du cylindre est 30 centimètres.

16. Un cube de bois de sapin a $0^{m},70$ d'arête et sa masse spécifique est $0^{gr},78$. Quelle masse de fer faudra-t-il fixer à ce cube pour que l'ensemble se maintienne en équilibre dans l'eau ? La masse spécifique du fer est $7^{gr},8$.

17. Un bloc de glace parallélipipédique, dont la section est $2^{mq},625$ et la hauteur $0^m,85$, plonge dans l'eau de mer. On demande quelle est la hauteur du bloc au-dessus de la surface de l'eau. La masse spécifique de la glace est $0^{gr},93$ et celle de l'eau de mer $1^{gr},026$.

18. Une boule de verre lestée avec du mercure est suspendue sous l'un des plateaux d'une balance hydrostatique. On l'équilibre par une tare, puis on la fait plonger successivement dans de l'alcool et dans de l'eau ; il faut, pour rétablir l'équilibre, ajouter $8^{gr},1$ dans le premier cas et $10^{gr},125$ dans le second. On demande : 1° la masse spécifique de l'alcool ; 2° le volume de la boule.

19. Un alliage d'or et d'argent est équilibré dans l'air par une masse de 195^{gr}. Quand il est plongé dans l'eau, il ne faut plus qu'une masse de 180^{gr} pour lui faire équilibre. Quel est le volume de l'alliage et quelle est la proportion des deux métaux qu'il contient ? Masse spécifique de l'or, 19^{gr}, de l'argent, 10^{gr}.

20. Sur de l'huile de masse spécifique $0^{gr},915$ on pose un morceau de liège ayant la forme d'un parallélipipède rectangle dont les dimensions sont : longueur, $7^{cm},5$; largeur, $3^{cm},2$; épaisseur, 2^{cm}. Sachant que la masse spécifique du liège est $0^{gr},24$, de combien émergera-t-il ? On pose sur ce morceau de liège une pièce d'argent de 5^{fr}. Surnagera-t-il encore ? S'il surnage, de combien émergera-t-il ?

21. Un aréomètre marque zéro (à la naissance de la tige) dans de l'eau salée ayant pour masse spécifique $1^{gr},074$. Il marque 10° dans l'eau pure. Quelle est la masse spécifique d'un liquide dans lequel cet aréomètre marque 22° ?

CHAPITRE VI

PRESSION ATMOSPHÉRIQUE. — BAROMÈTRES. AÉROSTATS.

---

49. **Propriétés générales des gaz.** — Les gaz sont caractérisés par la répulsion qui s'exerce entre leurs molécules ; introduits dans un espace quelconque, ils le remplissent

tout entier et ne se terminent pas par une surface libre. Cette propriété, appelée *expansibilité,* se démontre avec un flacon dont le bouchon est traversé par un tube recourbé et par un matras renversé (*fig.* 69). A l'extrémité inférieure du matras est fixé un petit ballon en baudruche dégonflé. On enlève l'air du flacon à l'aide d'une trompe (72) ; à mesure que l'air se raréfie, on voit le ballon se gonfler complètement par suite de l'expansion de l'air contenu dans le matras. La pression qu'un gaz exerce en vertu de son expansibilité, sur chaque unité de surface des parois du vase qui le contient, s'appelle la *force élastique* du gaz.

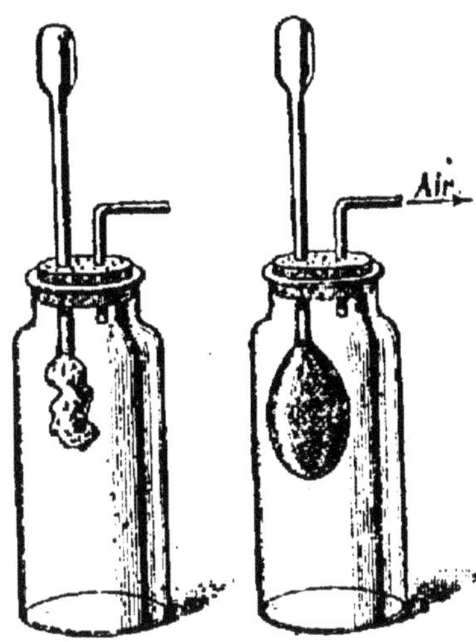

Fig. 69. — Expansibilité des gaz.

Les gaz sont *très compressibles, parfaitement élastiques,* et leur compression dégage de la chaleur. On le démontre avec le *briquet à air* (*fig.* 70). C'est un tube de verre à parois épaisses, présentant une extrémité ouverte par laquelle on peut introduire un piston qui, entrant dans le tube de verre à frottement doux, le ferme hermétiquement.

A mesure qu'on enfonce le piston, le volume de l'air enfermé diminue, on sent une résistance de plus en plus grande, et si la compression est effectuée brusquement, il se produit assez de chaleur pour enflammer un morceau d'amadou fixé au piston. Cette expérience démontre en même temps que les gaz sont parfaitement élastiques, car le piston revient de lui-même à sa position primitive dès qu'on cesse la compression.

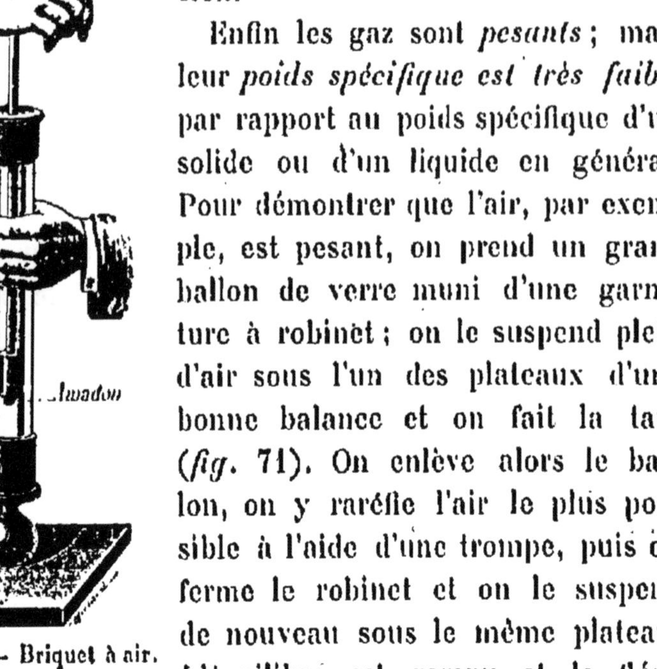

FIG. 70. — Briquet à air.

Enfin les gaz sont *pesants*; mais leur *poids spécifique est très faible* par rapport au poids spécifique d'un solide ou d'un liquide en général. Pour démontrer que l'air, par exemple, est pesant, on prend un grand ballon de verre muni d'une garniture à robinet; on le suspend plein d'air sous l'un des plateaux d'une bonne balance et on fait la tare (*fig.* 71). On enlève alors le ballon, on y raréfie l'air le plus possible à l'aide d'une trompe, puis on ferme le robinet et on le suspend de nouveau sous le même plateau. L'équilibre est rompu et le fléau s'incline du côté de la tare; donc l'air est pesant.

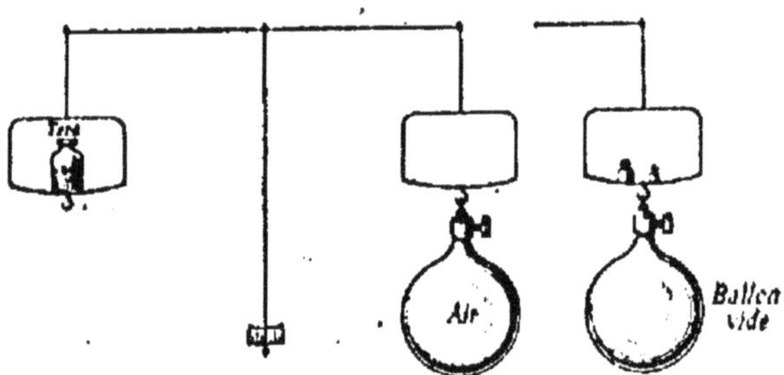

FIG. 71. — Expérience montrant que l'air est pesant.

Si l'on ajoute sur le plateau correspondant au ballon vide des masses marquées jusqu'à ce qu'il y ait de nouveau équilibre, le poids de ces masses est évidemment le même que le poids de l'air que l'on a extrait du ballon. On trouve ainsi, par exemple, que la masse d'un centimètre cube d'air dans les conditions ordinaires est $0^{gr},001293$, ou sensiblement $0^{gr},0013$ (on retient plus facilement ce nombre en le multipliant par 1000 : un litre d'air pèse environ $1^{gr},3$).

ÉTUDE DE LA PRESSION ATMOSPHÉRIQUE

50. Atmosphère et pression atmosphérique. — On donne le nom d'*atmosphère* à la couche d'air qui enveloppe complètement notre globe. Sa hauteur est très incertaine, car les méthodes que l'on a employées pour l'évaluer conduisent à des résultats variant entre 60 et 300^{km} ; quoi qu'il en soit, le poids spécifique de l'air décroît rapidement à mesure qu'on s'élève, et les ballons-sondes, c'est-à-dire les ballons qu'on lance dans les hautes régions pour les étudier, arrivent à franchir plus des $\frac{9}{10}$ de la masse de l'atmosphère tout en ne dépassant pas 17^{km} de hauteur. La pression exercée par cette immense couche gazeuse sur chaque unité de surface (1^{cq}) des corps qui y sont plongés s'appelle la *pression atmosphérique*.

Bien que la pression atmosphérique soit relativement considérable, nous ne nous apercevons pas habituellement de son existence. Elle s'exerce en effet dans tous les sens sur la surface d'un même corps placé dans l'air, et on peut dire que toutes ces pressions se font équilibre, car leur résultante est égale, comme nous le verrons, au poids de l'air déplacé et est, par suite, sensiblement négligeable. Ainsi une surface plane, comme une membrane, une feuille de papier, supporte sur ses deux faces des pressions égales et de sens contraires. Mais si nous diminuons ou si nous supprimons la pression exercée par l'atmosphère sur l'une des faces, nous mettrons tout de suite en évidence la pression exercée sur l'autre face.

51. Principales expériences qui montrent l'existence de

la pression atmosphérique. — 1° Remplissons complètement d'eau un verre à bords bien dressés et appliquons une feuille de papier sur le liquide (*fig.* 72). Si nous retournons le verre avec précaution, nous constaterons que le liquide ne s'échappe pas. Cela tient à ce que le poids de la colonne d'eau contenue dans l'éprouvette est inférieur à la pression exercée de bas en haut par l'atmosphère.

Fig. 72. — Maintien de l'eau dans un verre renversé.

2° Lorsqu'on plonge verticalement dans de l'eau un tube de verre (ou un brin de paille, etc.) et qu'on aspire par l'extrémité supérieure, on voit l'eau monter peu à peu dans le tube (*fig.* 73). Ce phénomène est dû à la pression exercée par l'air sur la surface du liquide dans le vase. Avant l'aspiration, cette pression s'exerçait aussi dans le tube et l'eau s'y tenait au même niveau que dans le vase. L'aspiration a eu pour effet d'enlever l'air contenu dans le tube ; dès que la pression extérieure n'a plus été contre-balancée par la pression intérieure, l'ascension de l'eau s'est produite.

Fig. 73. — Ascension de l'eau par aspiration.

3° Fermons un manchon hermétiquement à sa partie

supérieure par une portion de vessie ou une feuille de fort papier (*fig*. 74), puis raréfions l'air contenu à son intérieur : nous verrons aussitôt la membrane se déprimer sous l'effet de la pression atmosphérique et finir par crever avec un bruit assez fort, dû à la rentrée brusque de l'air dans le manchon.

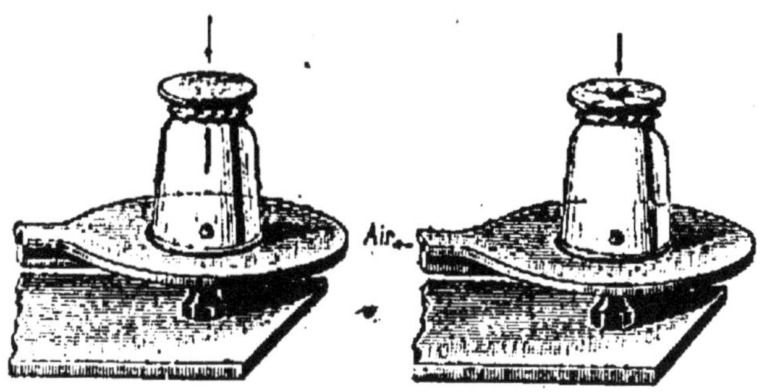

FIG. 74. — Expérience du crève-vessie.

4° Citons enfin l'expérience des hémisphères de Magdebourg. Si l'on raréfie l'air dans deux hémisphères creux appliqués exactement l'un contre l'autre (*fig*. 75), il faut, pour produire ensuite leur séparation, un effort très considérable.

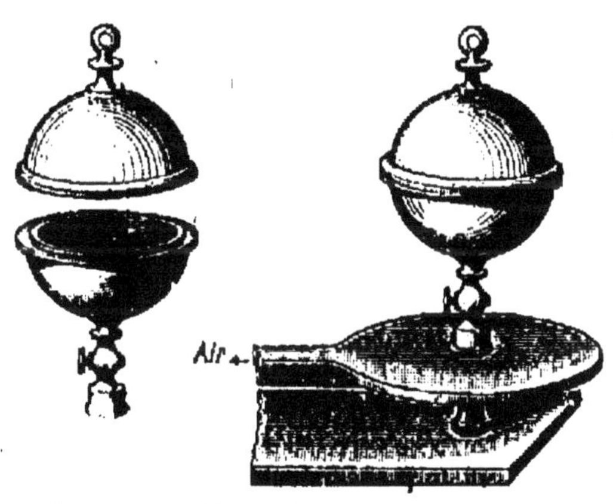

FIG. 75. — Hémisphères de Magdebourg.

Une foule d'appareils sont fondés sur l'existence de la pression atmosphérique ; nous citerons notamment les pompes et les siphons, dont nous parlons plus loin.

52. Expérience de Torricelli. — Torricelli, élève de Galilée, fit en 1643 une expérience célèbre qui, tout en prouvant l'existence de la pression atmosphérique, permit de la mesurer.

Pour répéter cette expérience, on prend un tube de verre d'environ 90^{cm} de longueur, fermé à une extrémité. On le remplit complètement de mercure, puis, bouchant l'ouverture avec le doigt, on retourne le tube verticalement dans une cuvette contenant du mercure (*fig.* 76).

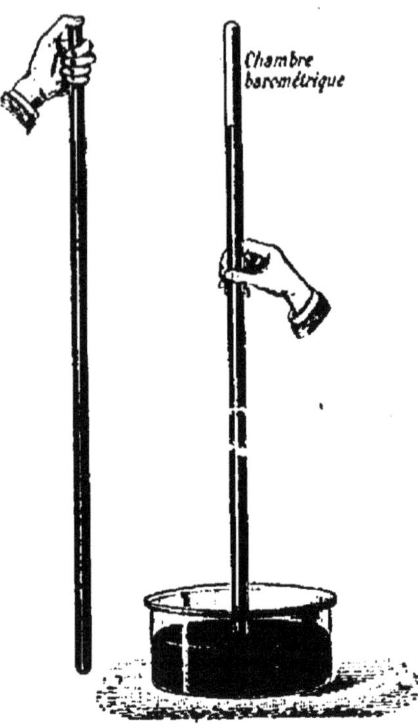

Fig. 76. — Expérience de Torricelli.

Après avoir retiré le doigt, on voit le mercure descendre dans le tube et s'arrêter à une hauteur d'environ 76^{cm} au-dessus du niveau du mercure dans la cuvette, laissant ainsi au-dessus de lui un *espace vide d'air* (chambre barométrique).

Il est facile d'expliquer l'expérience de Torricelli. Prenons deux unités de surface, l'une *s*, sur la surface libre du mercure dans la cuvette ; l'autre *s'*, sur le même plan horizontal, mais à l'intérieur du tube (*fig.* 77). Ces deux surfaces appartenant à un même plan horizontal situé dans un même liquide en équilibre, supportent la même pression. Or, la surface *s* supporte la pression atmosphérique ; la surface *s'* supporte le poids d'une colonne de mercure ayant pour base s' et pour hauteur la distance verticale H entre les niveaux du mercure dans le tube et dans la cuvette. Donc cette dernière pression fait équilibre à la pression atmosphérique.

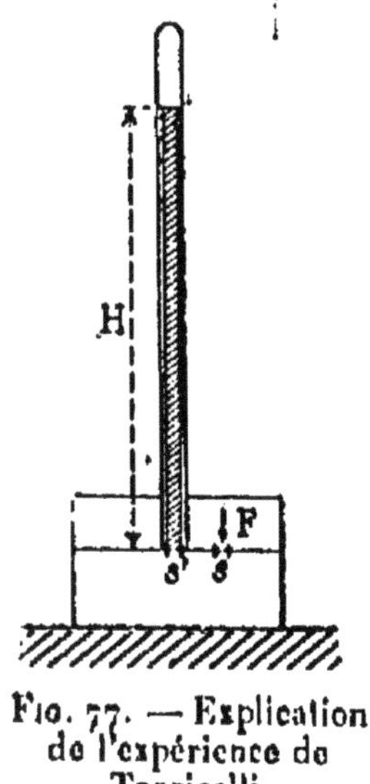

Fig. 77. — Explication de l'expérience de Torricelli.

Appelons F la pression atmosphérique sur la surface s (1cq), H la hauteur du mercure dans le tube, p le poids spécifique du mercure; on aura, d'après ce qui précède,

$$F = Hp = Hmg \quad (26),$$

m désignant la masse spécifique du mercure. Supposons par exemple que la hauteur du mercure dans le tube de Torricelli soit de 76cm ; la valeur de la pression exercée par l'atmosphère 1cq est (13gr,596 étant la masse spécifique du mercure)

$$76 \times 13{,}596 \times 981 = 1\,013\,575 \text{ dynes.}$$

Évaluons maintenant cette pression en grammes-poids. Le gramme-poids valant 981 dynes à Paris, il suffit de diviser le résultat précédent par 981, ce qui donne

$$F = \frac{1\,013\,575}{981} = 1\,033 \text{ grammes-poids ou } 1^{kg},033.$$

Remarque. — La pression exercée par une colonne de mercure de 76cm à 0° sur 1cq s'appelle encore quelquefois *une atmosphère*. On comptait autrefois les pressions en atmosphères ; maintenant c'est en *kilogrammes* (toujours sur un centimètre carré). 1kg correspond d'ailleurs à très peu près à une atmosphère ; il représente une colonne de $\frac{76 \times 1\,000}{1\,033} = 73^{cm},6$ de mercure.

Conséquences. — 1° La pression atmosphérique restant constante, la hauteur verticale du mercure dans le tube de Torricelli reste constante ; elle est indépendante de la forme, du diamètre et de l'inclinaison du tube.

Cette conséquence se déduit de la formule précédente. On peut la vérifier expérimentalement en renversant dans une même cuvette des tubes de Torricelli de forme et de diamètre différents, droits ou inclinés : on constate que les niveaux supérieurs du mercure dans les tubes sont dans un même plan horizontal et que la distance verticale de ce plan à la surface du mercure dans la cuvette est la même pour tous les tubes.

2° Si la pression atmosphérique augmente ou diminue, la hauteur de la colonne mercurielle doit monter ou baisser en même temps.

En effet, dans la formule $F = Hp$, p restant constant, si F augmente, H doit augmenter, et si F diminue, H doit diminuer. On peut d'ailleurs vérifier cette conséquence par l'expérience en observant au même moment des tubes de Torricelli qu'on a placés à différentes altitudes.

3° Si l'on répète l'expérience de Torricelli avec un liquide autre que le mercure, la hauteur de ce liquide qui fera équilibre à la pression atmosphérique sera d'autant plus grande que le liquide sera moins dense.

Pascal ayant employé pour l'expérience de Torricelli un tube de 15^{m} de long, préalablement rempli de vin rouge, il constata que ce liquide, qui est environ 13 fois 1/2 moins dense que le mercure, avait son niveau à une hauteur de 10^{m},40, c'est-à-dire à une hauteur environ 13 fois 1/2 plus grande que celle du mercure.

BAROMÈTRES

53. Définition. — ***Les baromètres sont des instruments destinés principalement à mesurer la pression atmosphérique.*** — Les uns s'appuient sur l'expérience de Torricelli : ce sont les *baromètres à mercure* ; les autres sont basés sur les déformations que font subir les variations de la pression atmosphérique à un appareil métallique clos et vide d'air : ce sont les baromètres *anéroïdes,* appelés aussi quelquefois baromètres métalliques.

Remarque. — Le mercure est le seul liquide employé dans la construction des baromètres dont le principe repose sur l'expérience de Torricelli, et pour plusieurs raisons : c'est lui qui exige le tube le moins long, car il est le plus dense des liquides ; il peut facilement être obtenu pur, et enfin il donne une chambre barométrique parfaite, car il n'émet pour ainsi dire pas de vapeurs à la température ordinaire.

54. Baromètres à mercure. — On a donné de nombreuses formes aux baromètres à mercure ; le plus simple et le plus parfait est le *baromètre normal.*

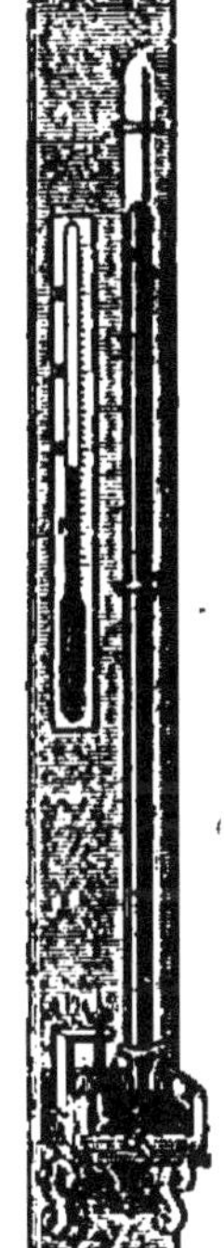

Fig. 78. — Baromètre normal.

Il se compose d'un tube vertical assez large (22 à 25mm de diamètre) pour supprimer la dépression capillaire (41) ; ce tube plonge par sa pointe inférieure effilée dans le mercure d'une cuve prismatique en fonte à parois de glace (*fig.* 78). Une équerre en fer fixée aux parois de la cuve porte une vis verticale terminée en pointe à ses deux extrémités. Lorsque la pointe inférieure de cette vis est en contact exact avec la surface du mercure, la pression atmosphérique est mesurée par la longueur entre les deux pointes (mesurée une fois pour toutes), augmentée de la distance verticale de la pointe supérieure au niveau du mercure dans le tube. Cette distance verticale se mesure à l'aide d'un cathétomètre, sorte de lunette horizontale pouvant se déplacer le long d'une règle verticale graduée.

On construit aussi le baromètre normal de manière à permettre de faire des mesures directes : une règle de cuivre divisée en millimètres est fixée parallèlement au tube (*fig.* 79); elle se termine inférieurement par une pointe d'ivoire dont l'extrémité correspond exactement au zéro de la graduation. Pour déterminer la hauteur barométrique, on fait d'abord affleurer le mercure de la cuvette en y enfonçant un piston en fonte, puis on fait glisser le long de la règle un curseur C muni d'un vernier au 1/10 et d'un petit anneau entourant le tube jusqu'à ce que le plan inférieur de l'anneau soit tangent au sommet de la colonne mercurielle. On lit ainsi la hauteur barométrique à moins de 1/10 de millimètre près.

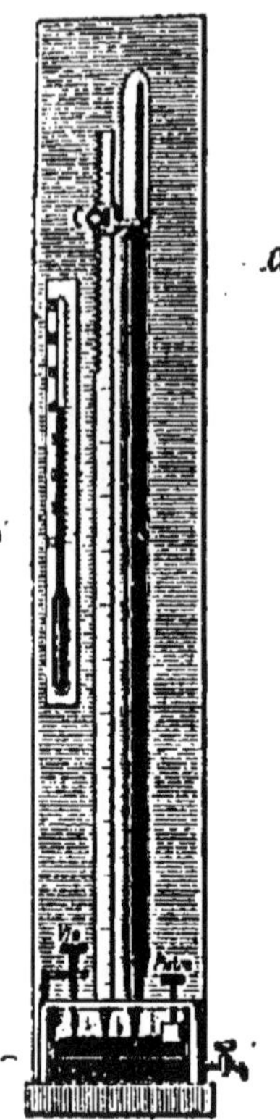

Fig. 79. — Baromètre normal à lecture directe.

55. Baromètres anéroïdes. — Les baromètres anéroïdes ne sont pas des baromètres de précision, parce que l'élasticité des appareils métalliques servant à leur construction varie avec le temps ; mais ils sont très sensibles et en même temps très commodes; aussi sont-ils seuls employés comme baromètres de voyage et d'appartement. On les gradue par comparaison avec un baromètre à mercure.

Le type le plus employé est le baromètre de Vidi.

Baromètre de Vidi. — La partie essentielle du baromètre de Vidi (*fig.* 80) est une caisse métallique mince fermée hermétiquement et contenant de l'air très raréfié. La base supérieure de cette caisse, cannelée circulairement pour accroître la flexion, supporte les variations de la pression atmosphérique et se trouve plus ou moins déprimée, malgré une lame-ressort antagoniste R qui tend à la soulever.

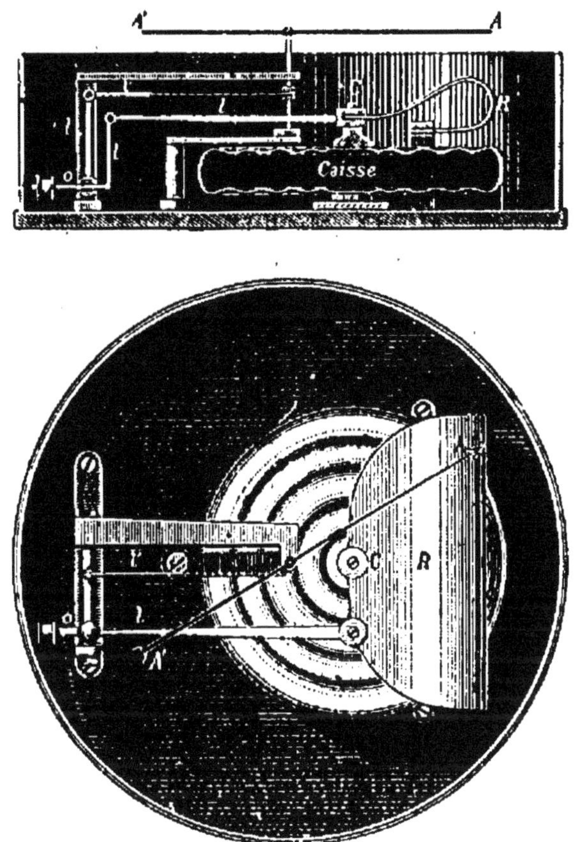

Fig. 80. — Baromètre anéroïde de Vidi.

Les déplacements de son centre sont très faibles, mais ils sont amplifiés considérablement par deux leviers *ll*, *l'l'* qui les transmettent par une série de pièces intermédiaires, savoir : une courte colonne métallique C fixée au centre même, la lame-ressort R, un axe de rotation *o*, et enfin une petite chaînette qui s'enroule sur un axe de rotation portant l'aiguille AA'.

Baromètres enregistreurs. — Les baromètres enregistreurs, imaginés par Richard, ont pour but de noter d'une façon continue les variations de la pression atmosphérique en un lieu donné.

Ils se composent essentiellement d'une chambre anéroïde formée de petites boites circulaires minces, soudées par

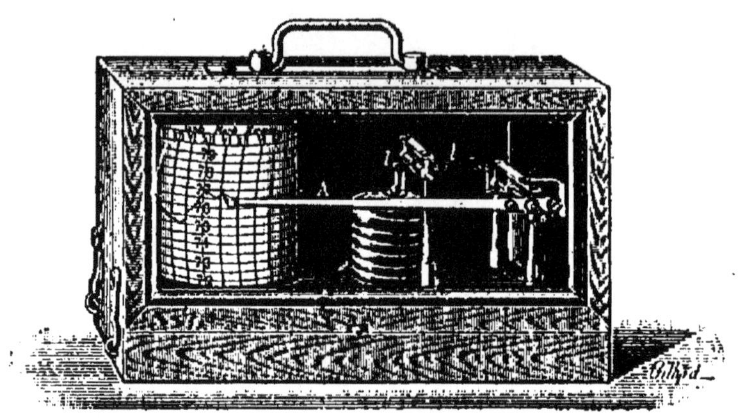

Fig. 81. — Baromètre enregistreur de Richard.

leurs bords (*fig.* 81). L'air est très raréfié dans cette chambre, de sorte qu'elle se raccourcit plus ou moins suivant que la pression atmosphérique augmente ou diminue, et cela malgré un ressort antagoniste placé à l'intérieur. Ces variations de hauteur sont transmises à une longue aiguille A en aluminium par l'intermédiaire d'un levier coudé *ll* et d'un axe de rotation *o*. Enfin l'extrémité de l'aiguille porte une plume à réservoir d'encre, qui appuie légèrement sur une feuille de papier divisée, enroulée sur un cylindre entraîné par un mouvement d'horlogerie.

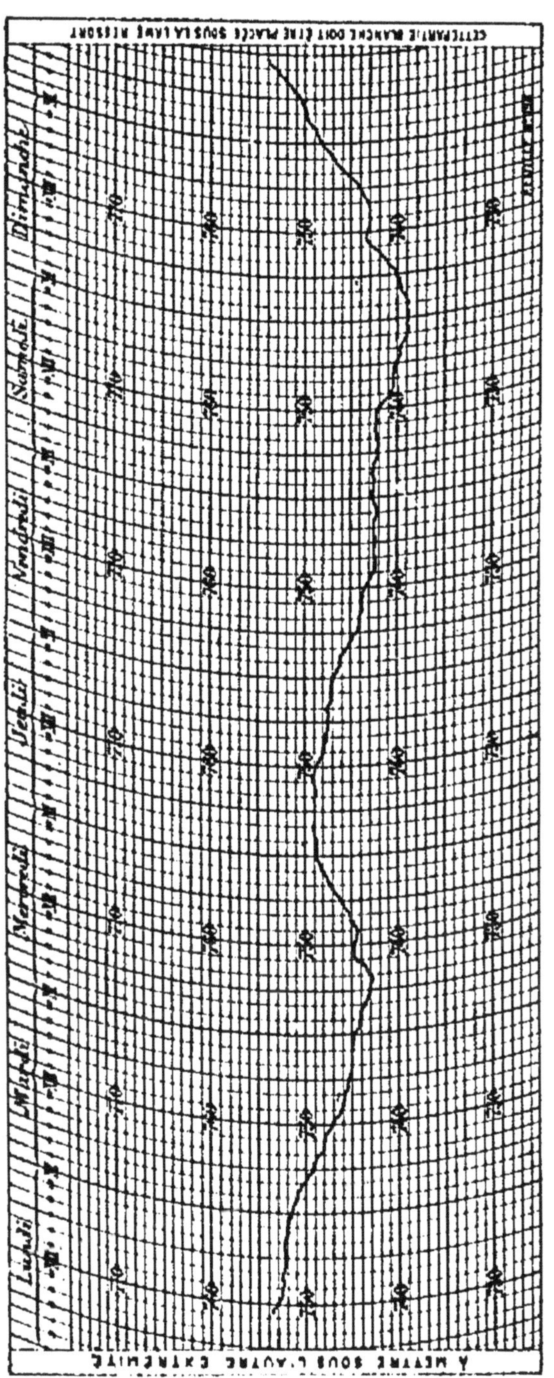

Fig. 82. — Photographie d'une feuille de baromètre enregistreur.

La figure 82 est la reproduction photographique d'une feuille qui a enregistré la pression à Paris pendant une semaine, non pas avec un baromètre comme celui de la figure 81, mais avec un baromètre enregistreur à mercure.

L'aiguille qui enregistre étant mobile autour d'un point fixe, son extrémité décrit un arc de cercle. C'est ce qui explique la forme courbe qu'on donne aux lignes servant à mesurer les pressions.

56. Usages des baromètres. — Les principaux usages des baromètres sont la détermination de la pression atmosphérique, la mesure des hauteurs et la prévision du temps.

I. Détermination de la pression atmosphérique. — Quand on veut obtenir une hauteur barométrique avec précision, il faut faire subir à la hauteur trouvée par l'expérience une correction relative à la température. La densité du mercure variant, comme nous le verrons, avec la température, c'est à 0° que l'on établit la hauteur de la colonne de mercure capable d'équilibrer la pression atmosphérique. Si, par exemple, au moment de l'observation la température est supérieure à 0°, ce qui est le cas ordinaire, le mercure s'est dilaté et on lit une hauteur trop grande. Nous verrons bientôt comment on effectue cette correction.

Dans les expériences de haute précision où g intervient, on convient, comme cet élément varie avec la latitude et avec l'altitude, de ramener par le calcul les observations barométriques à ce qu'elles seraient à 45° de latitude et au niveau de la mer.

II. Mesure des hauteurs. — La densité de l'air étant environ 10 500 fois plus petite que la densité du mercure, une colonne mercurielle de 1^{mm} ferait équilibre à une colonne d'air de même section mais 10 500 fois plus haute. Cela posé, si la densité de l'air restait la même à toutes les altitudes, chaque diminution de 1^{mm} de la colonne barométrique indiquerait une élévation de $10^{m},50$. Mais cette évaluation ne peut servir que pour des hauteurs qui ne dépassent pas sensiblement 100^{m}, car la densité de l'air décroît rapidement à mesure que l'on s'élève; pour des hauteurs plus grandes, on emploie des formules spéciales, dites *formules barométriques*.

Les voyageurs qui, en pays de montagnes, veulent savoir

approximativement à quelle hauteur ils se trouvent, se servent de petits baromètres anéroïdes de poche, dits *baromètres de montagne* (*fig.* 83), protégés par un écrin en cuir et portant deux graduations, l'une pour les pressions atmosphériques, l'autre pour les hauteurs correspondantes.

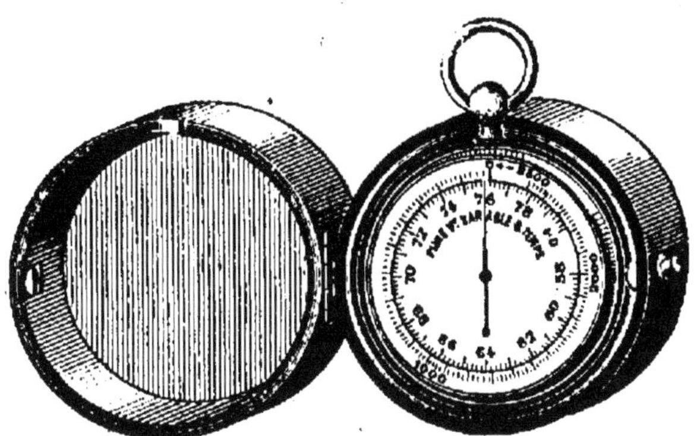

Fig. 83. — Baromètre de montagne de 0 à 2 500m.

III. Prévision du temps. — Les variations de la hauteur barométrique fournissent d'utiles indications pour la prévision du temps. Dans nos régions, par exemple, les vents du Nord-Est font monter le baromètre, l'air froid étant plus dense que l'air chaud ; de plus, comme ils n'ont guère traversé que des continents, ils sont peu humides et leur arrivée annonce ordinairement le beau temps. Au contraire, les vents du Sud-Ouest, chauds et humides, font baisser le baromètre et amènent ordinairement la pluie. En se basant en partie sur ces remarques générales, on adapte en France aux baromètres destinés à la prévision du temps (*fig.* 84) une graduation spéciale (tempête, grande pluie, pluie ou vent, variable, beau temps, beau fixe, très sec), le variable étant en regard de la hauteur moyenne du lieu (76cm pour la latitude de 50° et au niveau de la mer).

Les indications de cette nature données par le baromètre

sont loin d'être absolues. Si l'on veut calculer le temps probable, il faut faire entrer en ligne de compte non seulement les variations de la pression atmosphérique, mais aussi les variations de la température, l'aspect du ciel, les signes qu'une longue expérience a fait regarder comme infaillibles pour la localité, etc. En général, les oscillations lentes et continues rendent probables les indications données par le baromètre ; les oscillations brusques présagent des bourrasques ou des tempêtes. Presque tous les grands États de l'Europe ont d'ailleurs organisé un service régulier d'observations barométriques, exécutées à peu près à la même heure et chaque jour, sur un grand nombre de points. Ces observations, centralisées, servent à établir les bulletins de la prévision du temps. Les principaux résultats, en cas d'urgence, sont télégraphiés aux autorités, qui prennent alors toutes les mesures nécessaires pour parer à la sécurité de leurs administrés (tempêtes maritimes et terrestres, inondations, etc.). Ces prévisions influent également sur le cours marchand des denrées en raison de l'action de l'état du temps sur les récoltes.

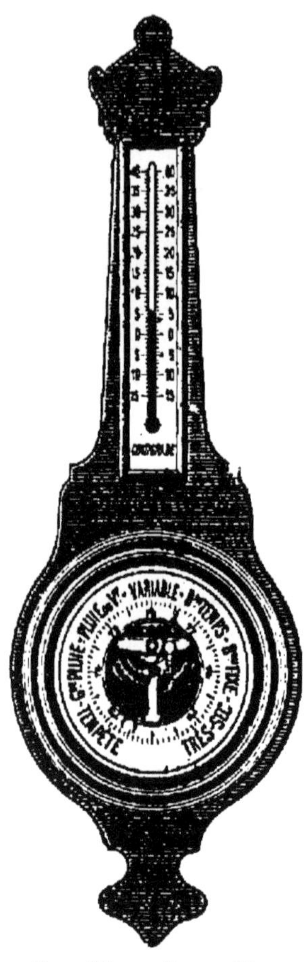

Fig. 84. — Baromètre pour la prévision du temps.

Quant à la graduation spéciale d'un baromètre, elle doit varier avec la latitude, l'altitude et surtout la situation particulière de chaque contrée. Au niveau de la mer, à l'équateur, la hauteur moyenne correspond à 75cm,8, et non à 76cm ; elle atteint son maximum (76cm,3) entre les latitudes de 30 et 40°. D'un autre côté, la hauteur moyenne diminue rapidement à mesure qu'on s'élève : à la Paz (Bolivie), qui est une des villes les plus élevées du globe (3 720m), elle n'est que de 48cm. Enfin, c'est surtout la direction des vents régnants qui doit fixer les indications du baromètre dans une région : à Buenos-Ayres, les vents du Sud-Est, froids et humides, font monter le baromètre et amènent la pluie ; en Australie, les vents chauds font baisser le baromètre, mais comme ils sont secs, ils amènent le beau temps.

AÉROSTATS

57. Principe d'Archimède appliqué aux gaz. — Les gaz étant pesants, comme les liquides, exercent comme eux des pressions sur les corps qui y sont plongés. L'ensemble de ces pressions a une valeur qui est encore donnée par le principe d'Archimède : ***tout corps plongé dans un gaz subit une poussée verticale, dirigée de bas en haut et égale au poids du gaz qu'il déplace.***

Conséquences. — Il résulte de ce principe que tout corps plongé dans l'air ou dans un gaz est soumis à deux forces verticales et de sens contraires : son poids P et la poussée f exercée par le gaz.

Si le poids est supérieur à la poussée, le corps tombe, entraîné, non par son poids réel P, mais par son poids apparent $P - f$; c'est le cas de la plupart des corps placés dans l'air. Au contraire, *si le poids est inférieur à la poussée*, le corps abandonné à lui-même monte verticalement sous l'influence de la force $f - P$; ce cas s'applique aux gaz chauds qui s'échappent d'une cheminée, à la vapeur d'eau, aux aérostats.

Remarque. — Par suite de la poussée qu'éprouvent les corps plongés dans l'air, on ne peut déterminer exactement la masse d'un corps à l'aide de la balance que si la pesée est effectuée dans le vide. Dans l'air, le corps et les masses marquées qui lui font équilibre n'agissent sur les plateaux que par leur poids apparent, lequel est représenté par leur poids réel dans le vide diminué de la poussée exercée par l'air. Il convient d'ajouter qu'on ne fait subir cette correction qu'aux pesées de grande précision ; dans la grande majorité des cas, la poussée exercée par l'air sur un corps est tellement faible par rapport à son poids réel qu'on peut confondre celui-ci avec son poids apparent.

58. Description d'un aérostat. — Les aérostats sont formés d'une enveloppe mince, imperméable, contenant un gaz plus léger que l'air (gaz d'éclairage ou hydrogène) et soutenant une nacelle dans laquelle prennent place les passagers. L'enveloppe à gaz s'appelle ballon, nom qu'on donne aussi communément aux aérostats, c'est-à-dire à l'appareil complet, à l'ensemble de tout ce qui est suspendu dans l'atmosphère.

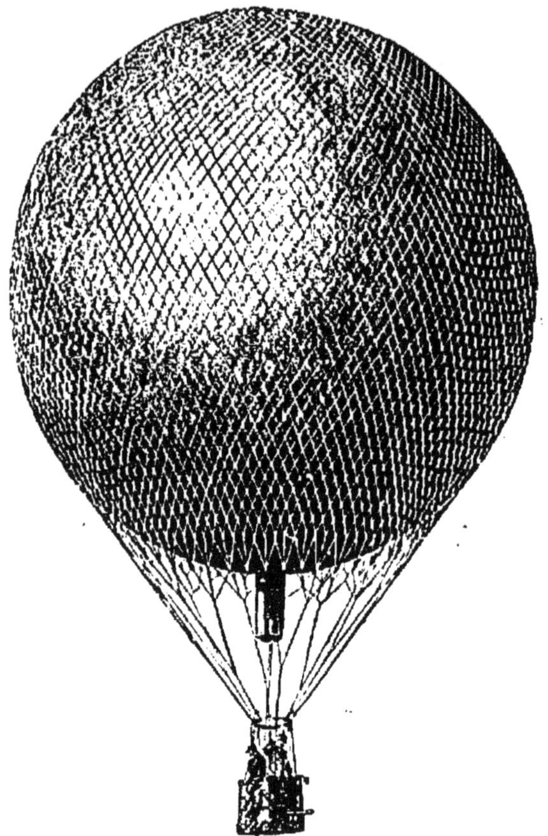

Fig. 85. — Ballon ordinaire.

L'enveloppe d'un ballon ordinaire est sphérique (*fig.* 85) et constituée par des fuseaux de tissus de coton ou mieux de soie, enduits de plusieurs couches d'un vernis spécial à base d'huile de lin qui les rend imperméables.

Cette enveloppe, gonflée *complètement* au départ, se termine à la partie inférieure par un orifice muni d'une *manche*

Fig. 86. — Nacelle d'un ballon avec ses accessoires.

d'appendice qui communique librement avec l'atmosphère et par laquelle s'échappera, pendant l'ascension, l'excès de gaz du ballon, quand sa pression deviendra supérieure à celle de l'air environnant.

Le ballon présente à la partie supérieure une ouverture, fermée par une soupape que l'on peut, de la nacelle, ouvrir à volonté au moyen d'une corde traversant le ballon et la manche d'appendice. Tout l'hémisphère supérieur du ballon est recouvert d'un filet dont les mailles vont aboutir, par l'intermédiaire de *pattes d'oie*, à un *cercle* de bois. Une nacelle en osier (*fig.* 86), suspendue à ce cercle, est destinée à recevoir les aéronautes et un certain nombre d'accessoires : du lest, formé de sacs de sable ou d'eau que l'on vide lorsqu'on veut monter ou arrêter la descente du ballon; un *guide-rope,* rouleau de corde qu'on déroule au moment de l'atterrissage pour modérer la descente du ballon en le délestant du poids de la partie qui traîne à terre; une *ancre* pour arrêter le ballon et l'amener jusqu'au sol; un baromètre, un thermomètre, etc.

59. Force ascensionnelle d'un aérostat. — La force ascensionnelle d'un aérostat à un moment donné est la force qui le sollicite à s'élever. Cette force est la différence entre le poids de l'air qu'il déplace et le poids total du ballon (gaz, enveloppe, nacelle, etc.). Elle représente le poids qu'il faudrait placer dans la nacelle à l'instant considéré pour que le ballon flottât en équilibre dans l'atmosphère.

Soient P le poids de l'air déplacé par le ballon, P' le poids du gaz qu'il renferme, A le poids des accessoires (enveloppe, nacelle, etc.), f la force ascensionnelle : on a, d'après le principe d'Archimède,

$$P = P' + A + f,$$

d'où

$$f = P - (P' + A').$$

Au départ, la force ascensionnelle que l'on doit donner à un aérostat est très variable. Elle dépend principalement de la vitesse du vent et du plus ou moins de proximité des obstacles à éviter, monuments ou arbres. Elle dépend aussi du volume du ballon et du but de l'ascension. En général, dans les ascensions ordinaires, par un temps calme, un aéronaute habile part avec une très faible force ascensionnelle, quelques kilogrammes ; mais il est bien évident que si, au contraire, on a à lutter contre un vent très violent ou, en temps de guerre, à échapper aux balles de l'ennemi, on donnera au ballon une force ascensionnelle élevée, 50^{kg}, 60^{kg}, peut-être même 80^{kg}.

A mesure que le ballon s'élève, la force élastique de l'air qui l'entoure diminue, le gaz se dilate, et l'excès de ce gaz s'échappe par l'appendice. En même temps, la poussée diminue, car le volume d'air déplacé reste le même tandis que sa densité devient moindre ; la force ascensionnelle décroît et finit par devenir nulle. Le ballon est alors en équilibre dans l'atmosphère, mais une foule de causes tendent à le faire descendre : dépôt d'humidité sur l'enveloppe, légères fuites de gaz par des trous imperceptibles, etc. Pour éviter de descendre, il faut jeter du lest. Si l'on veut descendre à un moment donné, on agit sur la soupape pour laisser échapper du gaz ; le volume d'air déplacé diminuant, le poids total deviendra supérieur au poids de l'air déplacé.

60. Applications des aérostats. – Ballons-sondes. — Un grand nombre d'ascensions ont été entreprises dans un but purement scientifique. On a reconnu ainsi que l'air devient très sec à partir d'une certaine hauteur ; de plus, sa température s'abaisse à mesure qu'on s'élève et il se raréfie très rapidement, ce qui gêne beaucoup la respiration des aéronautes.

La plus grande hauteur atteinte par des aéronautes a été 9 150^{m} ; mais des explorations à de pareilles altitudes ne sont pas sans danger. Aujourd'hui, on les envoie visiter par des *ballons-sondes,* c'est-à-dire des ballons non montés qui emportent des instruments faisant des prises d'air et inscrivant automatiquement les pressions, les températures, etc. Ces ballons vont tomber où ils peuvent ; un avis en plusieurs langues indique à qui il faut faire connaître le lieu de leur chute. Quelques-uns de ces ballons explorateurs sont montés jusqu'à 18 500^{m} et ont enregistré une température de — 67°.

Ces expériences sont appelées à rendre les plus grands services à la météorologie ; elles permettront de résoudre sans périls une multitude de problèmes, tels que ceux qui touchent à la température de l'atmosphère à de grandes altitudes, à la composition de l'air de la haute atmosphère, à la vérification des formules barométriques pour la mesure des altitudes, etc.

61. Direction des ballons. — Les ballons ordinaires sont entraînés par le vent qui règne dans la région où ils se trouvent. Un grand nombre d'essais ont été faits pour diriger les ballons dans le sens horizontal quelle que soit la direction du vent ; ils consistent en principe à employer à la fois une hélice pour prendre un point d'appui sur l'air et un gouvernail pour régler la direction. Les capitaines Renard et Krebs ont pu, en 1884, avec un aérostat en forme de cigare (*fig.* 87), se diriger

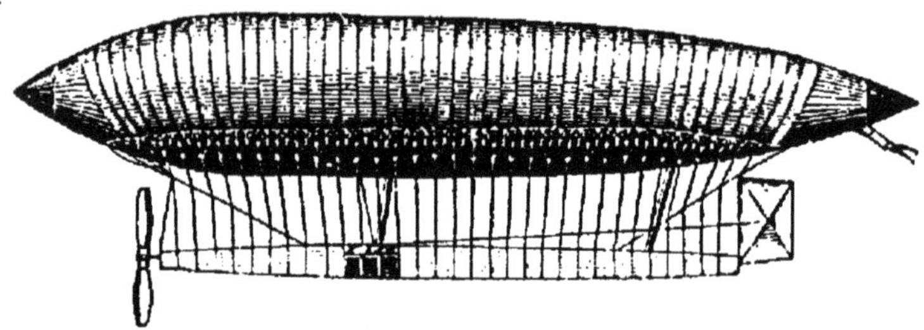

Fig. 87. — Aérostat dirigeable de Ch. Renard et Krebs.

tant que le vent ne dépassait pas la vitesse de 6m,50 par seconde, qui était la vitesse propre de leur ballon en l'absence de tout vent. Avec les moteurs à la fois légers et puissants dont on dispose aujourd'hui, on obtient des résultats encore plus satisfaisants. M. Santos-Dumont, en juillet 1901, avec un aérostat en forme de cigare comme celui de MM. Renard et Krebs, mais ayant de plus la faculté de s'incliner par rapport à l'horizontale, a pu se diriger à une vitesse de 8m par seconde. Un aérostat construit d'après toutes les données scientifiques acquises alors eût pu faire 11m.

Beaucoup de personnes pensent néanmoins que ce ne sont pas les aérostats qui fourniront la véritable solution du problème de la navigation aérienne, leur immense et fragile enveloppe offrant trop de prise aux éléments déchaînés. De nombreux essais ont été faits avec des appareils à solide armature, permettant d'imiter le vol plané des oiseaux. Les cerfs-volants, ces aéroplanes captifs dont certains observatoires météorologiques ont tiré un si merveilleux parti (1), ont fourni des données statiques qui ont servi de base aux recherches sur l'aviation. Les progrès réalisés dans cette voie sont déjà considérables ; le problème n'a jamais piqué la curiosité autant qu'actuellement, et l'on ne serait pas surpris si de la lutte engagée entre les partisans des aérostats et les partisans du « plus lourd que l'air » sortait bientôt quelque découverte sensationnelle.

RÉSUMÉ DU CHAPITRE VI

Les gaz sont *expansibles* : ils tendent toujours à occuper l'enveloppe qui leur est offerte et exercent sur les parois une certaine pression dont la valeur par unité de surface s'appelle la *force élastique* du gaz. Ils sont très compressibles et parfaitement élastiques (expérience du briquet à air). Enfin leur poids spécifique est très faible.

La pression exercée par l'atmosphère se démontre par diverses expériences (crève-vessie, aspiration de l'eau par un tube). *L'expérience de Torricelli* permet en outre de la mesurer. On remplit de mercure un tube d'environ 90cm de longueur, puis on le renverse verticalement dans une cuvette contenant du mercure : le liquide descend et se maintient à une hauteur d'environ 76cm. Cette colonne fait équilibre à la pression exercée par l'atmosphère sur une surface égale à la section du tube. On évalue cette pression en dynes.

Les *baromètres* servent principalement à mesurer la pression atmosphérique.

Les baromètres *à mercure* sont une application de l'expérience de Torricelli. Le baromètre normal est un baromètre dont le tube est assez gros pour qu'on évite la dépression capillaire ; la hauteur barométrique est égale à la longueur d'une vis dont la pointe inférieure affleure le mercure d'une cuvette, augmentée de la distance de la pointe supérieure au niveau du mercure dans le tube.

Les *baromètres anéroïdes* reposent sur les déformations que les variations de la pression atmosphérique font subir à un appareil métallique clos et vide d'air. Ce sont des baromètres très commodes, utilisés comme baromètres de voyage et d'appartement. Dans le baro-

---

(1) Les cerfs-volants servent de support à une foule d'appareils enregistreurs de température, de pression, de vitesse du vent, etc... Ils ont déjà pu recueillir des observations jusqu'à 5 000m. On s'en sert couramment pour prendre des photographies, et l'usage du cerf-volant à la guerre n'est plus un sujet d'étonnement. On s'en est même servi pour s'élever dans les airs.

mètre de Vidi, la pression atmosphérique s'exerce sur la base supérieure d'une caisse close contenant de l'air très raréfié ; les déformations du centre de cette base sont transmises par l'intermédiaire de leviers qui les amplifient à une aiguille mobile sur un cadran divisé.

Les baromètres servent aussi à mesurer les hauteurs, à prévoir le temps. Quand on veut déterminer une hauteur barométrique avec précision, on ramène la hauteur observée à ce qu'elle serait à 0°. Pour la mesure des hauteurs, on emploie des formules barométriques spéciales ; ce n'est que pour des hauteurs inférieures à une centaine de mètres que ces formules sont inutiles, chaque dépression de 1^{mm} de mercure correspondant à une élévation de $10^{m},50$. Enfin, dans la prévision du temps, il faut aussi tenir grand compte de la direction des vents régnants, des variations de température, des remarques locales, etc. ; en France, le « variable » des baromètres correspond à 76^{cm} (à la latitude de 50° et au niveau de la mer) ; la « pluie » correspond aux pressions plus basses ; le « beau temps » aux pressions plus élevées.

Le principe d'Archimède est applicable aux gaz : *Tout corps plongé dans un gaz subit une poussée égale au poids du gaz déplacé.* Dans la grande majorité des cas, le poids d'un corps est supérieur à la poussée exercée par l'air, et il tombe, entraîné par son poids apparent. Si le poids est inférieur à la poussée, le corps s'élève (fumée, aérostats).

Les aérostats sont des appareils qui peuvent s'élever dans l'atmosphère parce que leur poids total est inférieur à la poussée qu'ils subissent. On les gonfle avec du gaz d'éclairage, plus rarement avec de l'hydrogène. Un ballon ordinaire comprend une enveloppe imperméable, maintenue par un filet, et une nacelle destinée à contenir les aéronautes et les accessoires (lest, baromètre, etc.) ; l'enveloppe est complètement gonflée au départ. La force ascensionnelle est la force qui sollicite le ballon à s'élever ; elle est égale à la différence entre la poussée exercée par l'air sur le ballon tout entier et son poids total.

Les ascensions entreprises dans un but scientifique ont montré que la densité de l'air décroît rapidement à mesure qu'on s'élève, et que dans les hautes régions l'air est très sec et très froid.

EXERCICES SUR LE CHAPITRE VI

21. La hauteur barométrique étant de $75^{cm},6$, quelle est en dynes et en grammes-poids, la pression exercée par l'atmosphère sur 1^{mq} ?

22. La base supérieure d'une caisse cylindrique, close et vide d'air, est un cercle de 5^{cm} de rayon. Quelle pression supporte-t-elle de la part de l'atmosphère ? La hauteur barométrique est de 77^{cm}. On évaluera successivement la pression en dynes et en kilogrammes-poids.

23. Un baromètre avec sa cuvette est plongé verticalement dans l'eau ; la hauteur de l'eau au-dessus du niveau du mercure dans la cuvette est de $1^m,20$; calculer la hauteur du mercure dans ce baromètre. La hauteur barométrique est de 75^{cm}.

24. Un cube de 10^{cm} de côté a une masse égale à 78^{gr} dans le vide. On demande son poids apparent dans l'air, évalué en dynes. La masse d'un centimètre cube d'air dans les conditions où l'on considère le corps est $0^{gr},0013$.

25. Un petit aérostat, réduit à une enveloppe sphérique de 50^{cm} de rayon, est complètement gonflé avec du gaz d'éclairage. Calculer sa force ascensionnelle. La masse de l'enveloppe est 100^{gr}. La masse d'un centimètre cube d'air dans les conditions de l'expérience est $0^{gr},0013$ et la masse d'un centimètre cube de gaz d'éclairage $0^{gr},0008$.

26. Un aérostat complètement gonflé d'hydrogène sous la pression extérieure de 76^{cm} et dont les accessoires pèsent 100^{kg}, possède au départ une force ascensionnelle de 10^{kg}. A quelle hauteur s'élèvera-t-il si l'on admet que la pression atmosphérique diminue régulièrement de 1^{mm} par 10^m d'ascension ?

CHAPITRE VII

ÉLASTICITÉ DES GAZ

LOI DE MARIOTTE

62. Énoncé de la loi de Mariotte. — Quand on comprime progressivement un gaz, comme dans le briquet à air, par exemple (49), on éprouve une résistance de plus en plus grande ; cela tient à ce que plus le volume du gaz diminue, plus sa force élastique augmente. L'abbé Mariotte le premier montra qu'*à une même température, la force élastique d'une même masse gazeuse varie en raison inverse de son volume.*

Or, quand un gaz est en équilibre, sa force élastique est égale à la pression qu'il supporte ; de là cet autre énoncé de la loi de Mariotte :

A une même température, les volumes occupés successivement par une même masse gazeuse sont inversement proportionnels aux pressions qu'elle supporte.

Considérons un certain volume de gaz (10^{cc} par exemple) dont la force élastique est égale à la pression atmosphérique H, et supposons que l'on ramène le volume du gaz à n'être plus que 5^{cc}; d'après la loi de Mariotte, la force élastique de ce gaz doit devenir égale à 2H. C'est ce que montre l'expérience. Si, au contraire, on double le volume occupé par le gaz, sa force élastique devient moitié moindre $\left(\frac{H}{2}\right)$, et ainsi de suite.

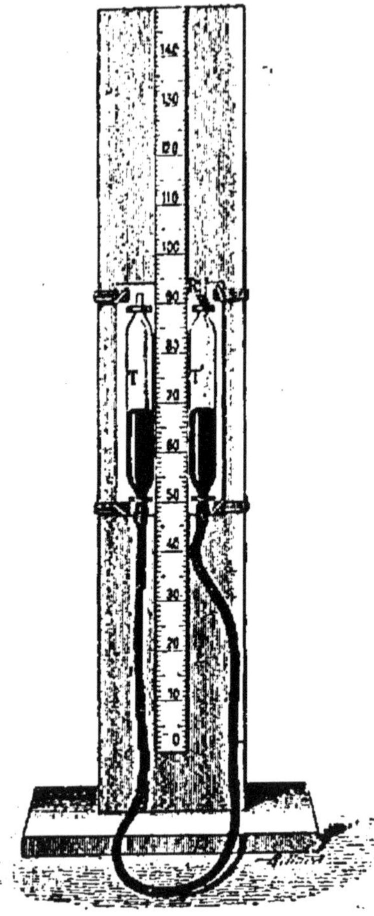

Fig. 88. — Appareil pour vérifier la loi de Mariotte.

63. Démonstration expérimentale de la loi de Mariotte. — La figure 88 représente un appareil qui permet de vérifier la loi de Mariotte avec une approximation suffisante.

Il se compose de deux gros tubes de verre contenant du mercure et communiquant entre eux par un long tube de caoutchouc. Ces tubes sont fixés sur des pièces de bois mince, disposées de façon à pouvoir glisser facilement le long d'une planchette, de part et d'autre d'une division en centimètres tracée sur cette planchette. Des pinces de serrage permettent d'arrêter les tubes quand il en est besoin. Enfin l'un des tubes, T, est ouvert à l'air libre ; l'autre tube, T', peut être fermé par un robinet de verre R.

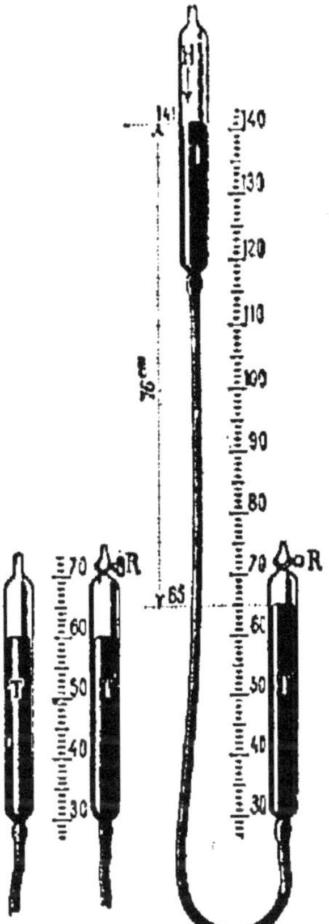

Les deux tubes étant placés l'un en face de l'autre (*fig.* 88), on ouvre le robinet : ces tubes forment alors un système de vases communicants, et les niveaux du mercure s'y établissent sur un même plan horizontal. On déplace ensuite le tube T de façon que le niveau du mercure soit dans le tube T' à 10^{cm}, par exemple, au-dessous du sommet (*fig.* 89). Si, à ce moment, on ferme le robinet R, on enfermera dans le tube T' (1) 10^{vol} d'air sous la pression atmosphérique H, donnée par le baromètre au moment de l'expérience.

Fig. 89. — Vérification pour les pressions supérieures à la pression atmosphérique.

I. Vérification pour les pressions supérieures à la pression atmosphérique. — Le tube T' restant fixe, on soulève le tube T : la force élastique de l'air emprisonné dans le tube T' augmente, tandis que son volume diminue. Supposons qu'on immobilise le tube T

(1) Les deux tubes n'ont pas nécessairement la même longueur ni la même section.

lorsque le niveau du mercure est à 5^{cm} dans le tube T' ; on verra qu'à ce moment la différence des niveaux dans les deux tubes est précisément égale à la hauteur barométrique à laquelle elle s'ajoute pour comprimer l'air enfermé dans le tube T'. On en conclut que le volume de l'air a diminué de moitié quand on lui a fait subir une pression double.

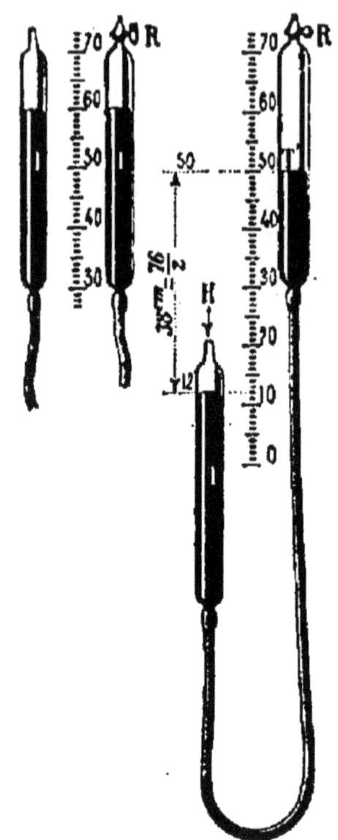

Fig. 90. — Vérification pour les pressions inférieures à la pression atmosphérique.

II. Vérification pour les pressions inférieures à la pression atmosphérique. — L'appareil étant disposé comme avant la vérification pour les pressions supérieures à la pression atmosphérique, on abaisse le tube T au lieu de le soulever (*fig.* 90) : la force élastique de l'air emprisonné dans le tube T' diminue, tandis que son volume augmente. Supposons qu'on immobilise le tube T lorsque le niveau du mercure dans le tube T' est à 20^{cm} du sommet. Le volume de l'air a doublé ; sa force élastique est représentée par la colonne barométrique H agissant au-dessus du tube T, diminuée de la différence des niveaux du mercure dans les deux tubes. Or on voit que cette différence est égale à $\frac{H}{2}$. Donc le volume de l'air ayant doublé, sa force élastique a diminué de moitié.

64. Formules qui expriment la loi de Mariotte. —

Soient V le volume occupé par une masse gazeuse sous la pression de H^{cm} de mercure, V′ le volume de la même masse sous la pression H′ à la même température ; on a, d'après la loi de Mariotte $\frac{V}{V'} = \frac{H'}{H}$,

d'où $$VH = V'H'.$$

Cette relation exprime qu'*à une même température, le produit du volume d'une masse gazeuse par la pression qu'elle supporte est constant.*

Application. — Une masse d'air occupe un volume de 210^{cc} sous une pression de 76^{cm} : quel serait son volume à la même température sous une pression de 345^{cm} ?

En appliquant la formule précédente, il vient

$$210 \times 76 = V' \times 345,$$

d'où $$V' = \frac{210 \times 76}{345} = 46^{cc},2.$$

65. La loi de Mariotte est une loi limite. — La loi de Mariotte, vérifiée comme nous l'avons vu plus haut, fut pendant longtemps regardée comme une loi exacte, applicable à tous les gaz en général. Des expériences précises, faites successivement par Regnault, par M. Cailletet et M. Amagat, ont montré que pour des pressions un peu fortes la loi de Mariotte ne s'applique rigoureusement à aucun gaz ; on peut dire que c'est une loi *limite*, car les gaz s'en écartent d'autant moins que leur température est plus élevée.

A la température ordinaire, tous les gaz, sauf l'hydrogène, sont plus compressibles que ne l'indique la loi de Mariotte, mais l'écart n'est assez notable que pour les gaz facilement liquéfiables, comme le gaz sulfureux, le gaz ammoniac ; dans tous les cas, l'écart augmente avec la pression, et si le gaz est à une température trop élevée pour être liquéfié par pression, il passe par un maximum de compressibilité, puis devient moins compressible que ne l'indique la loi. L'hydrogène ne se comporte comme les autres gaz qu'à de basses températures ; à la température ordinaire, il se comprime moins que ne l'indique la loi de Mariotte, et sa compressibilité diminue sans cesse à mesure que la pression augmente.

En résumé, les écarts entre la loi de compressibilité des gaz et la loi de Mariotte sont tellement faibles, surtout lorsqu'il s'agit de gaz difficilement liquéfiables et lorsque la pression est peu élevée, qu'on peut les négliger dans la pratique et dans les calculs qui ne nécessitent pas une très grande précision.

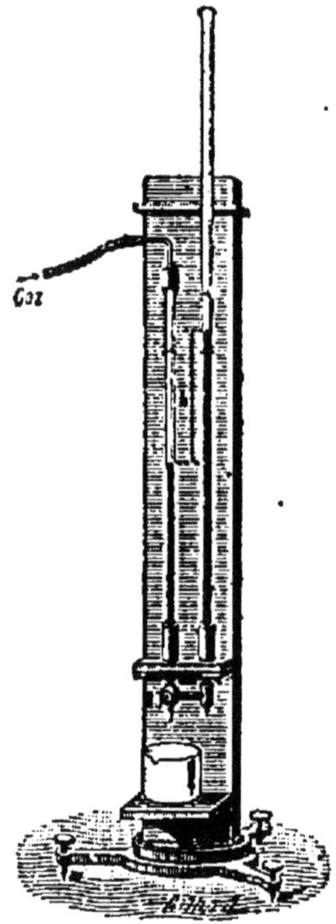

Fig. 91. — Manomètre de Regnault.

66. Manomètres. — ***Les manomètres sont des instruments destinés principalement à mesurer la force élastique des gaz et des vapeurs.*** — Pour les travaux de laboratoire, on utilise des manomètres *à air libre*, qui indiquent très exactement la hauteur de la colonne mercurielle dont le poids fait équilibre à la force élastique à mesurer. Nous donnerons comme exemple le *manomètre de Regnault*, qui sert pour mesurer les forces élastiques supérieures à la pression atmosphérique. Il se compose de deux tubes de verre d'inégale longueur (*fig.* 91), mastiqués dans une garniture de fonte deux fois recourbée. Le tube le plus long s'ouvre dans l'atmosphère ; le tube le plus court peut être mis en communication avec le récipient contenant le gaz ou la vapeur.

Supposons que l'on fasse arriver un gaz dont la force élastique F soit supérieure à la pression atmosphérique : le niveau du mercure baisse dans le petit tube, tandis qu'il monte dans le grand. La force élastique du gaz est équilibrée par la pression atmosphérique augmentée de la différence de niveau h du mercure dans les deux tubes.

La longueur h se mesure au cathétomètre (54).

Manomètres industriels. — Les manomètres industriels par excellence sont les manomètres *métalliques*, qui présentent sur les autres l'avantage de ne pas exiger de mercure, d'être portatifs, d'un prix relativement peu élevé et de donner des indications rapides. Les forces élastiques sont indiquées en kilogrammes par centimètre carré, et non plus comme autrefois en atmosphères. 1^{kg} correspond d'ailleurs à très peu près à une atmosphère, comme on l'a vu par la remarque du n° 52 (on peut dire encore que 1^{kg} correspond à une pression de 10^{m} d'eau et une atmosphère à une pression d'environ $10^{m},33$).

Les manomètres industriels sont gradués de façon à indiquer la *pression effective*, c'est-à-dire la pression qui affecte la résistance des tôles des chaudières, la seule qui importe ; c'est la différence entre la pression réelle de la vapeur et la contrepression ou pression atmosphérique. De même que certains baromètres employés pour les ascensions portent comme graduation l'indication des hauteurs, de même certains manomètres, ceux des sous-marins par exemple, sont gradués en profondeurs d'eau.

Le *manomètre de Bourdon* est le manomètre industriel le meilleur et le plus employé. Il se compose d'un tube en laiton mince à section elliptique. Ce tube est enroulé en spirale, comme le montre la figure 92. Son extrémité supérieure, libre et fermée, porte une aiguille indicatrice ;

l'extrémité inférieure, ouverte, est fixée à une tubulure à robinet R que l'on relie à la chaudière par un tube à siphon afin de laisser près du robinet une certaine quantité de liquide provenant de la vapeur condensée, ce qui empêche le tube qui porte le mouvement indicateur d'être en contact direct avec la vapeur. Quand la pression intérieure augmente, la spirale tend à se dérouler, ce qui fait avancer l'aiguille sur le cadran ; le contraire se produit quand la pression intérieure diminue.

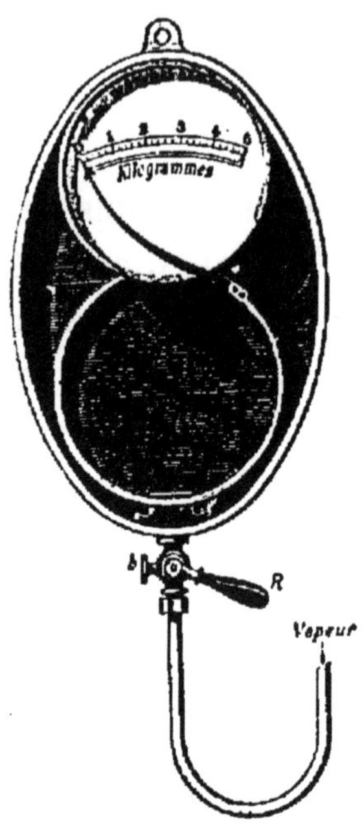

FIG. 92. — Manomètre de Bourdon.

Le manomètre de Bourdon, comme tous les manomètres industriels, se gradue par comparaison avec un manomètre à mercure.

Les variations considérables de pression auxquelles sont soumis les manomètres industriels modifient lentement l'élasticité du métal ; aussi leur graduation doit-elle de temps en temps être vérifiée.

Le robinet R est à trois voies ; il porte une bride *b* permettant d'y fixer le manomètre étalon qui sert à la vérification.

Le *système enregistreur* de Richard (55) s'applique aux manomètres métalliques (*fig.* 93). Le tuyau de vapeur s'adapte directement sur les conduites existantes. Les manomètres enregistreurs sont très utiles à l'industrie ; leur emploi permet de contrôler facilement la marche des foyers, tant au point de vue de la dépense de combustible qu'à celui de la sécurité.

Enfin les manomètres dits *à piston* sont surtout utilisés

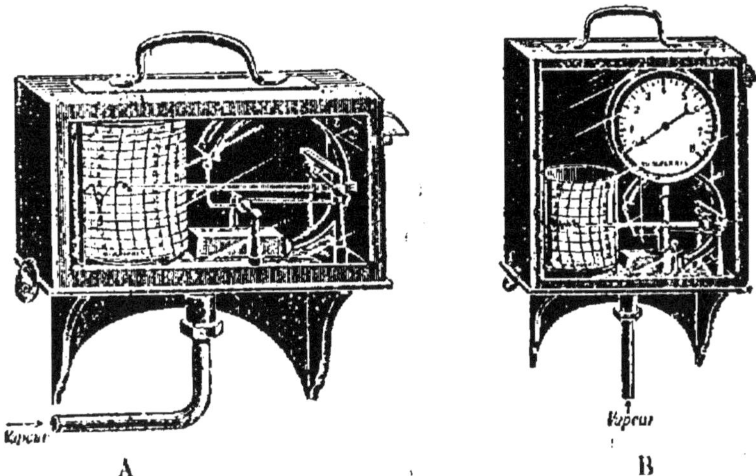

A B

Fig. 93. Manomètres enregistreurs.

A. — Manomètre simple. B. — Manomètre à cadran.

pour essayer les chaudières et les récipients qui doivent supporter de fortes pressions. Ils se composent d'un piston P (*fig.* 94) qui s'engage dans les parois très épaisses d'un cylindre d'acier rempli d'huile lourde. Le gaz ou la vapeur dont on veut mesurer la force élastique arrive dans le cylindre par un tube T, et presse sur l'huile, ce qui tend à soulever le piston ; mais on l'empêche de se soulever en le chargeant de poids.

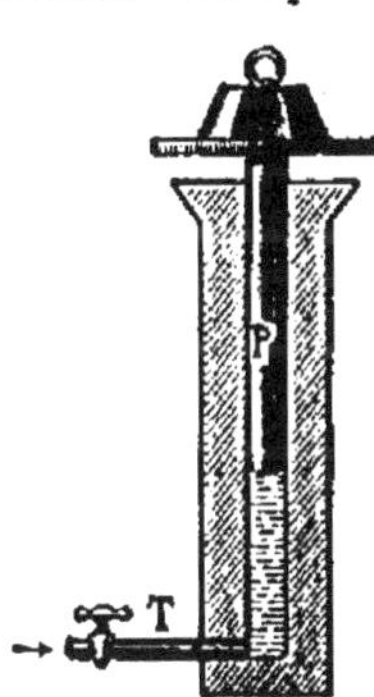

Fig. 94. — Manomètre à piston.

Soit un piston pesant 5kg et ayant 3cmq de section. Si on a dû le charger de 10kg, par exemple, pour équilibrer la force élastique à mesurer, cette force élastique a pour valeur $10 + 5 = 15^{kg}$, augmentés de 3kg pour la pression atmosphérique, soit 18kg. La force élastique cherchée est $\frac{18}{3} = 6^{kg}$ par centimètre carré.

67. Mélange des gaz. — Quand plusieurs gaz n'exerçant aucune action chimique réciproque sont mis en contact, ils ne se séparent pas comme les liquides par ordre de densités (34), mais se mélangent intimement et d'une façon permanente, chacun d'eux occupant tout l'espace qui lui est offert. Ce phénomène, qui est une conséquence de l'expansibilité des gaz, s'appelle *diffusion* du gaz. Quant à la force élastique du mélange gazeux, elle est donnée par la loi suivante, énoncée par Dalton :

La force élastique d'un mélange de gaz sans action chimique réciproque est égale à la somme des forces élastiques qu'aurait chacun des gaz s'il occupait seul le volume total à la même température.

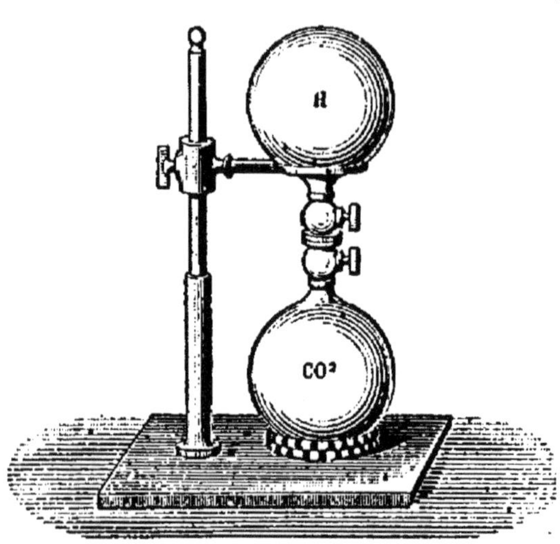

Fig. 95. — Expérience de Berthollet.

La loi du mélange des gaz a été vérifiée par Berthollet de la façon suivante :

Il prit deux ballons de même capacité, munis chacun d'une douille à robinet (*fig.* 95), et les remplit sous la pression atmosphérique, l'un d'hydrogène, l'autre de gaz carbonique, qui est 22 fois plus dense que l'hydrogène. Les ballons ayant été vissés l'un sur l'autre, il les plaça, le ballon à hydrogène au-dessus de l'autre, dans les caves de l'Observatoire de Paris, pour les préserver des trépidations du sol et des variations de température, puis il ouvrit les robinets et laissa les ballons en communication pendant plusieurs heures. Au bout de ce temps, Berthollet sépara les ballons et les ouvrit sur le mercure. Il constata : 1° que chaque ballon contenait des proportions égales d'hydrogène et de gaz carbonique ; 2° que la pression dans chaque ballon n'avait pas changé. Or si l'hydrogène occupait seul le volume des deux ballons, sa force élastique serait $\frac{H}{2}$, H désignant la pression atmosphérique : il en serait de même pour le gaz carbonique. La somme de ces deux forces élastiques est bien H, comme le montre l'expérience.

RÉSUMÉ DU CHAPITRE VII

La loi de Mariotte exprime la relation qui existe entre la variation du volume d'un gaz et la variation de sa force élastique ; elle s'énonce ainsi : *A une même température, la force élastique d'un gaz varie en raison inverse de son volume.* L'expérience montre en effet que le volume d'un gaz diminue de moitié quand on lui fait subir une pression double ; si au contraire le volume du gaz devient deux fois plus grand, sa force élastique devient deux fois plus petite.

A une même température, *le produit du volume d'un gaz par la pression qu'il supporte est constant.* Ce nouvel énoncé de la loi de Mariotte s'exprime par la relation $VH = V'H'$.

La loi de Mariotte a été vérifiée pour de fortes pressions. On a reconnu que cette loi n'est qu'*approximative* ; mais les divergences sont très faibles et négligeables dans la pratique, sauf pour les gaz facilement liquéfiables. La température a également une influence : plus elle est élevée, mieux le gaz suit la loi de Mariotte.

Les *manomètres* sont destinés principalement à mesurer la force élastique des gaz et des vapeurs. Les manomètres industriels sont gradués en kilogrammes par centimètre carré ; le plus répandu est celui de Bourdon. Il est fondé sur les déformations que les variations de pression font éprouver à un tube elliptique enroulé en spirale ; une extrémité du tube est reliée à la chaudière ; l'autre extrémité porte une aiguille qui se meut devant un cadran divisé.

EXERCICES SUR LE CHAPITRE VII

27. Une masse d'air occupe un volume de 120^{cc} sous la pression de 76^{cm}. Quel serait son volume à la même température : 1° sous une pression de $2^{m},25$; 2° sous une pression de 45^{cm} ?

28. On a 2 litres de gaz sous la pression de 75^{cm} ; à quelle pression doit-on soumettre ce gaz pour le ramener à 50^{cc} ?

29. Un tube de Torricelli en équilibre dans une cuvette profonde contient 10^{cc} d'air, et la colonne de mercure soulevée est 25^{cm}. On soulève le tube jusqu'à ce que le volume de l'air soit devenu 40^{cc} ; la différence de niveau du mercure dans le tube et dans la cuvette devient $62^{cm},5$. Quelle est la hauteur barométrique au moment de l'expérience ?

30. On mélange 10^{gr} d'oxygène et $3^{gr},776$ d'azote ; le volume total étant de 20^{lit}, on demande quelle est en centimètres de mercure la force élastique du mélange.

31. On suspend à un ressort à boudin de volume négligeable une boule pleine pesant 5^{kg}, et on accroche le système dans un récipient clos où l'on comprime ensuite de l'air à 0°. Quelle pression faudra-t-il exercer dans le récipient pour que la boule remonte de 5^{mm} ? On sait que l'allongement du ressort (proportionnel à la charge) est de 1^{cm} par kg ; masse spécifique de la boule, 2^{gr}. On prendra $1^{gr},3$ comme masse spécifique du litre d'air à 0°.

CHAPITRE VIII

POMPES A GAZ

68. Classification. — Les pompes à gaz comprennent les *pompes pneumatiques*, destinées à raréfier l'air (ou tout autre gaz) d'un récipient clos, et les *pompes de compression*, qui servent à comprimer dans un récipient de l'air ou tout autre gaz. Les pompes à gaz actuelles sont généralement disposées de manière à servir en même temps de pompes de compression.

69. Pompe aspirante et foulante. — Cette pompe, appelée aussi *pompe à main*, se compose d'un corps de pompe dans lequel se trouve un piston mû à la main par une manette (*fig.* 96). Le corps de pompe présente à sa base deux soupapes coniques : l'une, *s*, sert pour l'aspiration et s'ouvre de bas en haut ; l'autre, *s'*, sert pour la compression et s'ouvre de haut en bas.

Lorsqu'on soulève le piston, la soupape *s*, pressée par l'air du réservoir à aspiration et ne supportant aucune action inverse, se soulève, de sorte que le corps de pompe se remplit d'air. Dès que le piston est arrivé en haut de sa course, la soupape *s*, également pressée de part et d'autre, se ferme par son propre poids. Quand le piston descend, la force élastique de l'air enfermé dans le corps de pompe augmente et finit par devenir supérieure à la force élastique de l'air situé au-dessous de s' ; celle-ci s'ouvre alors et l'air enfermé dans le corps de pompe est refoulé dans le récipient à comprimer. Les mêmes phénomènes se reproduisent à chaque coup de piston, de sorte que la force élastique de l'air dans le réservoir à aspiration devient de

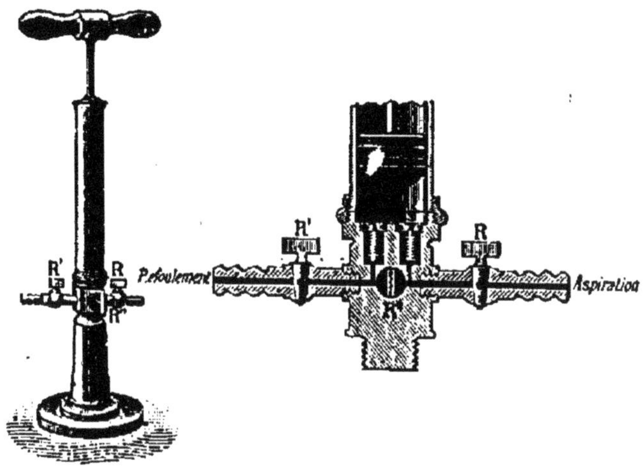

Fig. 96. — Pompe à main aspirante et foulante.

plus en plus faible, sans pouvoir toutefois devenir nulle théoriquement. Dans la pratique, il faut tenir compte en outre de ce que le piston ne s'appuie jamais exactement sur la base du corps de pompe ; il reste entre les deux un espace appelé *espace nuisible*. Quand la raréfaction est poussée assez loin, il arrive un moment où l'air refoulé dans cet espace n'a pas acquis une force suffisante pour abaisser la soupape s'.

Deux robinets R et R' permettent d'interrompre la

communication du récipient avec le corps de pompe. Un troisième robinet, R″, permet d'établir une communication directe entre les deux récipients ; il est fermé quand la pompe fonctionne.

70. Pompe de Carré. — La pompe de Carré n'a qu'un

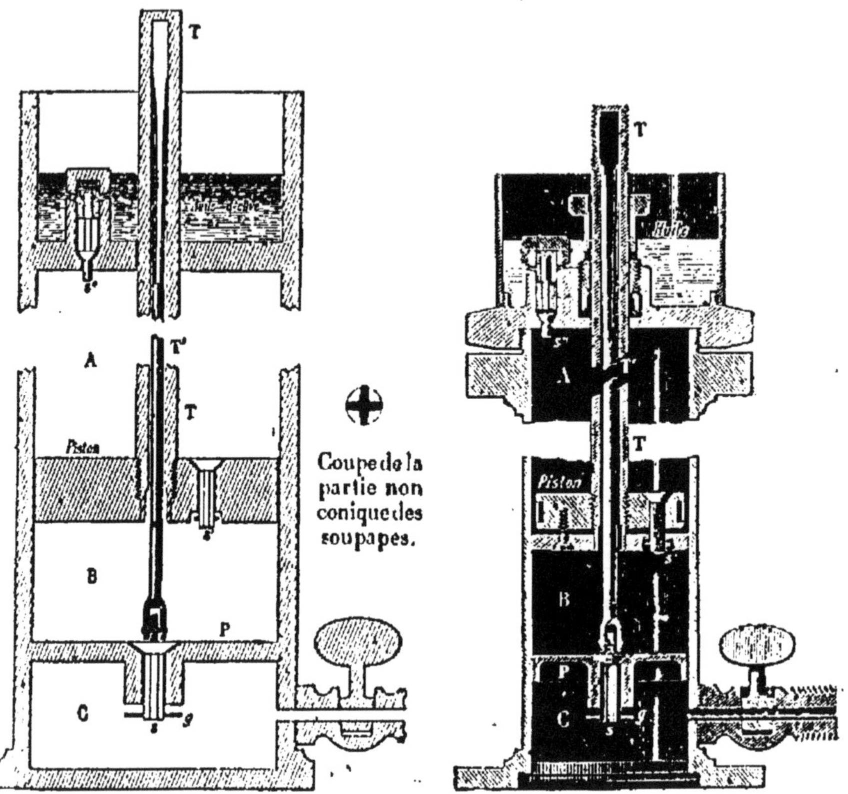

Fig. 97. — Coupe schématique du corps de la pompe à gaz de Carré.

Fig. 98. — Coupe du corps de pompe de la machine de Carré.

seul corps de pompe, dans laquelle on est arrivé à annihiler l'effet de l'espace nuisible, ce qui permet de faire le vide à moins d'un demi-millimètre de mercure. On l'utilise surtout, comme nous le verrons plus loin, pour fabriquer de la glace.

Le corps de pompe A, B, C (*fig.* 97 et 98) est un cylindre en laiton. Il est surmonté d'un réservoir contenant un peu d'huile d'olive. La partie inférieure du corps de pompe est séparée du reste par une pièce fixe P qui limite la course du piston et ménage une chambre C dans laquelle débouche le tuyau d'aspiration. Dans la tige T du piston, qui est creuse et fermée en haut par un bouchon soudé, glisse une tige T′ fendue à sa partie supérieure, où elle forme ressort.

A la tige T′ est fixée une soupape *s*, dont l'ascension est limitée par la goupille *g*. La soupape *s′* qui traverse le piston, le dépasse un peu à sa partie inférieure, et son jeu ascendant est de même limité par une goupille. Quant à la soupape *s″*, elle dépasse de 3^{mm} la partie inférieure du couvercle du corps de pompe, et sa course supérieure est limitée par un chapeau.

Fonctionnement. — Lorsqu'on soulève le piston, la tige T′ entraîne la soupape *s*, qui est vite arrêtée par la goupille *g* ; la tige T continue seule sa course. L'air du récipient pénètre sous le piston, en B ; la soupape *s′* reste fermée, et l'air qui se trouvait en A est expulsé par la soupape *s″* en traversant la couche d'huile. Quand le piston descend, la soupape *s* se ferme, le vide se fait en A, la soupape *s″* se ferme, l'air contenu en B est comprimé, soulève la soupape *s′* et passe en A pour être expulsé au coup suivant, et ainsi de suite.

Arrive un moment où le gaz à raréfier n'a plus qu'une force élastique très faible. Quand dans la manœuvre, on applique le piston contre le couvercle, il vient buter contre la soupape s' et la soulève. Lors de la descente, dans les trois premiers millimètres de course, celle-ci reste ouverte ; la pression atmosphérique agissant sur la couche d'huile en fait entrer une petite quantité sur le piston, qui, en continuant à descendre, crée une véritable chambre barométrique en A, tandis qu'en B l'air se trouve comprimé. La tension en B pourrait cependant devenir trop faible pour que, même comprimé, cet air eût assez de force pour soulever la soupape s'. Mais comme cette soupape dépasse le bas du piston, elle s'ouvre d'elle-même lorsque celui-ci vient buter contre la pièce P ; l'air à tension infinitésimale se trouvant dès lors en communication avec une chambre barométrique, se détendra encore davantage. Lorsque le piston remontera et sera en haut de sa course, il comprimera l'air et la couche d'huile contre le couvercle ; ces deux fluides s'échapperont par le trou de la soupape.

71. Pompe à mercure. — Cette pompe est destinée à effectuer, dans des récipients de faible capacité, une raréfaction beaucoup plus parfaite que celle qu'on obtient avec les pompes à piston. Son fonctionnement consiste en principe à répéter un certain nombre de fois l'expérience de Torricelli et à créer ainsi une série de chambres barométriques que l'on met chaque fois en communication avec le récipient contenant le gaz à raréfier.

Description. — Cette pompe (*fig.* 99) se compose essentiellement d'un réservoir et d'une ampoule, tous deux en verre, reliés par un tube de verre T de 1m environ et par un tube de caoutchouc. Le réservoir, libre et ouvert, peut être élevé ou abaissé à volonté à l'aide d'une manivelle et d'une chaîne de Galle qui, d'une part, s'attache au réservoir, et d'autre part s'enroule sur une petite roue dentée qui est le dernier terme d'une série d'engrenages. L'ampoule est fixée à une planchette verticale ; sa partie inférieure communique avec le réservoir à gaz par un tube recourbé T' portant sur son trajet une soupape de verre (figurée à part à une plus grande échelle), qui permet au gaz de passer dans l'ampoule, mais empêche le mercure de suivre une marche inverse. Un petit tube latéral *t* raccorde la base du tube précédent à la partie supérieure de l'ampoule. Enfin celle-ci se prolonge par un tube à dégagement qui plonge dans un vase contenant du mercure et donne issue au gaz provenant du récipient.

Fonctionnement. — Supposons le réservoir au haut de sa course ; l'ampoule et son tube à dégagement sont pleins de mercure, ainsi que le tube T' jusqu'à la soupape. Si l'on abaisse le réservoir, le mercure, pressé par le gaz du récipient, descend dans le tube T' ; dès que ce liquide a dépassé le niveau n, le gaz passe par le tube t et gagne la partie supérieure de l'ampoule. Le mercure descend dans cette ampoule et dans le tube à dégagement. Élevons maintenant le réservoir : le mercure monte dans l'ampoule et dans le tube T'. Dès que le mercure a dépassé le niveau n, la communication entre le gaz enfermé dans l'ampoule et le récipient se trouve interrompue ; à partir de ce moment le gaz est refoulé peu à peu et s'échappe par le tube à dégagement. En résumé, à chaque descente du réservoir, une nouvelle quantité de gaz est extraite du récipient et passe dans l'ampoule ; à chaque montée du même réservoir, ce gaz est refoulé de l'ampoule et s'échappe par le tube à dégagement. Comme il n'y a pas d'espace nuisible, on peut arriver à rendre la différence des niveaux du mercure dans le manomètre inférieure à $\frac{1}{10}$ de millimètre.

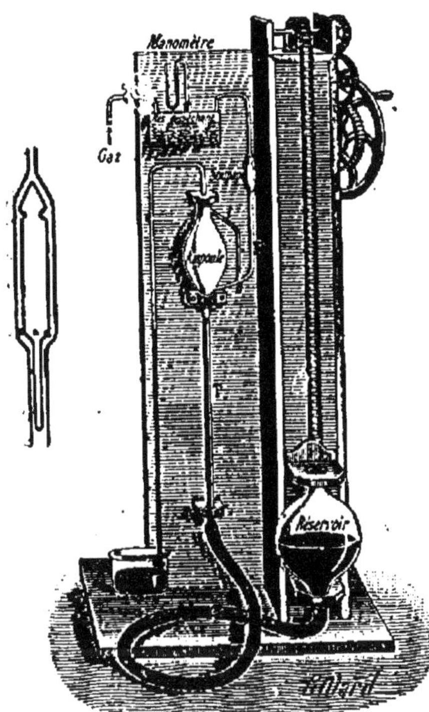

Fig. 99. — Pompe à mercure.

Usages. — La pompe à mercure, à cause de la lenteur de son action, n'est employée directement que pour faire le vide dans des récipients de faible capacité. Dans les laboratoires, on raréfie d'abord avec une trompe à eau, puis, si l'on veut obtenir un vide presque parfait, avec une trompe à mercure.

72. Trompes. — *Les trompes sont des machines aspirantes et soufflantes dans lesquelles la circulation des gaz est produite par l'intermédiaire d'un courant d'eau ou de mercure.*

La *trompe à eau* se compose d'un double cône de verre dont les orifices sont placés en regard à une très faible distance (*fig.* 100). Un courant d'eau arrive sous une

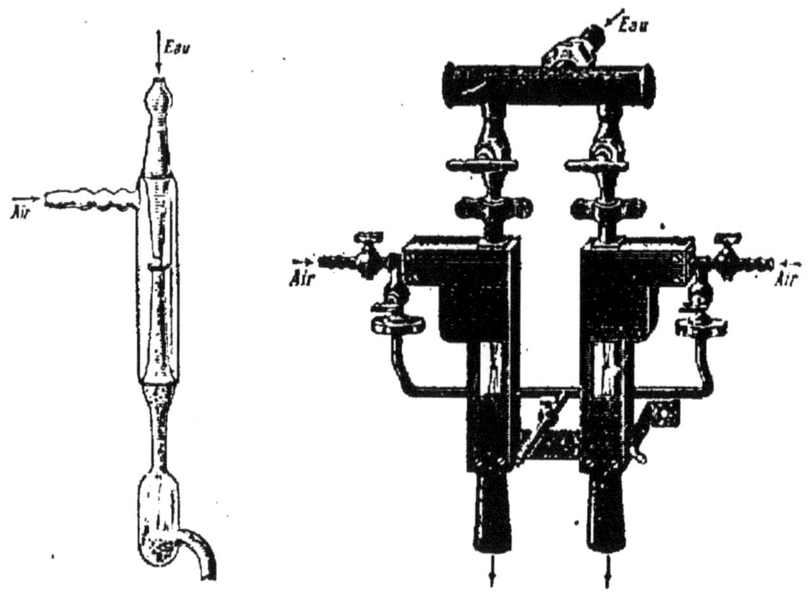

Fig. 100. — Trompe à eau.

Fig. 101. — Trompe double.

pression suffisante par le cône supérieur. L'air qui est dans le voisinage du petit intervalle séparant les deux cônes est aspiré et entraîné par le jet d'eau ; il se raréfie donc dans la cavité qui entoure cet intervalle et, par conséquent, dans le récipent avec lequel elle est mise en communication. Si le courant d'eau se rend dans un récipient fermé, l'air se dégagera de l'eau qui l'entraîne et se comprimera lui-même au-dessus de la surface libre du liquide.

La trompe à eau permet d'obtenir très rapidement un vide correspondant à la force élastique maxima de la vapeur d'eau à la température de l'expérience.

Habituellement on accouple les trompes par deux et on les entoure d'une monture en fonte (*fig.* 101). Ces appareils constituent de puissantes pompes à gaz. Si l'on dispose d'une pression d'eau convenable (4 à 5m d'eau), on peut vider des récipients de 10 à 15lit en quelques minutes.

73. Usages des pompes à gaz. — Les pompes à gaz servent dans les Cours à montrer l'expansibilité des gaz (49), l'existence de la pression atmosphérique, (51) etc. On les utilise pour produire de la glace par évaporation d'un liquide, pour dessécher certaines substances, pour concentrer rapidement certains liquides, etc.

Les pompes à main servent dans les laboratoires pour aspirer de l'air ou des gaz et les refouler dans des récipients.

74. Applications de l'air raréfié et de l'air comprimé. — On fait concourir simultanément l'air raréfié et l'air comprimé au service de la poste pneumatique, dans les grandes villes où elle sert d'auxiliaire à la télégraphie électrique. Les étuis cylindriques en cuir renfermant les dépêches sont refoulés par de l'air comprimé au bureau de départ et aspirés par le vide au bureau d'arrivée.

Dans l'industrie, l'air raréfié donne lieu à des applications nombreuses : évaporation et concentration dans le vide de substances qui s'altéreraient dans les conditions ordinaires, ventilation par aspiration, filtration rapide de liquides par le vide, etc.

L'air comprimé est utilisé dans les mines, les tunnels, pour ventiler et pour actionner des outils, notamment des perforatrices ; il est employé dans les horloges pneumatiques, les scaphandres, etc. ; il est vendu comme force motrice à la petite industrie. Sur les chemins de fer ce sont des freins à air comprimé (système Westinghouse) régnant tout le long de la plupart des trains de voyageurs, qui permettent l'arrêt presque instantané de ces trains. Citons encore les tubes pneumatiques, appelés vulgairement *pneus* ; ce sont des tubes en caoutchouc creux (*fig.* 102) contenant de l'air comprimé, que l'on fixe aux roues des bicyclettes, des voitures, etc., afin de supprimer, en mettant à profit leur compressibilité, le bruit du roulement et les chocs sur le sol plus ou moins raboteux.

FIG. 102. — Pneu.

RÉSUMÉ DU CHAPITRE VIII

Les pompes à gaz sont destinées à raréfier l'air (ou tout autre gaz) d'un récipient clos ou encore à comprimer dans un récipient de l'air ou du gaz.

La pompe à main se compose en principe d'un corps de pompe contenant un piston plein, d'une soupape d'aspiration et d'une soupape d'expulsion. Quand le piston monte, la soupape d'aspiration se soulève et l'air du récipient à aspiration se répand en partie dans le corps de pompe ; quand le piston descend, la soupape d'expulsion s'ouvre et l'air contenu dans le corps de pompe est chassé dans le réservoir à compression. Les mêmes phénomènes se reproduisent à chaque coup de piston, de sorte que la force élastique de l'air dans le premier récipient devient de plus en plus faible, sans pouvoir toutefois devenir nulle. L'air emprisonné dans l'espace nuisible situé entre la base du corps de pompe et le piston, quand celui-ci est en bas de sa course, empêche d'ailleurs cette force élastique de s'abaisser au-dessous d'une certaine limite.

La *pompe de Carré* est une pompe à gaz qui permet de pousser le vide jusqu'à 1/2 millimètre de mercure ; elle sert surtout à la fabrication de la glace.

Les *trompes* aspirent et refoulent l'air par l'intermédiaire d'un courant d'eau. L'aspiration est produite par un double cône dont les orifices sont placées en regard à une petite distance. La trompe à eau fait un vide correspondant à la force élastique maxima de la vapeur d'eau à la température de l'expérience.

Les pompes à gaz servent à faire des expériences diverses : (crève-vessie, hémisphères de Magdebourg, expansibilité des gaz), à dessécher certaines substances, à fabriquer de la glace, etc.

EXERCICES SUR LE CHAPITRE VIII

32. Dans une pompe de Carré, la capacité du corps de pompe (parties A et B de la figure 97, diminuées du volume du piston) est v ; celle de la chambre du fond (partie C), v'. On aspire dans un récipient de volume V. Quelle est la force élastique de l'air dans ce récipient après n coups de piston, la force élastique initiale étant H ?

33. La capacité du corps de pompe d'une pompe à gaz de Carré est de 500^{cc} ; celle de la chambre du fond, de 60^{cc}. On aspire sous un récipient qui a 2 litres de capacité. Trouver le volume d'un corps solide qui est placé sous ce récipient, sachant qu'après un coup de piston la force élastique de l'air est ramenée de 76^{cm} à 54^{cm}.

34. Dans un réservoir contenant $5^{lit},6$ d'air sec à 0° et sous la pression de 830^{mm} de mercure, on veut introduire, avec une pompe de compression dépourvue d'espace nuisible, 23^{gr} d'air sec pris à 0° et sous la pression normale. Le volume du corps de pompe étant de 560^{cc}, on demande le nombre de coups de piston à donner et la pression finale dans le réservoir.

Masse du litre d'air dans les conditions normales : $1^{gr},3$.

35. La force élastique de l'air dans le récipient d'une pompe à gaz est $40^{cm},5$. Quel effort faut-il exercer directement sur la tige du piston pour le soulever, sachant que la surface de ce piston est de 80^{cq} ? La pression atmosphérique au moment de l'expérience est $76^{cm},5$.

CHAPITRE IX

POMPES A LIQUIDES

75. Définition. — *Les pompes à liquides sont des appareils destinés à élever les liquides par l'emploi des pressions.* Suivant leur construction ou suivant la cause qui les fait fonctionner on les range en diverses catégories, dont la plus connue est celle des pompes à mouvement rectiligne alternatif ou *pompes à piston.*

On emploie encore pour élever les eaux, les roues et chaînes à godets, les chapelets, la vis d'Archimède, etc. ; tous ces appareils sont de simples machines à élever les fardeaux et ne rentrent pas dans la catégorie des pompes.

76. Pompes à piston. — Les principaux types sont la pompe aspirante et élévatoire et la pompe aspirante et foulante.

Pompe aspirante et élévatoire. — Une pompe aspirante et élévatoire (*fig.* 103) comprend essentiellement : un corps de pompe ; un *tuyau d'aspiration*, qui plonge par sa partie inférieure dans le réservoir ou *puisard* contenant le liquide à élever ; un *tuyau d'ascension*, qui se recourbe pour prendre la direction verticale. Dans le corps de pompe se meut un piston présentant une large ouverture fermée par une soupape ou *clapet* *s* s'ouvrant de bas en haut, un second clapet *s'* sépare le tuyau d'aspiration du corps de pompe et s'ouvre également de bas en haut.

Au début, le piston repose sur la base du corps de pompe et le tuyau d'aspiration est plein d'air sous la pression atmosphérique. Quand le piston s'élève, le clapet *s* est maintenu fermé par la pression atmosphérique qui agit au-dessus ; le clapet *s'* se soulève et une partie de l'air du tuyau d'aspiration pénètre dans le corps de pompe, ce qui amène une diminution dans sa force élastique et une ascension de liquide dans le tuyau d'aspiration. Dès que le piston est arrivé en haut de sa course, le clapet *s'* se ferme par son propre poids. Quand le piston descend, l'air situé au-dessous de lui se trouve comprimé ; le clapet *s* se soulève et l'air enfermé dans le corps de pompe s'échappe par le tuyau d'ascension. Les mêmes phénomènes se reproduisant à chaque alternative suivante du piston, l'eau s'élève de plus en plus dans le tuyau d'aspiration et finit par franchir le clapet *s'* : la pompe est alors *amorcée*. A partir de ce moment et à chaque descente du piston, l'eau située au-dessous de celui-ci dans le corps de pompe passe au-dessus ; à chaque montée, l'eau située au-dessus du piston est élevée dans le tuyau d'ascension et s'écoule par un orifice de déversement tandis qu'une quantité d'eau égale s'élève dans le tuyau d'aspiration et de là dans le corps de pompe.

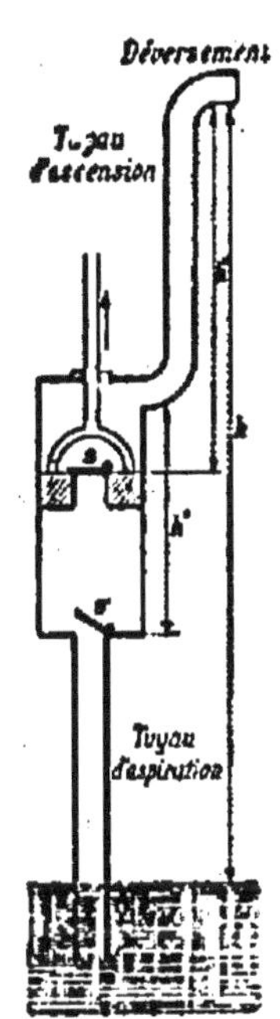

Fig. 103. — Figure schématique d'une pompe aspirante et élévatoire.

Pour qu'une pompe aspirante et élévatoire puisse fonctionner, il faut évidemment que la distance maxima du piston au niveau du liquide dans le puisard soit inférieure à la hauteur de ce liquide capable de faire équilibre à la pression atmosphérique ($10^{m},33$ environ pour l'eau ordinaire). Cette limite elle-même n'est que théorique. Dans la pratique, à cause des fuites inévitables, des frottements, etc., on place rarement le clapet s' à plus de 8ᵐ au-dessus du puisard.

Calculons le travail nécessaire pour élever un liquide à l'aide d'une pompe aspirante et élévatoire. Appelons S la surface du piston, h' la longueur de sa course, h et h'' les distances du niveau du liquide dans le puisard et de la face supérieure du piston à l'orifice de déversement, H la hauteur du liquide qui ferait équilibre à la pression atmosphérique du moment et enfin m sa masse spécifique. Supposons la pompe amorcée.

Fig. 104. — Pompe ménagère aspirante et élévatoire.

Pendant que le piston descend, le clapet s étant ouvert, la pression est sensiblement la même sur les deux faces du piston, et il n'y a à exercer qu'un effort relativement faible pour vaincre le frottement.

Détails du piston et du clapet d'aspiration (clapet levé).

L'effort à exercer pendant l'ascension du piston est au contraire relativement considérable. La pression que le piston supporte alors sur sa face supérieure est la pression atmosphérique $SHmg$ augmentée de la pression $Sh''mg$ exercée par la colonne de liquide qui surmonte cette face ; la pression qu'il supporte sur sa face inférieure est $SHmg - S(h - h'')mg$. Par suite, l'effort F à exercer, effort qui représente la différence entre les deux pressions, est égal à

$$SHmg + Sh''mg - SHmg + S(h - h'')mg.$$

On a donc simplement

$$F = Shmg.$$

Quant au travail à effectuer pendant l'ascension du piston, il est égal au produit de la force par le déplacement total h', c'est-à-dire à $Shmg \times h'$ ergs. Ce produit peut se mettre sous la forme $Sh'mg \times h$. Or $Sh'mg$ représente le poids de l'eau qui s'écoule par l'orifice de déversement pendant l'ascension du piston ; donc théoriquement, le travail moteur est le même que celui qu'il faudrait effectuer pour élever le liquide directement depuis le puisard jusqu'à l'orifice de déversement.

Dans la pratique, il faut ajouter au travail moteur qui vient d'être indiqué le travail résultant des résistances passives dues au frottement, aux chocs, etc. L'effort à exercer sur la tige du piston pour produire le travail nécessaire est assez grand ; aussi, au lieu d'appliquer directement la force au piston lui-même, l'applique-t-on presque toujours à un organe intermédiaire qui la multiplie. Dans la pompe *ménagère*, par exemple (*fig.* 104), on met à profit le principe du levier : l'effort à exercer sur le balancier est d'autant plus petit que le rapport des bras de levier est plus grand.

Si ces bras sont dans le rapport habituel de 6 à 1 et que la manœuvre du piston exige un effort de 20^{kg} par exemple, il suffira d'appliquer $\frac{20}{6} = 3^{kg},3$ à l'extrémité du grand bras.

Pompes aspirantes et foulantes. — Elles diffèrent de la précédente en ce que leur piston est plein et leur tuyau de refoulement situé à la base du corps de pompe (*fig.* 105) ; un clapet *s*, fixé à la partie inférieure du tuyau de refoulement, s'ouvre et livre passage au liquide quand le piston descend. Parmi ces pompes, les unes sont à simple effet (le piston aspirant à la montée et refoulant à la descente) et ont ordinairement deux corps de pompe conjugués comme la pompe à incendie. (Notre modèle (*fig.* 106) est simplement celui d'une pompe foulante, qui prend l'eau dans une bâche ; mais on construit de plus en plus de pompes à incendie

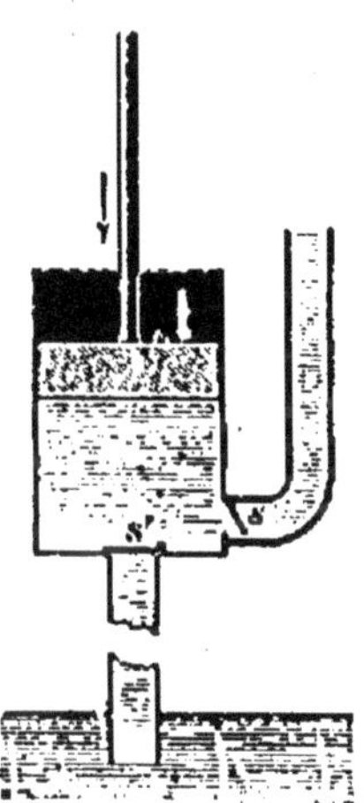

Fig. 105. — Pompe aspirante et foulante.

qui sont en même temps aspirantes, c'est-à-dire qui vont puiser l'eau dans les profondeurs du sol) : les autres sont à double effet (le piston aspirant et refoulant en même temps, aussi bien à l'aller qu'au retour) et avec un seul corps de pompe.

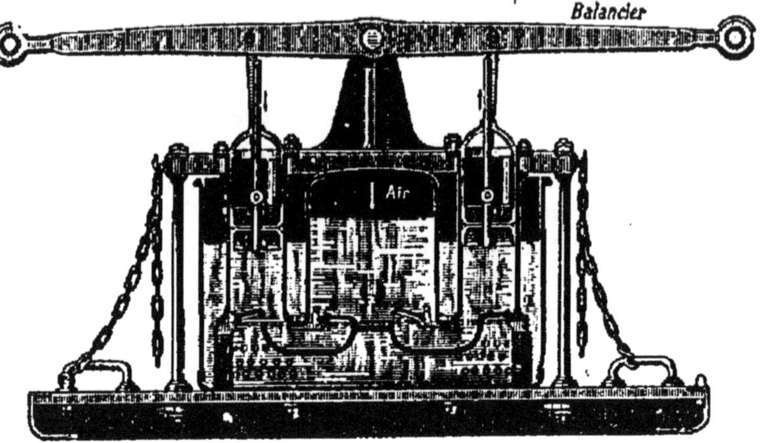

FIG. 106. — Pompe à incendie à bras.

Ces pompes conviennent surtout pour les eaux boueuses et les liquides tenant en suspension des corps solides (lait de chaux, eaux résiduaires, etc.).

77. Pompes rotatives. — Les pompes à piston ne peuvent communiquer à l'eau un mouvement uniforme, à cause des variations de vitesse du piston. On atténue ce défaut en employant deux corps de pompe conjugués comme dans la pompe à incendie, ou bien en plaçant un réservoir à air à la partie inférieure du tuyau d'ascension ; mais on l'évite complètement par l'emploi des pompes dites *rotatives*. Dans ces pompes, l'eau est mise en mouvement par l'effort constant d'un moteur circulaire, et ce mouvement est, par suite, uniforme et continu.

Nous décrirons comme type la pompe rotative à un axe de Moret et Broquet, usitée surtout pour le service des caves et des chais. Cette pompe, dite *pompe à palettes*, se compose d'un corps de pompe cylindrique portant un tuyau d'aspiration et un tuyau de refoulement (*fig.* 107). Dans le corps de pompe se trouve un tambour clos, que l'on fait tourner soit à l'aide d'une poulie, soit à la main au moyen d'un volant manivelle, et dont l'axe ne coïncide pas avec celui du cylindre constituant le corps de pompe. Quatre palettes p, p_1,...

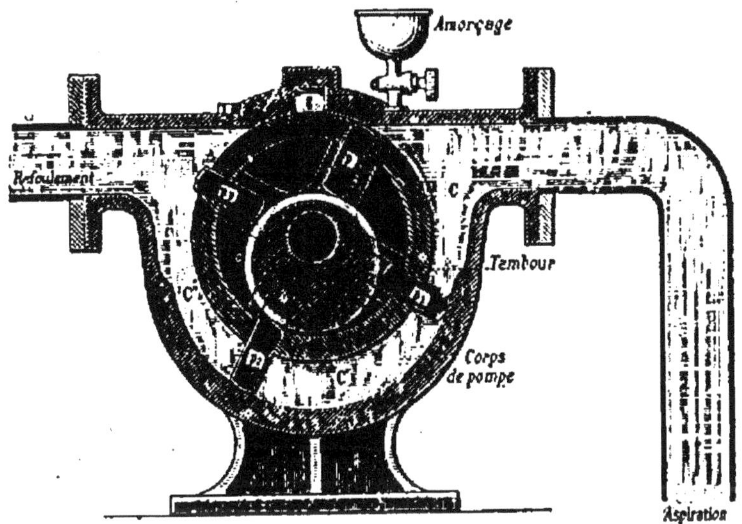

Fig. 107. — Pompe rotative à un axe de Moret et Broquet.

s'engagent à frottement doux dans des fentes longitudinales portées par le tambour ; elles s'appuient constamment sur la surface intérieure du corps de pompe grâce à deux bagues *d*, dont le diamètre extérieur est égal au diamètre intérieur du corps de pompe diminué de la largeur de deux palettes.

Supposons la pompe amorcée. Au fur et à mesure que l'on fait tourner le tambour dans le sens de la flèche, l'espace rempli d'eau compris entre les palettes p et p_1, le tambour et le corps de pompe, augmente de volume par suite de l'excentricité du tambour. Cet espace ne communiquant qu'avec le tuyau d'aspiration, y détermine par suite une aspiration. Quand la palette p est arrivée en p_1, une partie de l'eau qui occupait l'espace C que nous venons de considérer, se trouve emprisonnée en C'; de là elle passe en C'', et comme les palettes rentrent dans le tambour, qui lui-même se rapproche constamment du corps de pompe, l'espace C'' diminue et l'eau est chassée dans le tuyau de refoulement.

78. Béliers hydrauliques. — Les béliers hydrauliques se composent d'un cylindre horizontal, muni à l'une de ses extrémités d'un tuyau pour l'arrivée de l'eau, et à sa partie supérieure de deux tubulures à clapets (*fig.* 108); l'une de ces tubulures se termine en déversoir; l'autre est surmontée d'un réservoir d'air portant le tuyau de refoulement.

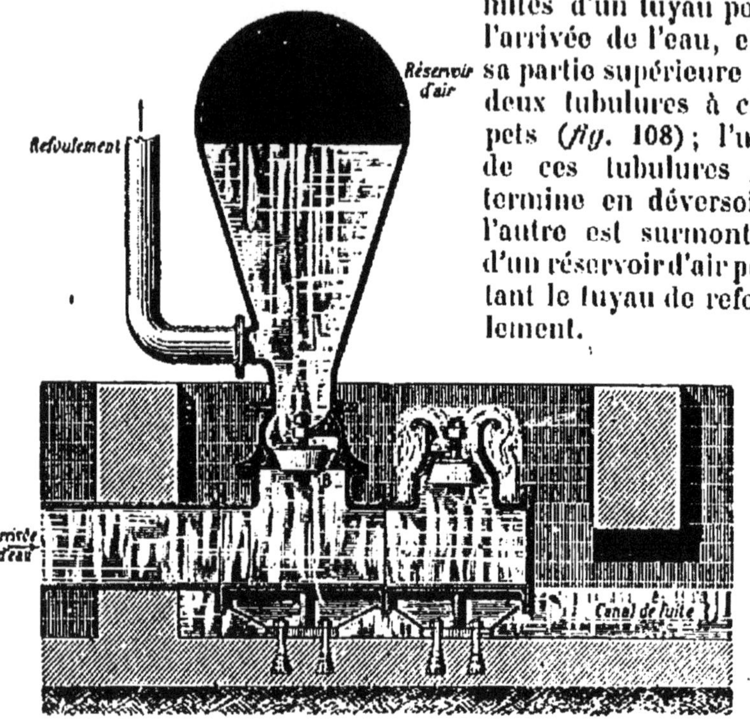

Fig. 108. — Bélier hydraulique.

Quand l'eau arrive dans le bélier, le clapet B repose sur son siège et le clapet A est ouvert. Le liquide s'écoule donc librement par le déversoir; sa vitesse de sortie augmente peu à peu et devient bientôt suffisante pour soulever le clapet A, ce qui produit un arrêt brusque de la colonne d'eau. Celle-ci réagit, ouvre le clapet B et pénètre en partie dans le réservoir. L'air que contient ce dernier se trouve ainsi comprimé, le clapet B se ferme et l'eau est refoulée à l'extérieur. Le clapet A s'ouvre alors, et les mêmes phénomènes se reproduisent, chaque fermeture du clapet A déterminant un coup de bélier dans le réservoir à air.

Quand on dispose d'une chute suffisante, on se sert avec avantage des béliers hydrauliques pour élever automatiquement à des hauteurs considérables une partie de l'eau d'un ruisseau, d'un étang, d'un réservoir; on les emploie principalement pour alimenter les maisons de campagne, les châteaux, les stations de chemin de fer, etc.

PRESSE HYDRAULIQUE

79. Définition. — ***La presse hydraulique est un appareil qui permet d'exercer des pressions considérables en déployant des efforts relativement faibles.*** Elle constitue une application directe du principe de Pascal (proportionnalité des pressions aux surfaces) (29).

80. Presse hydraulique de démonstration. — La figure

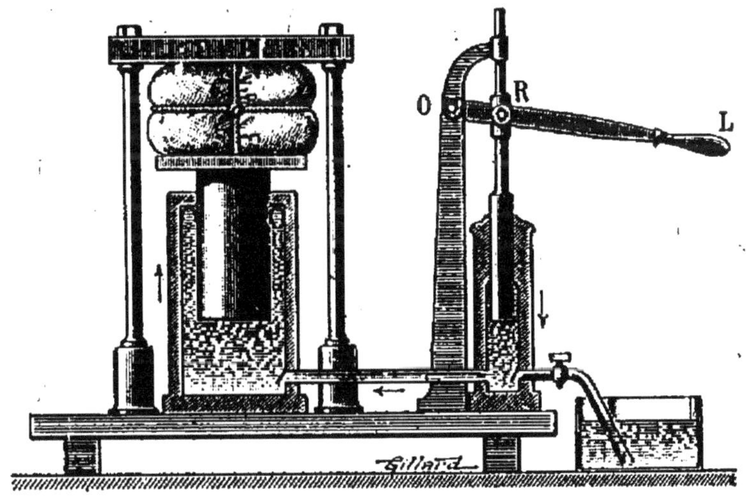

Fig. 109. — Coupe schématique d'une presse hydraulique de laboratoire.

109 est la coupe schématique d'une presse hydraulique de

laboratoire. Cet appareil se compose de deux corps de pompe à sections inégales. Le petit corps de pompe est une pompe aspirante et foulante, qui puise de l'eau dans un réservoir latéral et la refoule par un tube métallique dans le grand corps de pompe, lequel constitue la presse hydraulique proprement dite. Les objets à comprimer sont placés entre un plateau qui surmonte le gros piston et un sommier maintenu par deux fortes colonnes de fer. Pour éviter les fuites dans le grand corps de pompe, on emploie le *cuir embouti* de Bramah : c'est une sorte de rigole circulaire renversée, en cuir épais (*fig.* 110) ; elle est logée dans une gorge creusée à la partie supérieure du grand corps de pompe. Sous l'effet de la pression de l'eau, le cuir embouti s'applique fortement à la fois contre le piston et contre les parois de la gorge, et le joint est d'autant plus étanche que la pression est plus forte.

Fig. 110. — Cuir embouti.

On n'emploie pas de cuir embouti dans le petit corps de pompe, car les pressions y sont moins fortes et les fuites y ont moins d'importance ; la fermeture est assurée suffisamment par une boite à cuir que traverse le piston plongeur. Celui-ci est mis en mouvement par l'intermédiaire d'un levier L, de sorte que sa surface reçoit une pression qui est égale à l'effort exercé directement multiplié par le rapport du grand bras de levier OL au petit OR ; en multipliant encore cette pression par le rapport de la section du grand piston à la section du petit, on obtient la pression finale qui agit sur les corps comprimés.

Remarque. — Il ne faut pas oublier que si l'on obtient ainsi une multiplication de l'effort exercé directement, en revanche le grand piston parcourt moins de chemin que le petit. En effet, soient S et s les sections des deux pistons, h' la hauteur dont le grand s'élève quand le petit s'abaisse de h ; sh et Sh' représentent le volume de l'eau qui est passée d'un corps de pompe dans l'autre.

On a donc $\frac{S}{s} = \frac{h}{h'}$. D'après cela, si S est 100 fois plus grand que s, h' sera 100 fois plus petit que h. En résumé, ce que l'on gagne en force, on le perd en chemin parcouru ; aussi n'emploie-t-on la presse hydraulique que lorsque le point d'application de la force qui comprime a peu à se déplacer.

81. Presses hydrauliques industrielles. — Les presses

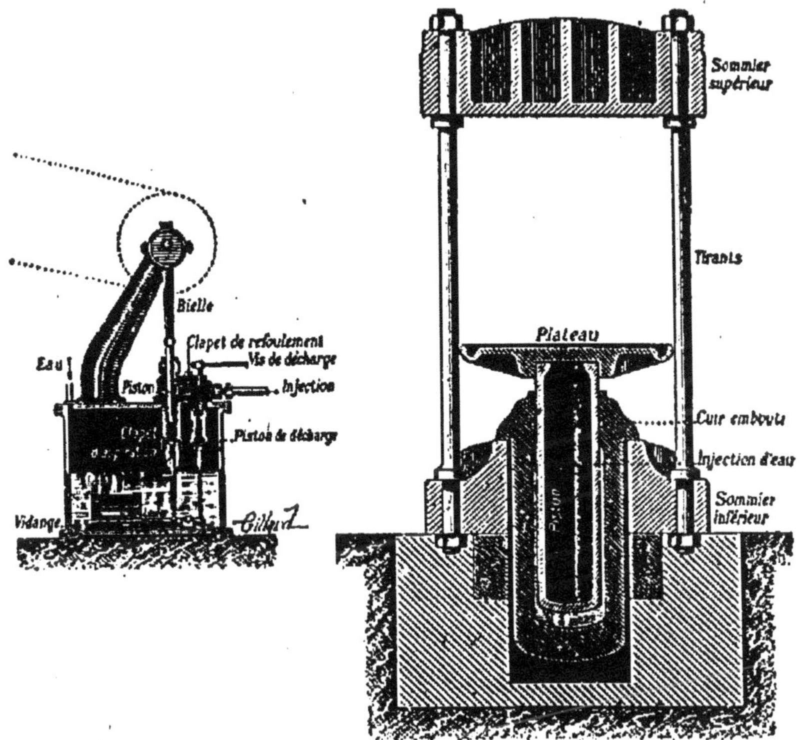

Fig. 111. — Presse hydraulique industrielle avec sa pompe d'injection.

hydrauliques industrielles sont construites de manière à pouvoir produire des pressions considérables. Une pompe d'injection (*fig.* 111) aspire l'eau contenue dans une bâche et la refoule dans le corps de la presse hydraulique à l'aide d'un piston plongeur mu par la vapeur. Lorsque la pression dans le canal d'injection atteint une certaine limite que l'on suppose dangereuse, un piston de décharge s'abaisse et agit sur un levier à contrepoids mobile, lequel soulève le clapet d'aspiration et fait ainsi cesser la pression.

Quand on veut *dépresser*, on ouvre une vis de décharge qui débouche un trou latéral et permet à l'eau de revenir dans la bâche.

Le corps de presse est muni du cuir embouti de Bramah et contient un long piston creux surmonté d'un plateau. Les objets à comprimer sont maintenus à la partie supérieure par un sommier, relié invariablement à un sommier inférieur par de forts tirants boulonnés.

Remarque. — En général, on ne refoule pas directement avec la pompe d'injection dans le corps de presse hydraulique ; cela aurait pour inconvénient de faire monter le piston de ce dernier par intermittence. La pompe d'injection refoule dans une presse spéciale, appelée *accumulateur*, qui distribue de l'eau sous pression à une ou plusieurs presses hydrauliques. Ces accumulateurs, dont les dispositions varient beaucoup, sont très employés également pour toutes les machines servant aux manœuvres exécutées avec l'eau sous pression ; leur invention a rendu pratique l'emploi de l'eau comprimée, emploi qui se généralise de plus en plus.

82. Usages de la presse hydraulique et de l'eau comprimée. — La presse hydraulique sert à extraire l'huile des graines oléagineuses, à séparer l'acide oléique des autres acides gras dans la fabrication des bougies, à réduire à un volume moindre les objets encombrants comme la paille, le coton, le foin, et les rendre ainsi plus facilement transportables : à soulever les docks flottants destinés à soutenir les navires que l'on veut réparer, à essayer les matériaux à la compression et à la traction, etc.

L'eau comprimée sert à actionner des ascenseurs (ascenseurs hydrauliques), des appareils à découper, des machines à river, des grues, des cabestans. Elle est utilisée pour manœuvrer les ponts tournants, les portes d'écluses. Enfin c'est avec une pompe foulante qu'on fait l'essai des chaudières à vapeur et qu'on gradue les manomètres métalliques destinés à mesurer de fortes pressions.

Ascenseurs hydrauliques. — Les ascenseurs sont des appareils qui permettent de transporter les personnes d'un étage à un autre d'un édifice. On se sert d'appareils analogues pour transporter des fardeaux, mais on les appelle plutôt des monte-charges. Ceux-ci sont rarement des appareils hydrauliques.

L'ascenseur hydraulique consiste en un piston plongeur qui s'élève quand de l'eau sous pression agit sur lui, qui s'arrête quand on ferme le robinet d'arrivée d'eau, et qui descend quand on permet à l'eau de s'écouler. Le piston supporte et entraine dans son mouvement une cage contenant les personnes. On voit donc que le plateau d'une presse hydraulique serait un ascenseur si son déplacement avait beaucoup plus d'amplitude.

Comme ascenseur hydraulique, nous décrirons le système Édoux à équilibrage supérieur. AB (*fig.* 112) est un cylindre étanche engagé dans un puits foré dont la profondeur est égale à la hauteur à franchir. Dans ce cylindre se déplace un piston plongeur CD supportant la cabine EF ; en G l'étanchéité est assurée ; T est la tubulure d'entrée de l'eau sous pression, laquelle suit la voie *a*RT à l'entrée ; à la sortie, l'eau repasse par le robinet à trois voies R, mais pour s'écouler en *s*. La cabine est guidée dans son déplacement vertical par quatre tiges telles que *bc*, *de*. L'installation se complète par un câble en acier HIJK (¹) et un contrepoids P qui ont pour objet d'équi-

(¹) Le câble, par une combinaison de poids ingénieuse, équilibre le déplacement d'eau du piston. En effet, quand le piston s'élève, d'un mètre par exemple, son poids augmente (principe d'Archi-

librer (à 30kg près, de façon à laisser toujours un excédent de poids du côté de la cabine, même à vide) le poids mort fixe de la cabine et du piston ; on ne demande ainsi à la force hydraulique que la puissance nécessaire à élever les personnes.

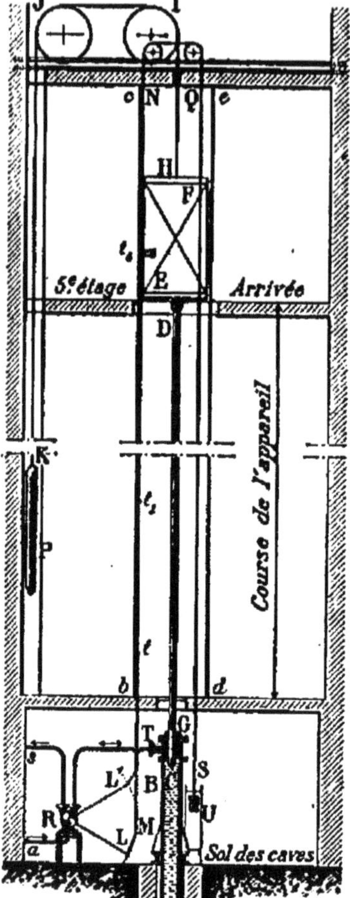

Fig. 112. Ascenseur hydraulique Édoux.

Comment peut-on à volonté admettre l'eau sous pression dans le cylindre AB, l'arrêter et l'évacuer ensuite ? Au moyen du robinet à trois voies R manœuvré par le levier L. Dans la position L, l'eau pénètre en T ; dans la position L', elle en sort : dans la position intermédiaire le robinet est fermé. Le levier L ou distributeur est relié à une petite tige verticale MN qui va de la cave au comble en longeant le parcours de la cabine, à 5cm de celle-ci. Cette tige est équilibrée par une corde en chanvre QS qui passe dans la cabine et se termine, en cave, par un contrepoids U.

Étant dans la cabine, si l'on agit sur la corde de bas en haut, on provoquera l'ouverture du distributeur à l'admission :

---

mède) de la valeur du volume d'eau déplacée ; mais pendant que le piston s'élève d'un mètre, il passe du côté JK 1m de longueur de câble ; il y en a du côté HI 1m de moins ; différence : 2m. Il faut que ces 2m de câble pèsent autant que l'eau qui était déplacée par 1m de piston. Et c'est en effet en donnant au câble un poids égal à la moitié de celui de l'eau déplacée par le piston qu'on obtient l'équilibrage parfait, le maximum d'effet utile, le minimum de dépense d'eau.

l'ascenseur s'élèvera ; si l'on agit de haut en bas sur la corde, on permettra la vidange de l'eau contenue dans le cylindre : il y aura descente, d'autant plus rapide qu'on ouvrira davantage le distributeur. La descente est produite par l'excédent de poids (même si la cabine était vide : 30kg dans ce cas) du côté de la cabine.

Les arrêts automatiques aux étages sont obtenus au moyen de verrous numérotés 1, 2, 3, 4,... suivant l'étage auquel on veut s'arrêter. En poussant sur ces verrous, on les fait saillir de la cabine de 3cm, assez pour rencontrer, à l'étage correspondant au verrou poussé, et à celui-là seulement, un doigt ou taquet t, t_1,... t_3 boulonné sur la petite tige de manœuvre ; le verrou, entraîné par la cabine, rencontrant le taquet, entraîne à son tour la tige, qui ramène le distributeur au point mort et provoque l'arrêt automatique.

SIPHON

83. Description et fonctionnement. — ***Les siphons sont des tubes recourbés destinés à transvaser les liquides d'un niveau à un niveau inférieur.***

Le siphon le plus simple est constitué par un tube à deux branches inégales (*fig.* 113). Cet appareil ne peut fonctionner que s'il est *amorcé*, c'est-à-dire rempli du liquide à transvaser. On plonge alors la petite branche dans le réservoir supérieur et la grande dans le réservoir inférieur. A partir de ce moment, on peut considérer les deux branches comme formant deux vases com-

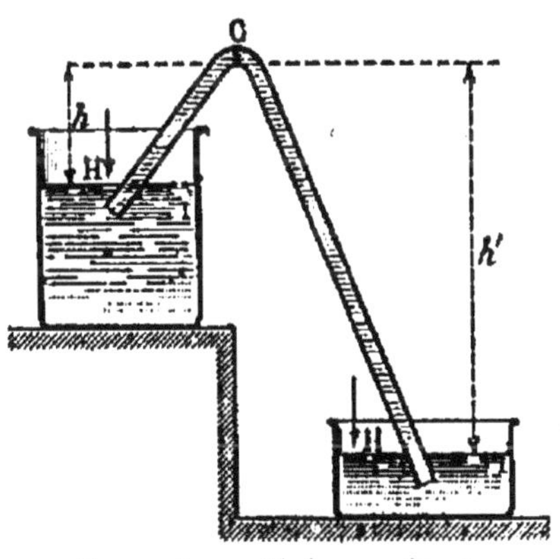

Fig. 113. — Siphon ordinaire.

municants, et il y aurait équilibre si la pression était la même sur tous les points d'un même plan horizontal pris dans l'une ou l'autre des deux branches. Or il n'en est pas ainsi, puisque la pression sur les deux surfaces libres est égale à la pression atmosphérique et que la distance verticale entre ces surfaces est h', distance supérieure à h. L'équilibre ne peut donc exister, et le liquide s'écoule de la petite branche vers la grande pour égaliser les deux niveaux.

84. Amorçage du siphon. — Usages. — Les siphons ont des formes très variées. Pour les liquides ordinaires (eau, vin, etc.), on se sert d'un simple tube recourbé que l'on amorce en plongeant la petite branche dans le vase supérieur et en aspirant avec la bouche par l'extrémité de l'autre branche. Dans le cas d'un liquide vénéneux, l'aspiration se fait par un tube latéral à renflement (*fig.* 114), la petite branche plongeant dans le liquide à transvaser et la grande branche étant fermée avec le doigt. Si enfin le liquide est corrosif (acides, etc.), au lieu de fermer la grande branche avec le doigt, on la munit d'un robinet à la partie inférieure.

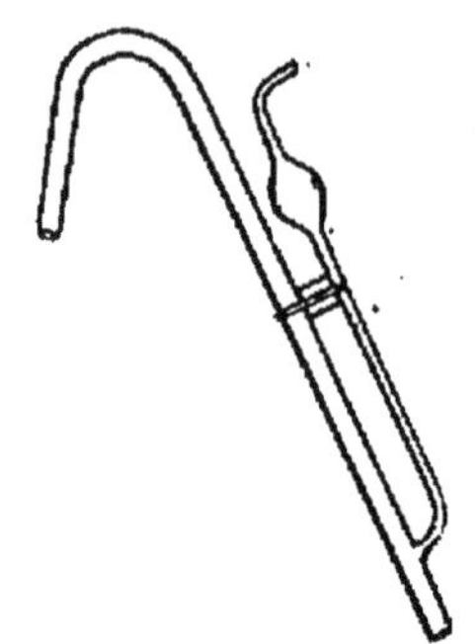

Fig. 114. — Siphon pour liquides vénéneux.

Dans les laboratoires, on se sert avantageusement, pour puiser les acides dans les touries, du *siphon pneumatique* de Rousseau (*fig.* 115) ; ce siphon s'amorce aisément à l'aide d'un tube latéral muni d'une poire en caoutchouc, et il reste toujours amorcé, ce qui permet de puiser du liquide à des intervalles éloignés sans amorcer à nouveau.

En Hydraulique, on utilise les siphons pour détourner les rivières, pour nettoyer les égouts (siphons de chasse), pour franchir les vallées, pour élever de l'eau, etc.

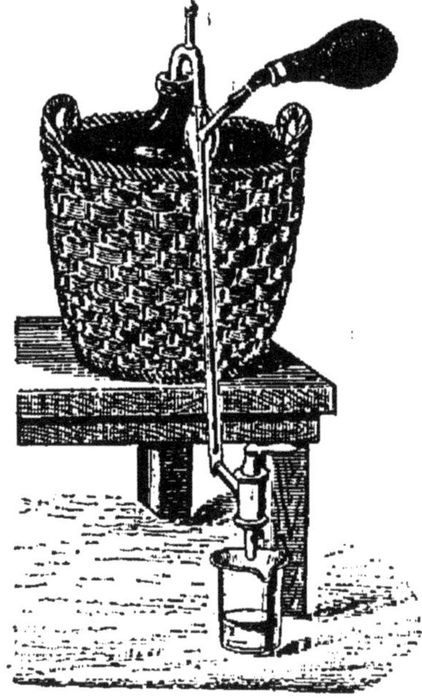

Fig. 115. — Siphon pneumatique de Rousseau.

Fontaines intermittentes naturelles. — On peut obtenir avec le siphon des écoulements intermittents; le fait se produit dans les fontaines intermittentes naturelles : si l'eau qui s'infiltre dans le sol s'accumule dans une cavité souterraine ne communiquant avec l'extérieur que par une fissure recourbée ABC formant siphon (*fig.* 116), tant que l'eau n'atteint pas le niveau B de la courbure du siphon, il n'y a pas d'écoulement; quand ce niveau est atteint, le siphon se trouve amorcé et l'eau s'écoule en C jusqu'à ce que l'orifice A de la fissure soit découvert; la source cesse alors de couler jusqu'à ce que le niveau soit revenu en B ; elle fournit donc de l'eau

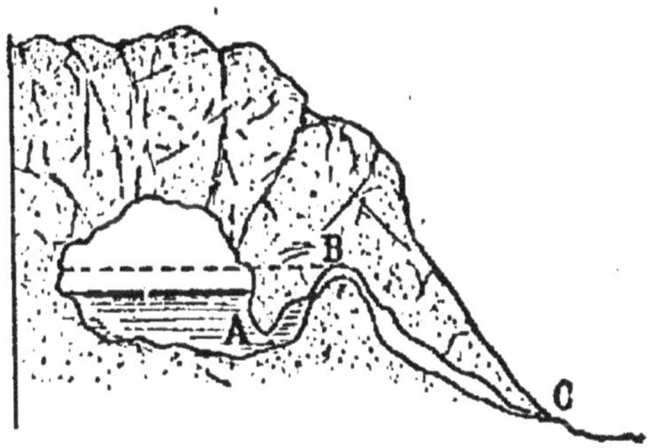

Fig. 116. — Fontaine intermittente.

pendant un temps déterminé et à des intervalles sensiblement réguliers.

RÉSUMÉ DU CHAPITRE IX

Les *pompes* sont destinées à élever l'eau ou tout autre liquide par l'emploi des pressions.

Les deux principaux types de pompes à piston sont les pompes aspirantes et élévatoires et les pompes aspirantes et foulantes. Une pompe aspirante et élévatoire comprend essentiellement un tuyau d'aspiration muni d'un clapet à sa partie supérieure, un corps de pompe dans lequel se meut un piston creux muni également d'un clapet, et enfin un tuyau d'ascension. Quand le piston monte, le clapet du tuyau d'aspiration se soulève et l'air contenu dans ce tuyau se répand en partie dans le corps de pompe, ce qui amène une diminution dans sa force élastique et une ascension du liquide dans le tuyau d'aspiration. Quand le piston descend, son clapet se soulève à son tour et l'air enfermé dans le corps de pompe s'échappe par le tuyau d'ascension. Après quelques coups de piston, l'eau dépasse le clapet du tuyau d'aspiration : la pompe est alors amorcée. A partir de ce moment, l'eau pénètre dans le corps de pompe à chaque montée du piston et est refoulée dans le tuyau d'ascension à chaque descente du piston. Les pompes aspirantes et foulantes diffèrent des précédentes en ce que leur piston est plein et leur tuyau de refoulement situé à la base du corps de pompe ; un clapet, fixé à la partie inférieure du tuyau de refoulement, s'ouvre et livre passage au liquide quand le piston descend. Ces pompes s'emploient de préférence pour les liquides tenant en suspension des corps solides.

Les pompes à piston ne peuvent communiquer à l'eau un mouvement uniforme, à cause des variations de vitesse du piston ; on évite ce défaut par l'emploi des pompes rotatives. Dans ces pompes, l'eau est mise en mouvement par l'effort constant d'un moteur circulaire, et ce mouvement est, par suite, uniforme et continu.

La *presse hydraulique* est un appareil qui permet en quelque sorte de multiplier les forces ; elle repose sur le principe de Pascal (proportionnalité des pressions aux surfaces). Une petite pompe aspirante et foulante aspire de l'eau dans un réservoir et la refoule sous le piston plongeur d'un grand corps de pompe qui constitue la presse hydraulique proprement dite. On évite les fuites en plaçant à la partie supérieure de ce dernier une rigole circulaire renversée (cuir embouti de Bramah). Les objets sont comprimés entre un plateau qui surmonte le gros piston et un sommier. L'effort exercé directement est multiplié par le rapport des sections des pistons de la presse et de la pompe d'injection ; il est encore amplifié par un levier.

La presse hydraulique sert à comprimer des graines oléagineuses, des acides gras, de la paille, etc. ; à mettre en mouvement des monte-charges, à essayer des matériaux, etc.

Les *siphons* sont destinés au transvasement des liquides. Le plus simple est constitué par un tube recourbé à deux branches inégales ; après l'avoir amorcé, on plonge la petite branche dans le liquide à transvaser : celui-ci s'écoule de la petite branche vers la grande.

EXERCICES SUR LE CHAPITRE IX

36. Dans une pompe aspirante et élévatoire, le tuyau d'aspiration a 5^{cmq} de section et une hauteur de $4^m,25$ au-dessus du niveau de l'eau dans laquelle il plonge. Le corps de pompe a $1^m,10$ de hauteur. On demande quelle est sa section, sachant que l'eau s'élève, au premier coup de piston, jusqu'au sommet du tuyau d'aspiration. On supposera la pression atmosphérique équilibrée par une colonne d'eau de $10^m,33$.

37. Le piston d'une pompe foulante a une surface de 3 décimètres carrés. La course du piston est de 1^m. On se sert de la pompe pour puiser une dissolution saline dont la masse spécifique est $1^{gr},1$ et pour refouler ce liquide à une hauteur de 15^m. On demande : 1° la masse de liquide refoulée à chaque coup de piston ; 2° le travail absorbé par chaque coup de piston.

38. Le rayon du piston d'une presse hydraulique a 25^{cm}, celui du piston de la pompe d'injection qui refoule l'eau 5^{cm}. Le grand bras du levier qui actionne ce dernier piston a 90^{cm}, le petit bras 10^{cm}. Calculer l'effort exercé par le grand piston, sachant que la force appliquée directement à l'extrémité du grand bras de levier est $1^{kg},5$.

39. Dans une presse hydraulique, les diamètres des pistons de la pompe et de la presse sont entre eux dans le rapport de 1 à 5. On actionne la pompe avec un levier. Quel doit être le rapport des deux bras du levier pour qu'un effort de 8^{kg}, exercé à l'extrémité du levier, se traduise par une pression de $1\,000^{kg}$ sur le piston de la presse ?

40. Un siphon dont la petite branche a 10^{cm} de hauteur et la grande branche 80^{cm} est amorcé avec de l'eau, puis employé à transvaser du mercure. On demande à quelle hauteur le mercure s'élèvera dans la petite branche.

CHALEUR

CHAPITRE X

TEMPÉRATURES. — THERMOMÈTRES

85. Effets généraux de la chaleur. — Lorsqu'on prend à la main un morceau de glace, on éprouve ce que l'on appelle une sensation de *froid* ; on éprouve au contraire une sensation de *chaud* en approchant la main d'un foyer allumé. La chaleur est la cause à laquelle nous rapportons ces sensations de froid et de chaud. C'est la chaleur qui fait bouillir l'eau et fondre la glace, qui rend le charbon incandescent. Enfin presque tous les corps augmentent de volume quand ils sont soumis à l'action de la chaleur; c'est ce qu'on exprime en disant qu'ils *se dilatent*.

86. Premières notions sur la dilatation des corps. — On peut mettre en évidence la dilatation des corps par quelques expériences très simples.

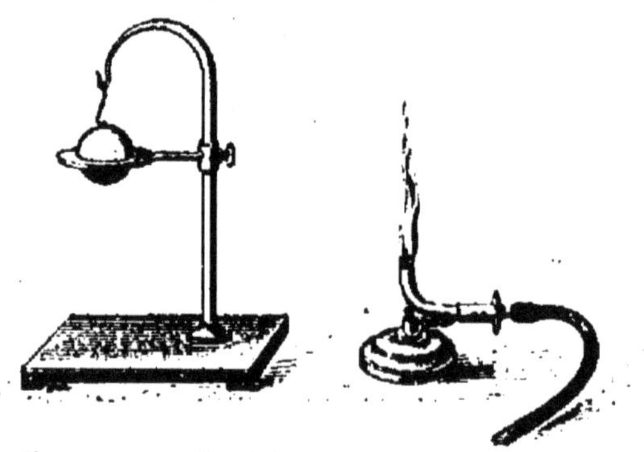

Fig. 117. — Expérience montrant la dilatation des solides.

I. Dilatation des solides. — On prend un anneau de cuivre dans lequel peut passer librement une sphère de cuivre ayant à peu près le même diamètre que l'anneau (*fig.* 117). Si l'on chauffe la sphère seule à l'aide d'un brûleur, on constate qu'elle ne peut plus passer à travers l'anneau ; au bout de quelque temps, la sphère refroidie a repris son volume et peut repasser à travers l'anneau.

Pour montrer que les solides augmentent de longueur quand on les chauffe, on fixe un fil métallique par ses deux extrémités (*fig.* 118), puis on attache vers son milieu

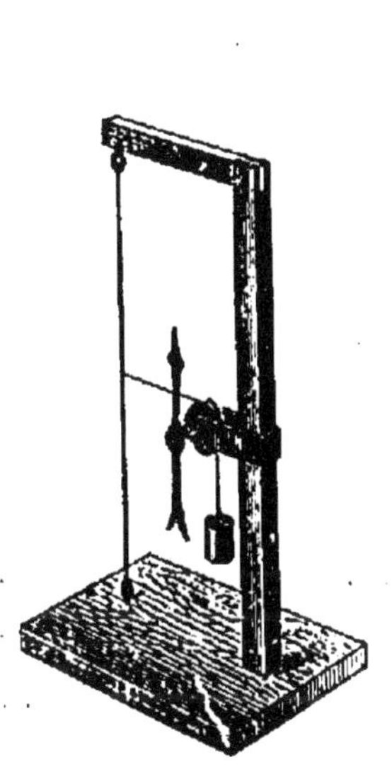

Fig. 118. — Expérience montrant la dilatation linéaire.

Fig. 119. — Dilatation apparente d'un liquide.

du fil à coudre qu'on enroule sur une petite poulie et qu'on tend par un contrepoids. L'axe de la poulie supporte une aiguille légère. Si l'on promène une flamme le long du fil métallique, il se recourbe, ce qui a pour effet de faire tourner la poulie et en même temps l'aiguille.

II. Dilatation des liquides. — La dilatation est plus grande dans les liquides que dans les solides. Pour le démontrer, on remplit d'eau colorée un ballon, que l'on ferme ensuite avec un bouchon traversé par un tube de verre étroit (*fig.* 119). Si l'on plonge brusquement ce ballon dans de l'eau chaude, on voit d'abord le sommet de la colonne liquide baisser par suite de la dilatation du ballon; mais la dilatation du liquide étant bien supérieure à celle du verre, il remonte presque aussitôt et dépasse de beaucoup son niveau primitif.

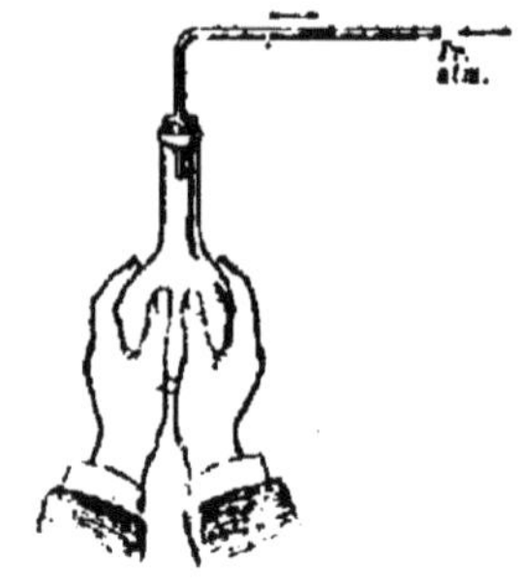

Fig. 120. — Expérience montrant la dilatation des gaz.

III. **Dilatation des gaz.** — Les gaz se dilatent beaucoup plus encore que les liquides. Cette grande dilatation est mise en évidence avec un ballon plein d'air, fermé par un bouchon traversé par un tube coudé dans lequel on a introduit une petite colonne liquide (*fig.* 120). Il suffit d'appliquer les mains sur le ballon pour voir cette colonne s'éloigner rapidement.

TEMPÉRATURES

87. Notions générales sur les températures. — Pour exprimer que des corps sont plus ou moins chauds, on dit qu'ils ont des températures différentes, le corps le plus chaud ayant la température la plus élevée. On peut rien qu'avec la main, apprécier par comparaison la température des corps, mais cette manière de faire ne saurait convenir avec des corps fortement chauffés; avec d'autres, elle ne donnerait pas une précision suffisante.

C'est pour apprécier les températures avec exactitude

qu'on a recours aux *variations de volume* qu'éprouvent les corps sous l'influence de la chaleur.

Considérons un corps que nous supposons soumis à une pression extérieure constante. Tant que son volume reste constant, on dit que sa température est *stationnaire* ; si son volume augmente, on dit que sa température s'*élève*; si son volume diminue, on dit que sa température s'*abaisse*. Considérons maintenant deux corps qui sont mis en contact. Si leurs volumes respectifs ne changent pas, on dit que ces corps étaient *à la même température*. Si les volumes varient, les corps étaient *à des températures différentes* ; le corps dont la température était la plus élevée se refroidit en même temps qu'il diminue de volume, l'autre s'échauffe en même temps qu'il augmente de volume, et il arrive un moment où les volumes des deux corps ne varient plus : ceux-ci sont alors à la même température, température qui est intermédiaire entre les deux températures initiales.

On voit par ces considérations que *la température n'est pas une grandeur mesurable*, puisque rien ne permet de définir une température égale à la somme de deux autres. Pour pouvoir étudier les températures, il faudra donc employer une échelle conventionnelle ayant des points de repère, et dans laquelle une température sera représentée par un nombre d'autant plus grand que cette température sera plus élevée.

88. Températures fixes. — Lorsqu'on porte dans de la glace fondante le ballon qui nous a servi à démontrer la dilatation des liquides (*fig.* 119), on constate que le niveau du liquide dans le tube reste invariable en un certain point aussi longtemps qu'il reste une portion de glace à fondre.

En général, un corps plongé dans la glace fondante ne varie pas de volume ; donc *la température de la glace fondante est constante.* Par convention, on donne à cette température le numéro d'ordre *zéro.*

Lorsqu'on place l'appareil précédent dans la vapeur d'eau bouillante, la pression atmosphérique étant égale à 76^{cm}, le liquide occupe dans le tube un niveau beaucoup plus élevé que celui qu'il avait pris dans la glace fondante. Ce niveau ne varie pas tant que la pression atmosphérique ne varie pas elle-même. *La vapeur d'eau bouillante sous la pression de* 76^{cm} *a donc une température constante.* Par convention, on donne à cette température le numéro d'ordre 100.

L'échelle des températures dont les deux points fixes sont caractérisés par 0 et 100 est seule adoptée en Physique ; on l'appelle *échelle centigrade.*

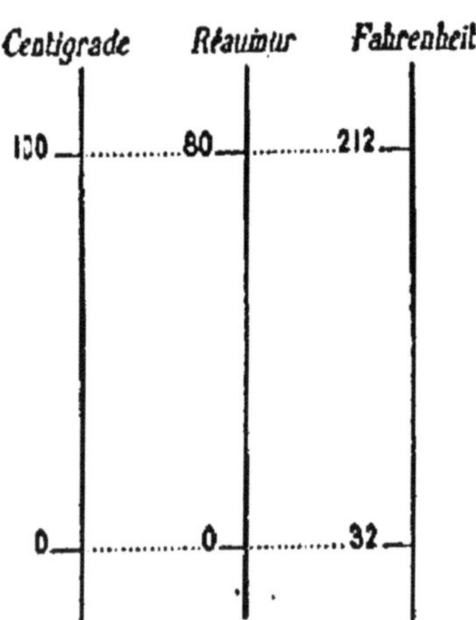

Fig. 121. — Échelles thermométriques.

Remarque. — Dans les pays du Nord et principalement en Angleterre, on se sert fréquemment d'une échelle due à Fahrenheit et dans laquelle les points fixes sont 32 (glace fondante) et 212 (vapeur d'eau bouillante). Enfin, nous citerons seulement pour mémoire une troisième échelle, qui fut longtemps employée en France ; c'est l'échelle de Réaumur, dans laquelle les points fixes de l'échelle centigrade sont 0 et 80 (*fig.* 121).

THERMOMÈTRES

89. Définition. — *Les thermomètres sont des instruments qui,* *par leurs variations de volume, font connaître la température d'un corps ou d'une enceinte avec laquelle ils sont mis en contact.*

Les thermomètres les plus usuels contiennent du mercure ou de l'alcool.

90. Thermomètres à mercure. — Le mercure est le liquide le plus avantageux pour la construction des thermomètres. Étant un métal il conduit la chaleur mieux que tous les autres liquides et se met ainsi plus vite qu'eux en équilibre de température. De plus, il se dilate très régulièrement et n'entre en ébullition que vers 360°.

Les thermomètres à mercure se composent d'un réservoir en verre de forme cylindrique ou légèrement conique (*fig.* 122) ; à ce réservoir est soudée une tige en verre dans laquelle est creusé un canal capillaire terminé à la partie supérieure par une petite ampoule. Le mercure remplit complètement le réservoir et s'élève dans le canal à une certaine hauteur. Enfin le long de la tige se trouve une échelle de températures dont les degrés extrêmes varient suivant les usages auxquels le thermomètre est destiné. Ainsi un thermomètre médical (*fig.* 123)

Fig. 122. Thermomètre à mercure.

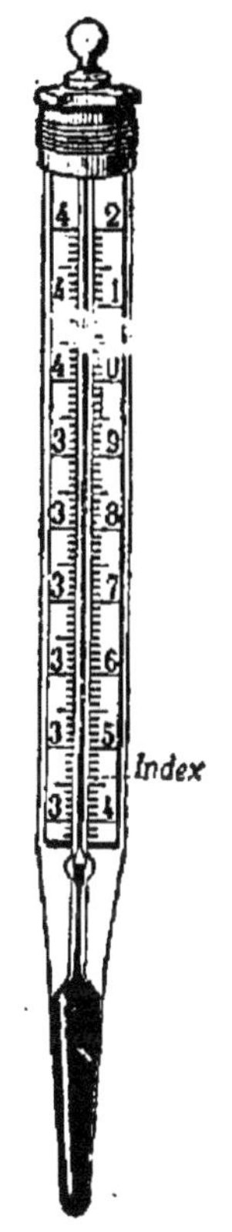

Fig. 123. — Thermomètre médical à index mercuriel.

n'indique que les températures extrêmes en deçà et au delà desquelles la vie cesse, et 1/10 de degré occupe sur l'échelle une longueur supérieure à celle d'un degré sur certains thermomètres ordinaires.

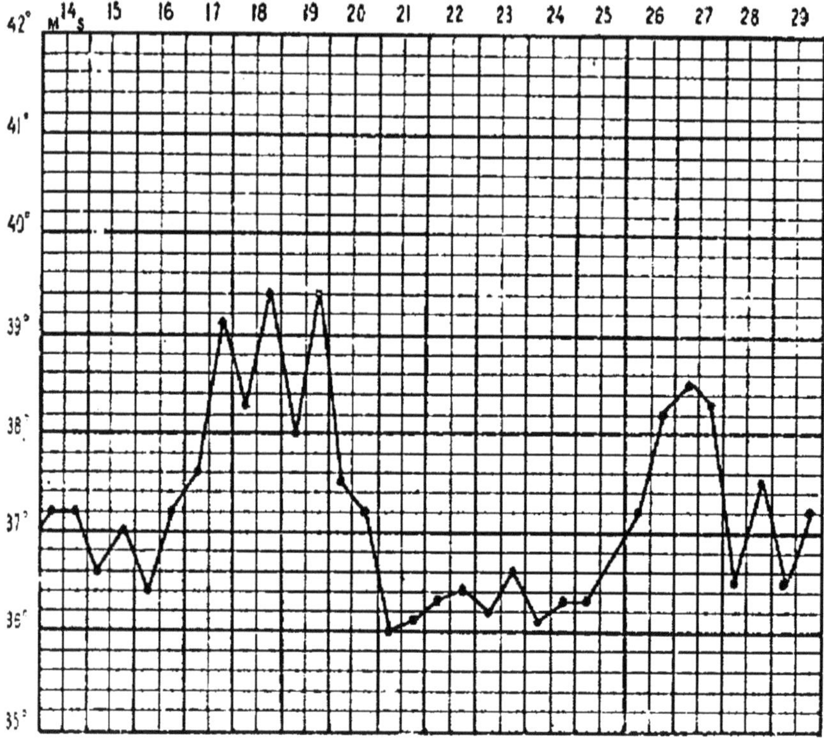

Fig. 124. — Représentation graphique des variations de la température d'un malade.

Dans certaines industries on relève de temps à autre la température indiquée par un thermomètre et on transforme les données obtenues en un graphique qui parle aux yeux et fournit des indications souvent très utiles. Cela se fait le plus souvent automatiquement et d'une façon continue au moyen de thermomètres enregistreurs (92). Dans les hôpitaux, on relève au moins deux fois par jour la température de certains malades et on fait de ces observations un graphique (*fig.* 124) qui permet de mieux saisir la marche de la maladie.

Les thermomètres à mercure ne peuvent indiquer de températures supérieures à 360°, température à laquelle ce liquide entre en ébullition ; au delà de 360°, la force élastique de la vapeur de mercure devient supérieure à la pression atmosphérique et le réservoir pourrait éclater. D'un autre côté, bien que le mercure ne se congèle que vers — 40°, la graduation ne dépasse généralement pas — 10° ; les températures plus basses se déterminent avec les thermomètres à alcool ou à toluène (91).

Fig. 125. — Tube préparé pour thermomètre à mercure.

Construction et graduation. — On trouve dans le commerce des tubes tout préparés, munis d'une ampoule terminée par une pointe effilée et fermée (*fig.* 125). Après avoir brisé la pointe de l'ampoule, on chauffe légèrement celle-ci afin de chasser une partie de l'air qu'elle contient, puis on plonge la pointe dans du mercure pur : l'air contenu dans l'ampoule se contracte par refroidissement et la pression atmosphérique fait monter dans l'ampoule un peu de mercure. On chauffe alors l'instrument à l'aide d'une rampe à gaz (*fig.* 126). En laissant refroidir, le réservoir se remplit en partie de mercure. On chauffe de nouveau, mais jusqu'à l'ébullition (360° environ) ; les vapeurs mercurielles chassent l'air ainsi que l'humidité et, par refroidissement, le réservoir et le tube se remplissent complètement de mercure. On porte alors l'instrument à la plus haute température qu'on veut lui faire marquer, puis on chauffe l'extrémité du tube à l'aide du chalumeau à gaz et on étire de manière à détacher l'ampoule et à fermer le tube. Par refroidissement, le mercure rentre en partie dans le réservoir, laissant au-dessus de lui de l'air très raréfié.

Il faut maintenant graduer l'instrument. La détermination du *point 100* se fait dans l'étuve à vapeur d'eau de Regnault (*fig.* 127) : c'est une chaudière surmontée de deux cylindres concentriques, lesquels sont disposés de telle sorte que la vapeur produite par l'ébullition de l'eau circule d'abord autour du thermomètre, puis autour du cylindre central, avant de s'échapper dans l'atmosphère. Le réservoir ne doit pas être immergé dans l'eau : on le maintient à 2cm environ de la surface du liquide bouillant.

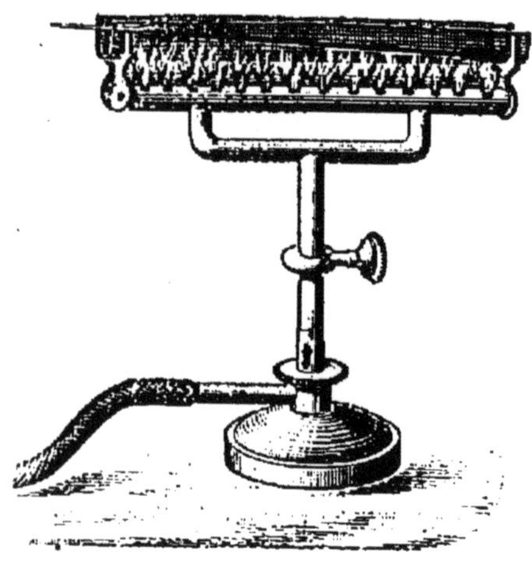

FIG. 126. — Rampe à gaz pour remplissage du thermomètre.

Lorsque le niveau du mercure est devenu stationnaire, on marque encore d'un trait sa position : ce sera le degré 100 du thermomètre si la hauteur barométrique pendant l'expérience a été de 76cm exactement. Comme il en est rarement ainsi, on calcule le degré correspondant à l'ébullition en s'appuyant sur ce fait qu'au voisinage de 100°, l'ébullition est avancée ou retardée d'environ $\frac{1}{27}$ de degré pour chaque différence de pression de 1mm de mercure (101° sous une pression de 78cm,7, 99° sous une pression de 73cm,3, etc.).

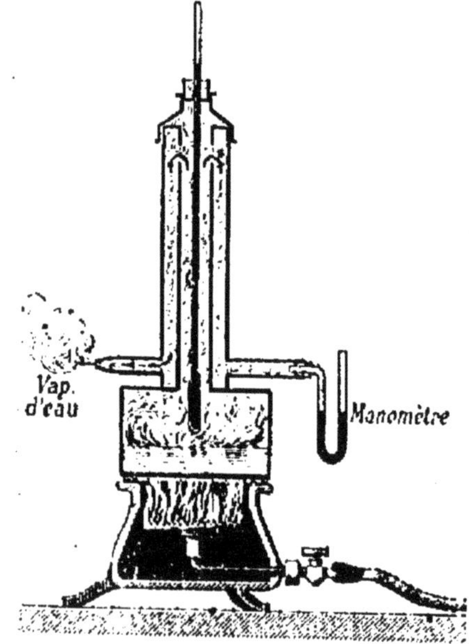

FIG. 127. — Étuve à vapeur d'eau de Regnault.

Pour avoir le *point zéro*, on place le thermomètre dans de la glace finement concassée et mouillée, en ayant soin que le thermomètre soit entouré de glace dans toute la portion contenant du mercure (*fig.* 128). Quand le niveau du mercure est redevenu stationnaire, on marque d'un trait sa position.

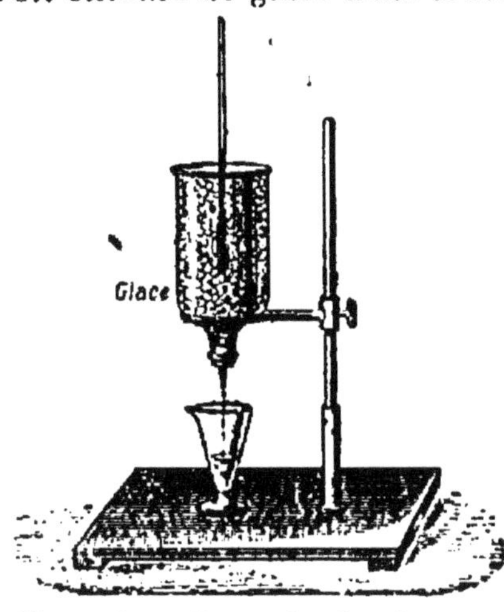

FIG. 128. — Détermination du zéro.

Les deux points fixes ainsi obtenus, on divise leur intervalle en parties d'égale longueur. On voit que *le degré de l'échelle du thermomètre à mercure est la* $\frac{1}{100}$ *partie de la dilatation apparente qu'éprouve le mercure en passant de la température de la glace fondante à celle de la vapeur d'eau bouillante sous la pression de 76cm.*

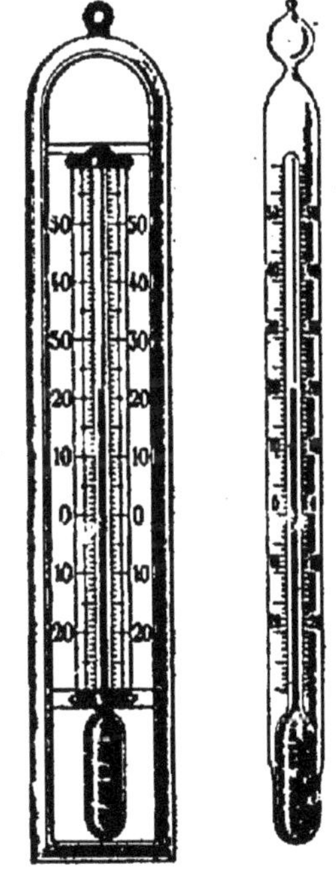

FIG. 129. — Thermomètres à alcool.

91. Thermomètres à alcool. — Les thermomètres à alcool ont un canal plus large que celui des thermomètres à mercure (*fig.* 129), l'alcool étant plus dilatable que le mercure. L'alcool qu'ils contiennent est légèrement coloré en rouge par de l'orseille. Ces thermomètres servent pour les usages courants (température d'un appartement, d'une serre, d'un bain, etc.), ou pour les basses températures, l'alcool ne se congelant que vers 140° au-dessous de zéro.

On les gradue par comparaison avec un thermomètre à mercure.

REMARQUE. — L'alcool devient sirupeux aux basses températures. C'est pour obvier à cet inconvénient que l'on a proposé de substituer à l'alcool, dans les thermomètres destinés à mesurer les basses températures, des liquides qui conservent toujours la même fluidité. Parmi ces liquides, on emploie surtout le *toluène*, qu'il est facile d'obtenir pur. Les thermomètres à toluène sont gradués par comparaison avec un thermomètre à gaz (106) ; leurs divisions sont inégales parce que les contractions de volume que subit le toluène par refroidissement ne sont pas tout à fait proportionnelles aux abaissements de température. La graduation va généralement de + 30° à — 75°.

92. Thermomètre enregistreur. — Il se compose essentiellement d'un tube métallique clos et complètement rem-

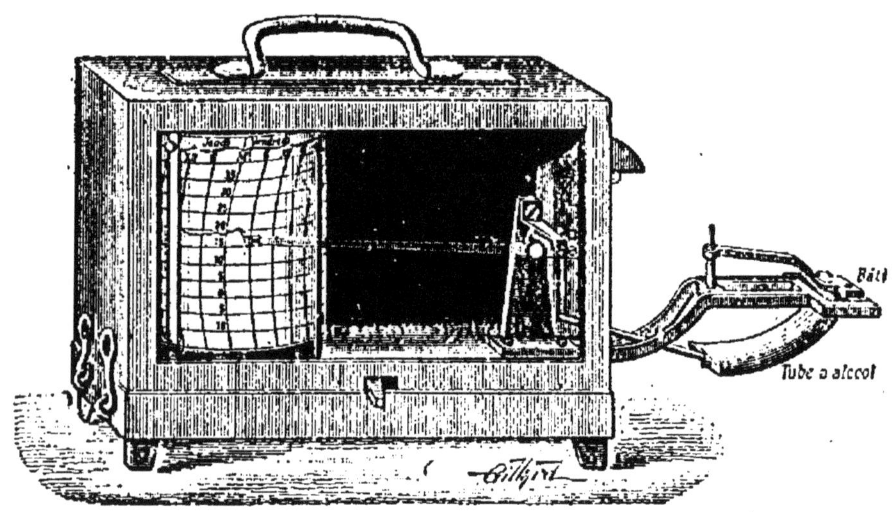

FIG. 130. — Thermomètre enregistreur de Richard.

pli d'alcool (*fig.* 130). Ce tube a une section elliptique ; une de ses extrémités est fixée sur le bâti de l'appareil ; l'autre extrémité est reliée par une bielle à un levier qui porte la plume chargée de tracer la courbe des températures sur un papier quadrillé. La dilatation de l'alcool fait varier la courbure du tube ; il en résulte des déplacements qui sont considérablement amplifiés par le levier. Les modèles les plus sensibles donnent 10^{mm} de marche par degré et peuvent enregistrer des différences de température comprises entre — 70° et + 50°, mais on construit aussi des thermomètres enregistreurs allant jusqu'à 370°. La feuille de papier quadrillé est enroulée sur un cylindre qui tourne d'un mouvement uniforme à l'aide d'un mouvement d'horlogerie et fait un tour par semaine.

93. Thermomètres à maxima et à minima. — Ce sont des thermomètres disposés pour indiquer la plus haute ou la plus basse température à laquelle une enceinte a été portée. On les emploie surtout en Météorologie. Il y en a de bien des sortes ; nous ne décrirons qu'un type de chaque.

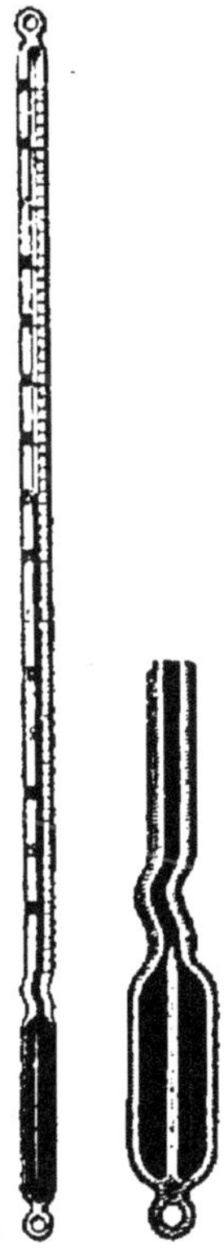

Fig. 131. Thermomètre à maxima.

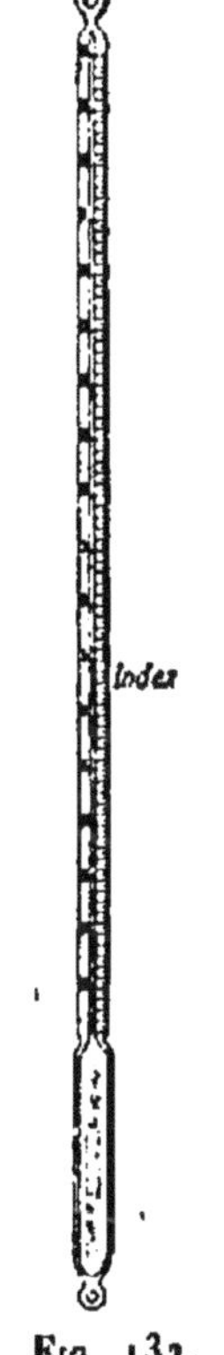

Fig. 132. Thermomètre à minima.

Thermomètre à maxima. — C'est un thermomètre à mercure. Une petite tige de verre traverse le réservoir dans toute sa longueur et vient s'engager dans le canal intérieur à la naissance de la tige, de manière à ne laisser entre elle et la paroi intérieure du canal qu'un très petit intervalle (*fig.* 131). Lorsque la température s'élève, le mercure franchit l'étranglement ; si la température vient à baisser, l'extrémité de la tige de verre empêche le mercure de retourner dans le réservoir. La température maxima se trouve donc indiquée par la position de l'extrémité de la colonne thermométrique *la plus éloignée* du réservoir. Quand on veut de nouveau préparer le thermomètre pour une observation, il suffit de le frapper de coups légers, le réservoir en bas, afin de faire rentrer dans ce réservoir le mercure provenant de dilatations antérieures.

Thermomètre à minima. — Ce thermomètre contient de l'alcool dans lequel baigne entièrement un index en émail (*fig.* 132). Quand la température s'élève, l'alcool passe entre la paroi du canal et l'index sans déplacer celui-ci ; l'index est en effet plus pesant que l'alcool et, d'un autre côté, aucune force attractive due à la capillarité ne peut s'exercer dans ce cas. Quand la température s'abaisse, l'alcool se contracte : le poids de l'index et surtout l'adhérence déterminée par l'alcool qui l'entoure suffisent pour l'entraîner de haut en bas. La température minima est donnée par l'extrémité de l'index *la plus éloignée* du réservoir.

94. Thermomètres industriels. — Les thermomètres industriels ont des formes très variées ; nous nous contenterons de décrire, parmi les plus employés, les thermomètres à cadran et les pyromètres à cadran, qui portent dans l'industrie le nom général de *thalpotassimètres*.

Thermomètres à cadran. — Ces thermomètres, construits par Richard, se composent d'un réservoir communiquant par un canal de faible diamètre avec un tube manométrique de Bourdon (*fig.* 133). Le tout est rempli d'un liquide. Quand la température s'élève, le liquide se dilate, fait mouvoir le tube manométrique, et ce mouvement, amplifié par un système de leviers, est transmis à une aiguille indicatrice. Un *compensateur* joint à l'appareil est chargé d'annuler les effets de la température ambiante sur la partie qui donne les indications. Les thermomètres à cadran servent à indiquer la température des étuves, séchoirs, diffuseurs, serres chaudes, tourailles, etc. ; leur graduation ne dépasse jamais 350°.

Pyromètres à cadran. — Les pyromètres à cadran rentrent dans la catégorie des thermomètres à gaz. La partie qui plonge dans les fours est un réservoir en fer, qui communique par un tube filiforme droit ou courbe avec un tube manométrique (*fig.* 134). Le tout contient de l'azote sec et pur. Sous l'influence de la dilatation du gaz contenu dans le réservoir, le tube subit des mouvements, qu'il transmet à l'aiguille indicatrice par un

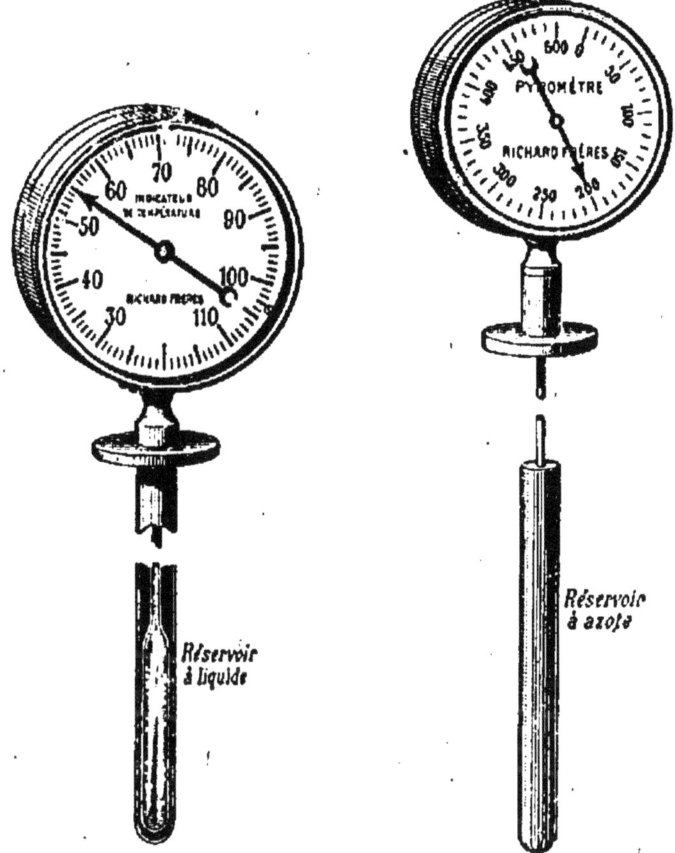

FIG. 133. — Thermomètre industriel à cadran.

FIG. 134. — Pyromètre à cadran.

système de leviers. L'appareil est construit et gradué d'après ce principe que la force élastique de l'azote chauffé à volume constant double pour une élévation de température de 273°.

Les pyromètres à cadran servent dans les fabriques de produits chimiques, de vernis, de produits céramiques ; dans les verreries, etc. Ils ne peuvent guère donner de températures supérieures à 700° ; pour des températures plus élevées, comme celles qui règnent dans les fours Siemens (fabrication de l'acier, du verre), les fours à porcelaine, etc., on emploie ordinairement des pyromètres assez compliqués, appelés *pyromètres à courant d'eau*, qui donnent les températures approximativement jusqu'à 2 500°.

RÉSUMÉ DU CHAPITRE X

La chaleur est la cause de nos sensations de chaud et de froid ; les phénomènes qu'elle provoque consistent ordinairement en des variations de volume.

Presque tous les corps se dilatent sous l'influence de la chaleur. La dilatation des solides est faible relativement à celle des liquides et surtout des gaz ; on distingue la dilatation linéaire (augmentation de longueur) et la dilatation cubique (augmentation de volume). Les liquides qui se dilatent sont contenus dans une enveloppe se dilatant également ; on n'observe donc que leur dilatation apparente et non leur dilatation réelle.

La dilatation des gaz est très grande.

La température d'un corps se mesure par les variations de volume qu'il subit sous l'influence de la chaleur ; elle s'élève, s'abaisse ou reste stationnaire suivant que le volume augmente, diminue ou ne varie pas. Deux corps à des températures différentes étant mis en présence prennent peu à peu la même température. On rapporte les températures à deux températures fixes (glace fondante et vapeur d'eau bouillante sous la pression de 76^{cm}), auxquelles on donne par convention les numéros d'ordre 0 et 100 (échelle centigrade).

Les *thermomètres* font connaître les températures par leurs variations de volume. Les thermomètres usuels contiennent du mercure ou de l'alcool.

Le thermomètre à mercure se compose d'un réservoir et d'une tige en verre. La tige est traversée par un canal capillaire dans lequel le mercure s'élève à une certaine hauteur. La température la plus élevée que puisse marquer un thermomètre à mercure est 360°.

Les thermomètres à alcool ne servent que comme thermomètres ordinaires et pour les basses températures ; ils contiennent de l'alcool coloré en rouge et leur canal est plus large que celui des thermomètres à mercure.

Les thermomètres enregistreurs consistent en un tube aplati plein d'alcool et dont l'extrémité libre, sous l'effet des variations de température, subit des déplacements qui sont amplifiés par un levier et tracés sur du papier quadrillé. Le principe est aussi celui des thermomètres à cadran employés dans l'industrie.

EXERCICES SUR LE CHAPITRE X

41. Quelles sont les raisons qui ont fait adopter le mercure pour la construction des thermomètres de précision à liquides ?

42. Un thermomètre centigrade marque 25° ; quel est le nombre de degrés que marqueraient pour la même température un thermomètre Réaumur et un thermomètre Fahrenheit ?

43. A quelle température le thermomètre centigrade et le thermomètre Fahrenheit marquent-ils le même nombre de degrés ?

CHAPITRE XI

NOTIONS ÉLÉMENTAIRES SUR LA DILATATION DES CORPS

DILATATION DES SOLIDES

95. Coefficients de dilatation linéaire. — Soit une barre de fer qui a 1^{cm} de longueur à 0° ; si on la chauffe à 1°, l'expérience montre que sa longueur devient $1^{cm},000012$. La différence $1,000012 - 1 = 0^{cm},000012$ s'appelle le *coefficient de dilatation linéaire* du fer.

Chaque corps solide a un coefficient de dilatation linéaire : c'est *l'allongement de l'unité de longueur du corps pour une élévation de température de* 1°.

Application. — Une barre de fer a 25^{cm} de longueur à 0° ; trouver sa longueur à 100°.

Pour 1°, chaque centimètre de la barre s'allonge de $0^{cm},000012$; l'allongement de toute la barre pour 100° sera donc $0^{cm},000012 \times 25 \times 100 = 0^{cm},03$. La nouvelle longueur de la barre sera par suite $25 + 0,03 = 25^{cm},03$.

D'une façon générale, si l_0 désigne la longueur d'une barre à 0°, l la longueur que prend cette même barre quand on la chauffe à $t°$, on a $l = l_0 + l_0\lambda t = l_0(1 + \lambda t)$, λ représentant le coefficient de dilatation linéaire. Le binome $(1 + \lambda t)$ s'appelle *binome de dilatation linéaire.*

Détermination des coefficients de dilatation linéaire. — Les coefficients de dilatation linéaire des corps solides ont été déterminés pour la première fois par Lavoisier et Laplace (1782). Leur méthode consistait en principe à amplifier considérablement la dilatation de la barre soumise à l'expérience ; elle n'a plus qu'un intérêt historique.

La méthode appliquée aujourd'hui consiste essentiellement à comparer les accroissements de longueur que subissent, pour des élévations de température déterminées, la règle dont on veut étudier la dilatation et une règle-étalon en platine dont la dilatation est bien connue.

L'appareil qui permet d'appliquer cette méthode porte le nom de *comparateur*. La règle à étudier et la règle-étalon sont placées dans des auges spéciales contenant de l'eau et disposées parallèlement sur un chariot mobile ; leur différence de longueur s'apprécie avec une très grande précision à l'aide de deux microscopes verticaux, à axes parallèles, dont on fait coïncider à chaque observation les réticules avec les traits qui limitent la longueur de la barre.

Résultats. — Les mesures de dilatation linéaire ont montré que la dilatation est généralement *temporaire*, c'est-à-dire que les solides qui ont été chauffés reprennent leurs dimensions primitives lorsqu'ils reviennent à la température initiale.

Ces mesures ont montré aussi que les coefficients de dilatation linéaires sont proportionnels à l'élévation de température, du moins lorsque les températures ne sont pas très élevées. Supposons que l'on veuille rattacher entre elles les diverses mesures faites sur un même corps : sur un axe horizontal on porte les valeurs de la température, puis on élève aux diverses températures des perpendiculaires de longueur proportionnelle aux valeurs des dilatations linéaires correspondantes observées. Le trait continu obtenu en joignant les extrémités de ces perpendiculaires se confond très sensiblement avec une ligne droite.

Les coefficients de dilatation linéaire des solides sont très petits ; comme exemples, celui du verre est 0,00000922 ; celui du fer, 0,000012 (entre 0° et 100°).

96. Coefficients de dilatation cubique. — Comme les solides se dilatent dans toutes les directions, il existe pour chaque solide un *coefficient de dilatation cubique,* représentant l'augmentation de l'unité de volume (1^{cc}) pour une élévation de température de 1°. Ce coefficient est sensiblement le triple du coefficient de dilatation linéaire pour les corps qui se dilatent de la même manière dans tous les sens.

Soient V_0 le volume d'un solide à 0°, V son volume à t° ; l'accroissement de l'unité de volume lorsque sa température s'élève de 1° est $\frac{V - V_0}{V_0 t}$. Cet accroissement est le *coefficient moyen de dilatation cubique* du corps entre 0° et t° ; nous le représenterons par k.

On a donc
$$k = \frac{V - V_0}{V_0 t},$$
d'où
$$V = V_0 (1 + kt).$$

Le coefficient de dilatation cubique d'un corps solide est très sensiblement égal au *triple* de son coefficient de dilatation linéaire.

En effet, considérons un cube ayant 1^{cm} de côté à 0° ; son volume est 1^{cc}. Si l'on chauffe ce cube à 1°, la longueur de chaque côté devient $1 + \lambda$ et le nouveau volume est $(1 + \lambda)^3$ ou $1 + 3\lambda + 3\lambda^2 + \lambda^3$. On a donc $k = 3\lambda + 3\lambda^2 + \lambda^3$. Or λ étant un nombre très petit, le carré et le cube de ce coefficient sont négligeables et l'on peut écrire sensiblement $k = 3\lambda$.

Variation de la masse spécifique avec la température. — Lorsqu'on chauffe un corps, son volume varie, mais sa masse reste constante. On peut donc écrire

$$M = V_0 m_0 = V m,$$

V_0 et m_0 représentant le volume et la masse spécifique du corps à 0° ; V et m son volume et sa masse spécifique à t°. Si l'on remplace V par sa valeur, il vient

$$V_0 m_0 = V_0(1 + kt) m,$$

d'où l'on tire

$$m = \frac{m_0}{1 + kt}.$$

97. Applications des dilatations des solides. — Il faut tenir compte de la dilatation des métaux dans la pose des

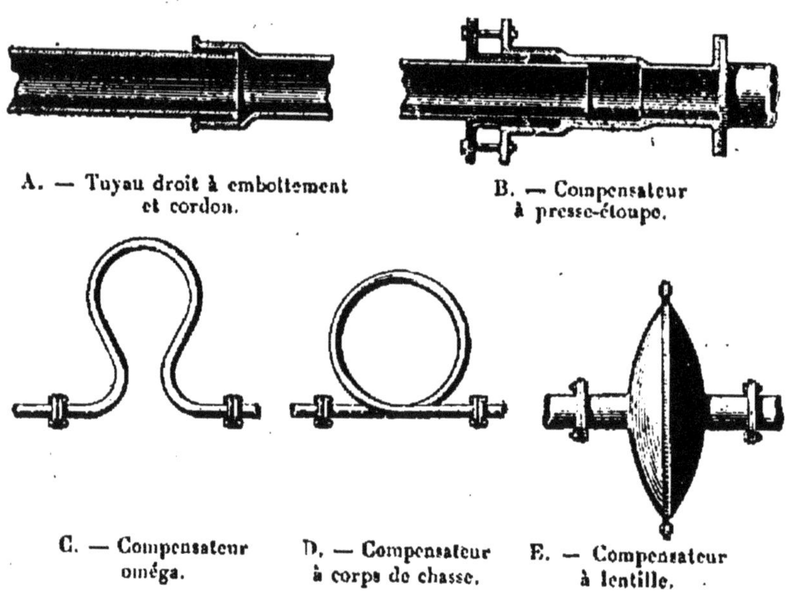

A. — Tuyau droit à emboîtement et cordon.
B. — Compensateur à presse-étoupe.
C. — Compensateur oméga.
D. — Compensateur à corps de chasse.
E. — Compensateur à lentille.

FIG. 135. — Principaux systèmes de compensation employés pour les conduites.

pièces métalliques. C'est ainsi que les rails de chemins de fer ne sont jamais placés en contact absolu (excepté dans les rares portions de voie qui ne subissent que de très faibles variations de température) ; que les feuilles de zinc des toitures ne sont clouées que par un de leurs bords; que les barreaux de grilles ne sont pas scellés, mais posés à repos sur leurs sommiers, avec jeu aux deux extrémités, etc.

La figure 135 représente les principaux systèmes appliqués aux tuyaux de conduite pour compenser leur dilatation : A, conduites souterraines d'eau ou de gaz, en fonte, avec espace annulaire rempli de plomb; B à E, tuyauteries aériennes, sujettes à de plus grandes dilatations : B, système de la boîte à étoupes (conduites d'eau et de gaz); C, boucle en forme d'oméga (nom de la lettre grecque Ω) D en forme de cor de chasse (conduites de vapeur, d'air comprimé, etc.); E, lentilles fonctionnant à soufflet (conduites de grand diamètre).

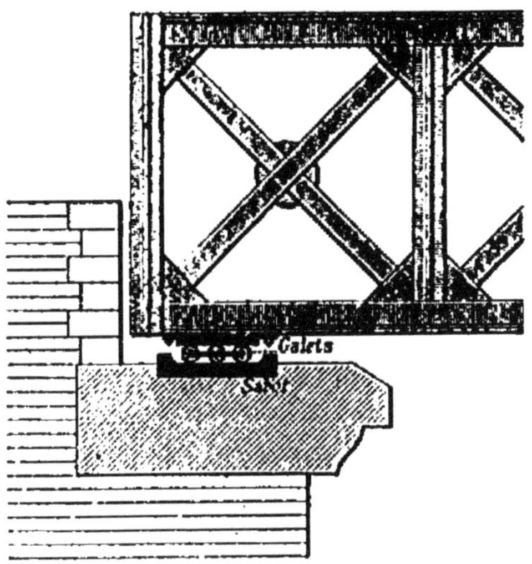

Fig. 136. — Compensateur de dilatati d'un pont métallique.

Pour laisser libre jeu à la dilatation des grands ponts métalliques et éviter la détérioration des culées et des piles, on monte les tabliers de ces ponts, à leurs points d'appui, sur des galets qui roulent sur des sabots en fonte scellés dans la maçonnerie (*fig.* 136). Les grands combles métalliques sont articulés au faîtage (*fig.* 137) de sorte que les variations de longueur dues à la dilatation se traduisent par de petits déplacements des boulons d'articulation dans le sens vertical. Un exemple remarquable de ce mode de construction est la galerie des Machines de l'Exposition de 1889 ; on peut citer aussi le grand arc du fameux viaduc de Garabit, sur lequel passe le chemin de fer de Neussargues à Marvejols.

Enfin, on utilise dans l'industrie la dilatation des solides pour le serrage des pièces métalliques, le cerclage des roues de voiture, le frettage, etc.

La rivure à chaud de deux feuilles de tôle provoque, par le fait de la contraction des rivets revenant du rouge à la température ordinaire, un serrage énergique des pièces en contact. Sur cette observation est basé le *rivetage*, si usité dans la construction des chaudières à vapeur, des autoclaves et autres récipients. De même le cerclage des roues de voiture à chaud fait non seulement adhérer le bandage

Fig. 137. — Comble articulé au faîtage.

à la jante, mais il applique encore fortement la roue contre le moyeu. — Le *frettage* des tubes résistants et des bouches à feu repose sur le même principe ; des anneaux ou frettes calibrés sont emmanchés de force et à chaud sur le tube ou le fût du canon ; par refroidissement, il en résulte un serrage énergique. Inversement, pour décaler un volant de son arbre quand les moyens ordinaires échouent, il suffit de chauffer le moyeu du volant ; ce moyeu se dilatant seul permet le dégagement. Ce procédé est analogue à celui qu'on emploie pour déboucher les flacons bouchés à l'émeri dans lesquels il s'est produit une adhérence entre le bouchon et le col.

Pendules compensateurs. — On sait que le mouvement des horloges est régularisé par un pendule dont les oscillations, étant très petites, sont toutes de même durée tant que sa longueur reste constante. Cela posé, supposons le pendule formé d'un seul métal ; lorsque la température s'élève, il s'allonge, et comme il oscille alors plus lentement, l'horloge retarde ; l'inverse se produit lorsque la température s'abaisse. Pour remédier à cet inconvénient, on a imaginé des *pendules compensateurs*, qui oscillent toujours dans le même temps quelles que soient les variations de température.

FIG. 138. — Pendule à gril.

Le *pendule à gril* (*fig.* 138) est de ceux-là ; il est formé d'une lentille en laiton, soutenue par une série de tiges alternativement en acier et en laiton. Ces tiges sont fixées de manière que l'allongement des tiges d'acier ne puisse s'effectuer que de haut en bas et celui des tiges de laiton de bas en haut.

Même principe pour le *pendule à mercure* (*fig.* 139) : une tige d'acier soutient deux cylindres en cristal contenant du mercure ; la dilatation du mercure se produit en sens inverse de celle de l'acier et relève le centre de gravité de l'ensemble ; le pendule conserve ainsi une longueur qui, mesurée de l'axe de suspension à l'axe d'oscillation, reste constante.

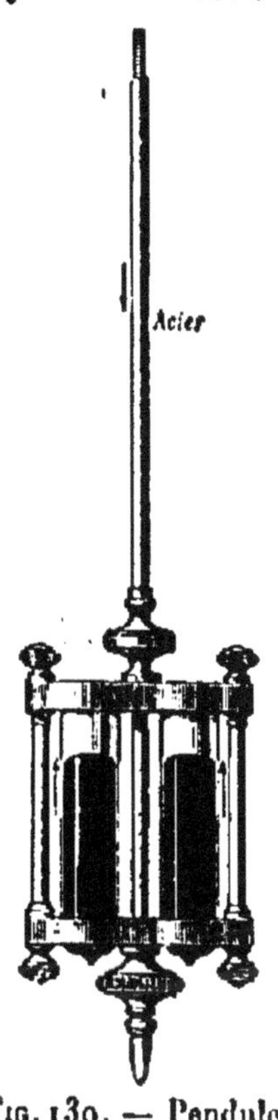

FIG. 139. — Pendule compensateur de Graham.

DILATATION DES LIQUIDES

98. Dilatation absolue et dilatation apparente. — Nous avons vu que les liquides se dilatent plus que les solides (86). L'augmentation de volume que paraît prendre ainsi le liquide dans une enveloppe qui se dilate moins que lui s'appelle sa dilatation *apparente*; elle est évidemment inférieure à sa dilatation *réelle*, c'est-à-dire à l'augmentation de volume qu'il subit réellement. A ces dilatations correspondent un coefficient de dilatation apparente et un coefficient de dilatation *réelle*. Ce dernier est l'accroissement réel que prend l'unité de volume d'un liquide pour une élévation de température de 1°; il est très sensiblement égal au coefficient de dilatation apparente augmenté du coefficient de dilatation cubique de l'enveloppe.

Pour le mercure, le coefficient de dilatation réelle est égal à 0,00018 ou $\frac{1}{5550}$; son coefficient de dilatation apparente dans le verre est $\frac{1}{6480}$.

Le coefficient de dilatation absolue du mercure a été déterminé par Dulong et Petit, en appliquant une méthode dans laquelle n'intervient pas la dilatation de l'enveloppe. La dilatation des autres liquides s'étudie généralement par la méthode des *thermomètres comparés*, méthode qui consiste à construire avec le liquide un thermomètre à tige et à en comparer la marche avec celle d'un thermomètre étalon.

99. **Dilatation de l'eau.** — L'eau ne suit pas une loi de dilatation analogue à celle des autres liquides. Si l'on élève progressivement la température d'une masse donnée d'eau à partir de 0°, on constate que jusqu'à 4° elle se contracte au lieu de se dilater; à 4° elle occupe un volume plus petit qu'à toute autre température, et enfin au-dessus de 4° la contraction cesse et le liquide se dilate. Il en résulte que la masse spécifique de l'eau doit augmenter de 0° à 4°, pour diminuer ensuite au-dessus de cette dernière température.

Pour montrer que l'eau est plus dense à 4° qu'à toute

autre température, on répète l'*expérience de Hope*. On met de l'eau à la température ordinaire dans une éprouvette entourée de glace à sa partie moyenne et munie de deux thermomètres disposés comme le montre la figure 140.

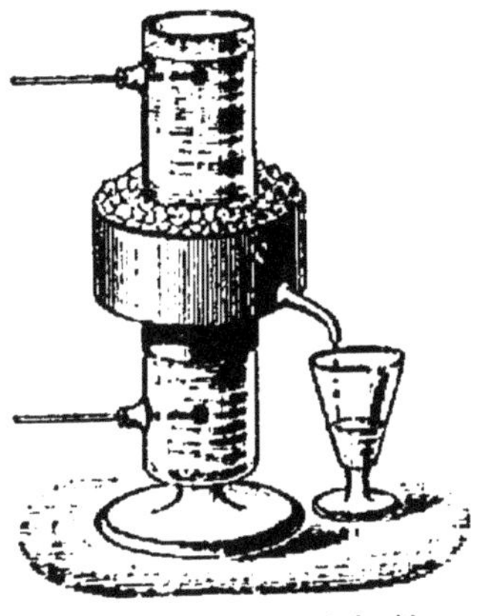

Fig. 140. — Appareil de Hope.

Le thermomètre supérieur reste d'abord à peu près stationnaire, tandis que le thermomètre inférieur baisse rapidement, ce qui prouve que l'eau, à mesure qu'elle se refroidit, devient plus dense et gagne le fond du vase. Lorsque le thermomètre inférieur est arrivé à 4°, il ne descend plus : le thermomètre supérieur baisse à son tour, atteint et dépasse 4°, pour arriver finalement à 0°.

Les variations de masse spécifique de l'eau ont été étudiées par Despretz. Il se servit d'un thermomètre à tige contenant de l'eau bien pure et bien purgée d'air, et mesura d'abord le volume qu'occupait l'eau à 0°, puis les volumes apparents à des températures croissant successivement de 0° à 30°. La moyenne de ses expériences donna 4°,001 comme température à laquelle se produit le maximum de contraction et par suite le maximum de masse spécifique.

L'existence du maximum de masse spécifique de l'eau explique comment, dans les lacs et les rivières, la température de l'eau à partir d'une certaine profondeur demeure constamment égale à 4°, quelles que soient les variations de température qui se produisent à la surface. Sous l'influence de ces variations, influence qui ne se fait sentir que jusqu'à une faible distance, les couches supérieures sont tantôt plus froides, tantôt plus chaudes que les couches profondes, et comme dans tous les cas elles ont une masse spécifique moindre, il ne peut y avoir uniformité de température dans la masse par le mélange des diverses couches de liquide.

100. Applications des dilatations des liquides. — La principale application des dilatations des liquides consiste à utiliser leur dilatation apparente dans la construction des thermomètres à liquides.

On tient compte de la dilatation du mercure dans l'observation du baromètre. C'est indispensable, car la masse spécifique du mercure variant avec la température, une même pression est équilibrée à des températures différentes par des colonnes mercurielles de hauteur différente. Aussi pour rendre les observations barométriques faites dans un même lieu comparables entre elles, convient-on de les ramener par le calcul à ce qu'elles seraient à 0°.

Appelons H la hauteur observée à $t°$, H_0 la hauteur correspondante à 0°, m et m_0 les masses spécifiques du mercure à $t°$ et 0°. Les hauteurs de deux liquides de masses spécifiques différentes qui font équilibre à la pression atmosphérique sur une même surface sont inversement proportionnelles à ces masses spécifiques ; on a donc

$$\frac{H_0}{H} = \frac{m}{m_0};$$

mais
$$m = \frac{m_0}{1 + \Delta t},$$

Δ étant le coefficient de dilatation absolue du mercure ;

par suite,
$$H_0 = \frac{H}{1 + \Delta t}.$$

Si la hauteur H est lue sur une règle métallique dont la graduation a été effectuée à 0°, il faut (95) la multiplier par le binome de dilatation linéaire du métal pour avoir la hauteur réelle de la colonne barométrique. On a donc dans ce cas

$$H_0 = H\frac{1 + \lambda t}{1 + \Delta t}.$$

DILATATION DES GAZ

101. Considérations générales. — Le volume d'une masse gazeuse dépend de sa température et de la pression qu'elle supporte. Si la température reste constante, le gaz n'est soumis qu'à la loi de Mariotte : $VH = V'H'$. Si l'on chauffe le gaz, trois cas peuvent se présenter :

1° *La pression que supporte le gaz est constante* ; dans ce cas le gaz se dilate librement et les variations de volume que l'on observe sont dues uniquement aux changements de température (86).

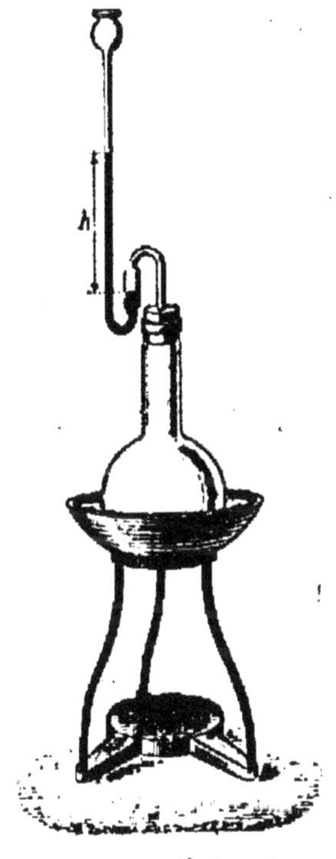

FIG. 141. — Échauffement d'un gaz à volume constant.

2° *Le volume du gaz est constant*, c'est-à-dire qu'on chauffe le gaz en l'empêchant de se dilater ; la force élastique du gaz augmente alors progressivement.

Fermons un ballon par un bouchon muni d'un tube de sûreté ; versons dans le tube une petite quantité de mercure, puis plongeons le ballon dans l'eau tiède (*fig.* 141) ; le liquide baisse dans la petite branche et monte dans la grande par suite de l'augmentation de force élastique du gaz. Versons alors du mercure dans la grande branche de manière à ramener le mercure à son niveau primitif dans la petite branche ; le volume du gaz n'a pas varié par l'échauffement, mais sa force élastique a augmenté d'une quantité mesurée par la colonne de mercure h.

3° *Le volume et la force élastique du gaz varient à la fois* : c'est le cas le plus général.

102. Dilatation des gaz sous pression constante. — L'accroissement éprouvé par l'unité de volume d'un gaz pour une élévation de température de 1° sous pression constante s'appelle le *coefficient de dilatation du gaz sous pression constante.* Ce coefficient est sensiblement le même pour tous les gaz ; il est égal à $\frac{1}{273}$, c'est-à-dire qu'un gaz qui occupe 10cc par exemple à 0°, occuperait à 100° un volume de

$$10 + \frac{10 \times 100}{273} = 10\left(1 + \frac{100}{273}\right).$$

Considérons une même masse gazeuse ayant pour volumes V_0 et V à 0° et à t° sous pression constante. En raisonnant comme on l'a fait pour les corps solides (96), on trouve que le rapport $\frac{V - V_0}{V_0 t}$ exprime l'accroissement éprouvé par l'unité de volume pour une élévation de température d'un degré ; on l'appelle *coefficient de dilatation du gaz sous pression constante*. Nous le représenterons par la lettre grecque α.

On a donc $$V = V_0(1 + \alpha t),$$
et comme on aurait de même
$$V' = V_0(1 + \alpha t'),$$
on peut écrire $$\frac{V}{1 + \alpha t} = \frac{V'}{1 + \alpha t'},$$
c'est-à-dire que les volumes occupés à différentes températures par une même masse de gaz qui supporte une pression constante sont proportionnels aux binomes de dilatation.

La relation précédente s'appelle ordinairement l'*équation de Gay-Lussac*.

Comme conséquence d'expériences peu précises, Gay-Lussac

avait établi la loi suivante : ***Le coefficient α de dilatation d'un gaz sous pression constante est indépendant de cette pression, de la température et de la nature du gaz.*** Regnault trouva que cette loi n'est qu'approximative, que les divers gaz ont des coefficients de dilatation un peu différents, et que ces coefficients sont d'autant plus grands que les gaz sont plus rapprochés de leur point de liquéfaction.

Voici quelques coefficients moyens entre 0° et 100° : air, 0,00367, ou sensiblement $\frac{1}{273}$; hydrogène, 0,003661 ; gaz sulfureux, 0,003903.

103. Action de la chaleur sur les gaz à volume constant. — Soient H_0 la force élastique d'une masse gazeuse à 0°, H sa force élastique à $t°$, le volume du gaz n'ayant pas varié : le rapport $\frac{H - H_0}{H_0 t}$ est le *coefficient d'augmentation de force élastique* à volume constant. Appelons β ce coefficient ; il vient

$$H = H_0(1 + \beta t).$$

Le binome $1 + \beta t$ est le *binome d'élasticité* du gaz.

Comme les gaz ne suivent pas rigoureusement la loi de Mariotte, le coefficient β pour un même gaz est un peu différent du coefficient de dilatation sous pression constante, et l'écart est d'autant plus grand que la loi réelle de compressibilité du gaz s'écarte plus de la loi de Mariotte. Dans la pratique on peut, à cause de leur faible différence, confondre les coefficients α et β, surtout pour les gaz qui, comme l'air et l'hydrogène, ne se liquéfient qu'à de très basses températures.

104. Dilatation des gaz à volume et pression variables. — Désignons par V le volume d'une masse gazeuse à $t°$ et sous la pression H, et cherchons le volume V' de cette même masse à $t'°$ et sous la pression H'.

Supposons d'abord que la pression seule varie et devienne H' ; le volume V_1 que prendra la masse gazeuse est donné par la loi de Mariotte : $VH = V_1H'$. On a donc

$$V_1 = V\frac{H}{H'}.$$

Supposons maintenant que la pression H' restant constante, la température devienne t'°. On peut appliquer l'équation de Gay-Lussac (102), ce qui donne

$$\frac{V_1}{1+\alpha t} = \frac{V'}{1+\alpha t'}.$$

Remplaçons enfin V_1 par sa valeur ; il vient

$$\frac{VH}{1+\alpha t} = \frac{V'H'}{1+\alpha t'}.$$

Cette relation importante réunit les lois de Mariotte et de Gay-Lussac ; aussi est-elle appelée quelquefois *équation des gaz parfaits,* un gaz parfait étant tout gaz qui obéirait rigoureusement à ces deux lois. Elle a lieu pour toutes valeurs correspondantes entre elles de volume, de température et de pression ; on peut donc dire que *le produit du volume d'une masse gazeuse par la pression qu'elle supporte, divisé par le binome de dilatation, est un nombre constant.*

105. Définitions relatives aux densités des gaz. — *On appelle masse spécifique d'un gaz la masse d'un centimètre cube de ce gaz à 0° et 76cm.*

La pression exercée par une colonne de mercure de 76cm à 0° variant légèrement d'un lieu à un autre (15), la masse spécifique d'un gaz n'est pas une quantité constante. Il n'en est pas de même du rapport entre la masse d'un certain volume de ce gaz et la masse du même volume d'air, ces volumes étant considérés à la même température (0°) et sous la même pression (76cm) ; ce rapport constant s'appelle la *densité du gaz* par rapport à l'air. Quand on dit, par exemple, que la densité du chlore est 2,45, cela veut dire qu'un litre de chlore pèse 2,45 fois plus qu'un litre d'air à 0° et sous la pression de 76cm.

106. Applications des dilatations des gaz. — Soit à trouver *la masse d'un certain volume d'air* V à t^o et sous la pression H. Le volume V_0 qui serait occupé par la même masse à 0° sous la pression de 76^{cm} s'obtient en appliquant l'équation des gaz parfaits :

$$V_0 \times 76 = \frac{VH}{1+\alpha t},$$

d'où l'on tire $$V_0 = V \frac{H}{76} \times \frac{1}{1+\alpha t}.$$

Or, on sait (49) que la masse d'un litre d'air à 0° et sous la pression de 76^{cm} est $1^{gr},293$; par suite, la masse M du volume V_0 sera donnée par la formule

$$M = V \times 1,293 \times \frac{H}{76} \times \frac{1}{1+\alpha t}.$$

Dans cette formule, V est exprimé en litres, H en centimètres ; M est donné en grammes-masse.

Si l'on prend le centimètre cube comme unité de volume, la masse spécifique de l'air est $\frac{1,293}{1\,000} = 0^{gr},001293$.

Cherchons enfin la masse M' *d'un gaz quelconque* qui aurait pour volume V^{cc} à t^o et sous la pression H^{cm} ; il suffit de multiplier la masse de l'air qui occuperait le même volume par la densité d du gaz. On a donc

$$M' = V \times 0,001293 \times d \times \frac{H}{76} \times \frac{1}{1+\alpha t}.$$

Thermomètres à gaz. — Les thermomètres à gaz constituent les thermomètres de précision par excellence. La grande dilatation des gaz leur donne une supériorité réelle sur les liquides aux points de vue de la sensibilité et de la comparabilité; aussi est-ce parmi les thermomètres à gaz qu'on choisit le thermomètre normal destiné à servir d'étalon pour tous les autres thermomètres.

Le thermomètre étalon employé aujourd'hui par tous les physiciens est *un thermomètre à hydrogène, fondé sur les variations de force élastique d'une masse d'hydrogène à volume constant.* L'hydrogène permet à la fois de mesurer des températures très basses et des températures très élevées.

Soient H_0 la force élastique d'une masse d'hydrogène à la température de la glace fondante, H_{100} la force élastique qu'elle possède sous le même volume à la température de la vapeur d'eau bouillante sous la pression de 76^{cm} ; on appelle *degré centigrade normal* l'élévation de température qui produit une augmentation de force élastique égale à $\frac{H_{100} - H_0}{100}$.

Le thermomètre normal installé au Bureau international des poids et mesures [1] se compose essentiellement d'une enveloppe cylindrique en platine ayant un peu plus d'un litre de capacité ; cette enveloppe communique, par l'intermédiaire d'un tube de petit diamètre, avec un manomètre de précision dans lequel on relève les hauteurs du mercure à l'aide de microscopes.

RÉSUMÉ DU CHAPITRE XI

On appelle coefficient de dilatation linéaire d'une barre l'allongement de l'unité de longueur de cette barre pour une élévation de température de 1°. La longueur d'une barre à $t°$ s'obtient en multipliant sa longueur à 0° par son binome de dilatation linéaire $1 + \lambda t$.

L'augmentation que subit l'unité de volume d'un solide pour une élévation de température de 1° s'appelle le coefficient de dilatation cubique de ce solide ; il est sensiblement égal au triple du coefficient de dilatation linéaire correspondant.

On tient compte de la dilatation des solides dans la pose des rails, des feuilles de zinc des toitures, des tuyaux de conduite en métal, etc. On utilise cette dilatation pour le cerclage des roues de voiture, le serrage des pièces métalliques, le frettage des bouches à feu, etc.

On distingue dans les liquides un coefficient de dilatation apparente et un coefficient de dilatation absolue. Ce dernier est égal au coefficient de dilatation apparente augmenté du coefficient de dilatation cubique de l'enveloppe.

L'eau présente à 4° un maximum de masse spécifique : cela tient à

---

[1] Ce Bureau international est en France ; il est installé au pavillon de Breteuil, à Sèvres.

ce qu'elle diminue de volume en passant de 0° à 4°, puis augmente de volume au-dessus de cette température. On met en évidence ce maximum par l'expérience de Hope.

Les hauteurs barométriques observées doivent être réduites à 0° pour être comparables dans un même lieu. Cette réduction se fait en divisant la hauteur observée à $t°$ par le binome de dilatation absolue du mercure.

Un gaz peut être chauffé, soit sous pression constante, soit à volume constant, soit à volume et pression variables.

Sous pression constante, le gaz se dilate librement et son volume à $t°$ s'obtient en multipliant son volume à 0° par le binome $1 + \alpha t$.

Étant donné le volume V d'un gaz à $t°$ et sous la pression H, on calcule facilement le volume qu'il occuperait à $t'°$ et sous la pression H' en appliquant les lois de Mariotte et de Gay-Lussac. Ces lois sont réunies dans la relation $\frac{VH}{1+\alpha t} = \frac{V'H'}{1+\alpha t'}$, les rapports qui y entrent étant constants pour un même gaz.

On appelle masse spécifique d'un gaz la masse d'un centimètre cube de ce gaz à 0° et 76cm. Comme cette masse n'est pas constante, on prend la densité des gaz par rapport à l'air : c'est le rapport entre les masses de volumes égaux de gaz et d'air considérés à 0° et 76cm.

Le thermomètre normal qui sert d'étalon pour tous les autres thermomètres est le thermomètre à hydrogène, fondé sur les variations de force élastique d'une masse d'hydrogène à volume constant.

EXERCICES SUR LE CHAPITRE XI

44. Deux lames, l'une de fer, l'autre de cuivre, parallèles et d'égale longueur à 0°, sont soudées ensemble à leurs deux extrémités et maintenues ainsi écartées de 1mm l'une de l'autre. On les chauffe à 200°. En admettant que le système se courbe en arc de cercle, quels seront le rayon et le métal de l'arc extérieur ?

Coefficient de dilatation linéaire : fer, 0,000012 ; cuivre, 0,00018.

45. Une sphère en platine a 5cm de rayon à 20° On demande : 1° Son volume à 50°, le coefficient de dilatation linéaire du platine étant 0,0000088 ; 2° Sa masse, sachant que la densité du platine à 0° est 22.

46. Un vase sphérique d'un rayon intérieur égal à $\frac{2}{3}$ de mètre, à 0°, est formé d'une substance dont le coefficient de dilatation linéaire est $\frac{1}{2\,500}$. On demande combien de kilogrammes de mercure ce vase pourrait renfermer d'abord à 0° puis à 25°.

47. Quelle est la masse de 10lit d'oxygène à 15° et sous la pression de 75cm ? Densité de l'oxygène, 1,105.

48. Un ballon de 10^{lit} de capacité à 0° a été rempli d'air sec à 0° et 76^{cm}. La pression extérieure étant devenue 75^{cm}, on chauffe le ballon à 100° après l'avoir ouvert. Quelle est la masse d'air qui s'échappe ?

49. Un ballon vide pèse 150^{gr},475 ; plein d'air, il pèse 160^{gr},158 ; plein d'un autre gaz, 162^{gr},235. On demande : 1° la densité du second gaz par rapport à l'air, la pression étant invariable ; 2° la densité du second gaz par rapport à l'air, en admettant que la pression soit de 75^{cm} pendant la pesée de l'air et de 77^{cm} pendant la pesée du gaz.

CHAPITRE XII

MESURE DES QUANTITÉS DE CHALEUR

---

107. Unité de quantité de chaleur. — L'expérience montre que si l'on fait brûler successivement 1^{gr}, 2^{gr}, 3^{gr},... de carbone, par exemple, de manière que toute la chaleur produite se transmette à 1 000^{gr} d'eau, la température de ce liquide s'élève successivement de 8°, 16°, 24°... Les quantités de chaleur dégagées par la combustion du carbone et absorbées par l'eau étant proportionnelles aux nombres 1, 2, 3,... peuvent être considérées comme des grandeurs et mesurées avec une unité conventionnelle. L'unité adoptée pour évaluer les quantités de chaleur s'appelle la *calorie.*

La calorie est la quantité de chaleur qu'il faut céder à un gramme-masse d'eau pour élever sa température de 1°.

L'expérience démontre qu'il faut toujours très sensiblement une calorie pour élever ou abaisser de 1° la température d'un gramme d'eau. En effet, si l'on mélange rapidement 1^{gr} d'eau à 0° et 1^{gr} d'eau à 2°, on obtient 2^{gr} d'eau à 1° ; on en conclut que le second gramme, en se refroidissant de 2° à 1°, a abandonné une calorie à 1^{gr} d'eau pour l'échauffer de 0° à 1°. En général, si l'on répète la même expérience avec des quantités égales d'eau à d'autres températures, on trouve toujours que la température finale est la *moyenne* des températures primitives, à condition toutefois que la température la plus élevée ne dépasse pas 50°.

Application. — Soit à trouver le nombre de calories nécessaires pour porter à 25° la température de 100^{gr} d'eau qui sont à 10°. 1^{gr} d'eau, pour passer de 10° à 25°, absorbe $25 - 10 = 15$ calories; 100^{gr} absorbent 100 fois plus ou 1 500 calories. Inversement, 100^{gr} d'eau, pour passer de 25° à 10°, dégagent $100(25 - 10) = 1\,500$ calories.

En général, la quantité Q de chaleur nécessaire pour élever de $t°$ à $t'°$ la température de Mgr d'eau est donnée par la formule

$$Q = M(t' - t)^{cal}.$$

108. Chaleurs spécifiques en général. — Nous avons dit que si l'on fait brûler 1^{gr} de carbone de manière que la chaleur dégagée soit employée uniquement à échauffer $1\,000^{gr}$ d'eau, la température de ce liquide s'élève de 8°. L'expérience montre également que si l'on fait brûler successivement 1^{gr}, 2^{gr}, 3^{gr}, ... de carbone de manière que toute la chaleur produite soit employée à échauffer la même masse de fer, de cuivre, de mercure, l'élévation de température sera d'environ 70° pour le fer, 80° pour le cuivre, 240° pour le mercure.

Ainsi, les diverses substances, à masse égale, ne s'échauffent pas du même nombre de degrés quand on leur fournit la même quantité de chaleur; en d'autres termes, elles exigent des quantités de chaleur différentes pour s'élever d'un même nombre de degrés.

On appelle chaleur spécifique d'un corps la quantité de calories qu'il faut céder à 1^{gr} de ce corps pour élever sa température de 1°.

D'après cette définition, la chaleur spécifique de l'eau est 1^{cal}.

Application. — Soit à trouver le nombre de calories nécessaires pour porter 1^{kg} de fer de 10° à 50°, la chaleur spécifique du fer étant $0^{cal},114$.

1^{gr} de fer, pour passer de 10° à 50°, absorbe $0,114(50-10) = 0,114 \times 40$ calories. Les $1\,000^{gr}$ de fer absorberont

$$1\,000 \times 0,114 \times 40 = 4\,560^{cal}.$$

En désignant par c la chaleur spécifique d'un corps, la quantité de calories nécessaires pour élever de $t°$ à $t'°$ la température de Mgr de ce corps sera donnée par la formule

$$Q = Mc(t'-t)^{cal}.$$

Remarque. — Le produit Mc de la masse d'un corps par sa chaleur spécifique s'appelle la *capacité calorifique* de ce corps ; il représente soit le nombre de calories nécessaires pour élever de 1° la température du corps tout entier, soit la valeur de la masse d'eau qui exigerait la même quantité de chaleur pour éprouver une variation de température de 1° ; de là le nom d'*équivalent en eau* donné quelquefois à la capacité calorifique.

109. Détermination des chaleurs spécifiques. — La méthode la plus simple est la *méthode des mélanges*.

On prend une quantité déterminée du corps chauffé à une température connue et on l'introduit dans une quantité connue d'eau froide : l'eau s'échauffe, le corps se refroidit, et le mélange finit par prendre une température uniforme, dite température *finale*, intermédiaire entre la température initiale du corps et la température initiale de l'eau. Si l'on ne tient pas compte du vase et du thermomètre qui prennent part aux échanges de chaleur, on peut écrire que la chaleur absorbée par l'eau est égale à la chaleur perdue par le corps, ce qui permet d'obtenir la chaleur spécifique cherchée.

Exemple. — 500gr de cuivre à 100° ont été introduits dans 200gr d'eau à 12° ; la température finale est 28°,8 ; quelle est la chaleur spécifique du fer ?

La chaleur gagnée par l'eau est $200(28,8 - 12) = 3\,360^{cal}$; la chaleur perdue par le cuivre est $500(100 - 28,8)x$, x désignant la chaleur spécifique du cuivre. On a donc

$$500(100 - 28,8)x = 3\,360,$$

d'où

$$x = \frac{3\,360}{35\,600} = 0^{cal},094.$$

D'une façon générale, soient M la masse du corps dont on veut connaître la chaleur spécifique x, T la température à laquelle il a été porté, M' la masse de l'eau froide à $t°$ dans laquelle il a été introduit, θ la température finale ; on a

$$M'(\theta - t) = Mx(T - \theta),$$

équation d'où l'on tire x.

Le vase destiné à contenir l'eau et le corps se nomme le *calorimètre à eau* ; c'est un cylindre en laiton très mince (*fig.* 142), dont la surface externe est bien polie afin de diminuer l'émission de chaleur (les métaux polis n'émettent qu'une faible partie de la chaleur qu'ils possèdent). Ce cylindre repose par trois pointes de liège, corps conduisant mal la chaleur, sur le fond d'une enveloppe en laiton, polie intérieurement, qui lui renvoie par réflexion presque toute la chaleur émise.

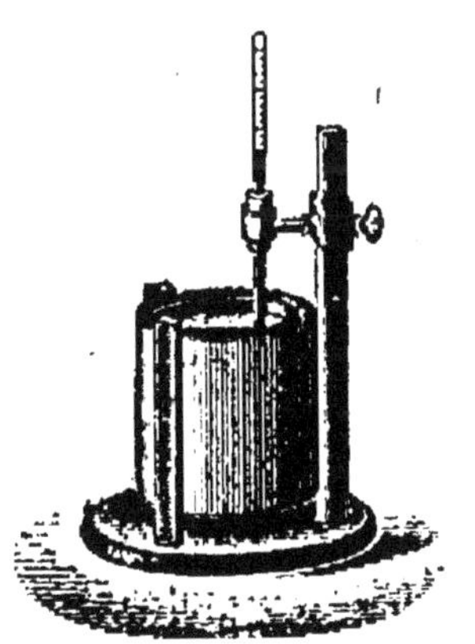

Fig. 142. — Calorimètre à eau.

Le corps, réduit en menus fragments, est placé dans une corbeille de fils de laiton très minces, dont l'axe porte un petit cylindre de toile métallique dans lequel vient se loger le réservoir d'un thermomètre.

La corbeille est suspendue par un fil de soie dans un tube métallique chauffé extérieurement par la vapeur d'un liquide bouillant (*fig.* 143). Lorsque le thermomètre indique une température stationnaire, on retire la corbeille et on la plonge *immédiatement* dans le calorimètre, qui doit être placé très près de l'étuve afin de diminuer les échanges de chaleur avec l'extérieur. Tout en agitant l'eau du calorimètre avec la corbeille, que l'on soutient par son fil de soie, on observe la marche du thermomètre. Il monte d'abord très vite, puis plus lentement, et au bout de deux à trois minutes, il indique la température finale θ qui doit figurer dans l'équation fondamentale.

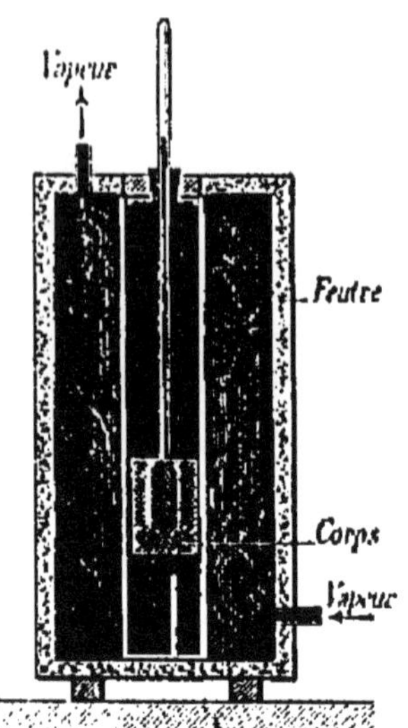

FIG. 143. — Étuve calorimétrique.

Dans les expériences de précision, on tient naturellement compte de la chaleur absorbée par le calorimètre et par le thermomètre.

Calcul. — Appelons m la masse du laiton dont est formé le calorimètre, c sa chaleur spécifique ; la capacité calorique de l'eau et du calorimètre est $M' + mc$. D'un autre côté, la capacité calorifique du corps et de la corbeille est $Mx + m_1c_1$, m_1 et c_1 désignant la masse et la chaleur spécifique du laiton qui constitue la corbeille. Écrivons que la chaleur gagnée par le calorimètre et son contenu en s'élevant de t^o à θ^o est égale à la chaleur cédée par le corps et la corbeille en s'abaissant de T^o à θ^o ; nous aurons l'équation

$$(M' + mc)(\theta - t) = (Mx + m_1c_1)(T - \theta),$$

équation dans laquelle tout est connu, sauf x.

110. Résultats. — *De tous les corps solides ou liquides, c'est l'eau qui a la plus grande chaleur spécifique.* Celle-ci étant 1[cal] par définition, les chaleurs spécifiques des autres corps sont exprimées par des fractions de calorie.

Conséquences pratiques. — La conséquence pratique la plus importante de la grande chaleur spécifique de l'eau est l'influence des grandes masses d'eau, des océans en particulier, sur la distribution de la température à la surface du globe.

Par suite de cette propriété exceptionnelle, l'eau éprouve moins de variations de température que la terre ferme pour une même quantité de chaleur émise ou absorbée ; aussi le refroidissement ou l'échauffement sont-ils beaucoup plus lents pour les océans que pour la terre ferme. De là vient que les océans conservent à leur surface une température sensiblement constante. De plus les côtes, et surtout les îles, recevant continuellement de l'air dont la température s'est rapprochée de celle de l'eau, ont aussi un climat moins variable que l'intérieur des continents. C'est ainsi que l'Islande, malgré sa latitude, a des hivers généralement plus doux que ceux du centre de la France. Sur les continents, à mesure qu'on s'éloigne des côtes pour gagner l'intérieur des terres, la différence entre les températures moyennes de l'été et de l'hiver augmente.

On met à profit la grande chaleur spécifique de l'eau dans le chauffage par l'eau chaude des appartements, des wagons de chemins de fer, etc. L'eau est en effet de tous les corps celui qui, à masse égale, abandonne la plus grande quantité de chaleur entre les mêmes limites de température.

Pour un même corps, la chaleur spécifique varie :

1° *avec l'état physique* : la chaleur spécifique est généralement plus petite à l'état solide qu'à l'état liquide ; ainsi la chaleur spécifique de la glace est la moitié de celle de l'eau ;

2° *avec l'état dans lequel se présente un même corps* : le diamant, le graphite et le charbon de bois, par exemple, n'ont pas la même chaleur spécifique, bien que tous trois soient du carbone ;

3° *avec la température* : la chaleur spécifique croît légèrement entre 0° et 100° ; au delà de 100°, la variation est notable et va en croissant à mesure que la température s'élève.

Voici quelques chaleurs spécifiques de corps solides ou liquides entre 0° et 100° :

Alcool ordinaire. .	$0^{cal},579$	Carbone (diamant).	$0^{cal},147$
Glace.	0, 504	Fer.	0, 114
Carbone (charbon de bois). . . .	0, 241	Cuivre.	0, 095
Verre.	0, 198	Mercure	0, 033

RÉSUMÉ DU CHAPITRE XII

La chaleur est une grandeur mesurable ; elle s'évalue en calories. La calorie est la quantité de chaleur nécessaire pour élever de 1° la température d'un gramme d'eau.

On appelle chaleur spécifique d'un corps le nombre de calories nécessaires pour élever de 1° la température de 1^{gr} de ce corps. Si celui-ci a une masse M, il faut lui céder $Mc(t'-t)^{cal}$ pour élever sa température de $t°$ à $t'°$.

Pour déterminer la chaleur spécifique d'un solide ou d'un liquide par la méthode des mélanges, on en immerge une masse M chauffée à T°, dans une masse M' d'eau froide à $t°$, contenue dans un calorimètre; la température du corps et celle de l'eau varient en sens contraire jusqu'à devenir égales (température finale θ). On exprime ensuite que la chaleur perdue par le corps est égale à la chaleur gagnée par l'eau : $Mx(T-\theta)=M'(\theta-t)$.

L'eau a une chaleur spécifique plus grande que celle des autres corps. Il en résulte que les océans ne subissent pas de grandes variations de température et que les climats marins et insulaires ne présentent pas entre l'été et l'hiver les mêmes écarts que les climats continentaux.

EXERCICES SUR LE CHAPITRE XII

50. Une masse de plomb pesant 1^{kg} et chauffée à 200° est plongée dans 500^{gr} d'eau à 12°. La température finale est 23°.

Quelle est la chaleur spécifique du plomb ?

51. Pour connaître la température d'un four, on y laisse quelque temps un bloc de platine pesant 1^{kg}, puis on plonge ce bloc dans 500^{gr} d'eau à 12°. Le liquide s'échauffe jusqu'à 18°. Sachant que la chaleur spécifique du platine est égale à $0^{cal},032$, on demande la température du four.

52. Deux morceaux de fer pesant 231^{gr} et 249^{gr} ont été chauffés à une température x. On les a plongés respectivement dans de l'eau dont les masses sont 360^{gr}, 450^{gr}, et les températures 10° et 12°. Les températures finales sont 17°,5 et 18°,4. On demande la température initiale x et la chaleur spécifique du fer.

53. Un fragment de laiton est chauffé à 71° et plongé dans 800^{gr} d'eau placés dans un calorimètre en platine pesant 135^{gr}. La température initiale de l'eau est 12°,52 ; sa température finale 13°,04. On demande la masse du zinc contenu dans le fragment de laiton, sachant que le laiton renferme le tiers de sa masse de zinc. Chaleurs spécifiques : cuivre, 0,0968 ; platine, 0,0333 ; zinc, 0,0935.

L'équivalent en eau de la portion du thermomètre plongée dans l'eau est de $3^{gr},5$.

CHAPITRE XIII

FUSION ET SOLIDIFICATION

111. Changements d'état en général. — Outre les changements de volume que nous avons étudiés sous le nom de *dilatations*, les corps peuvent éprouver des changements d'état lorsqu'ils sont soumis à des variations de température.

Prenons du soufre et chauffons-le avec précaution dans un tube de verre. Le soufre se dilatera et sa température s'élèvera peu à peu ; mais à un moment donné nous verrons se former une couche liquide qui coulera et s'accumulera au fond du tube. On dit qu'il y a eu *fusion*. Sous l'influence de la chaleur, le soufre liquide se transforme lui-même en vapeurs.

Inversement, les vapeurs de soufre, en se refroidissant, repassent d'abord à l'état de soufre liquide, puis de soufre ordinaire. Ces divers changements, *fusion, vaporisation, liquéfaction, solidification,* n'altèrent en rien la nature du soufre : ce sont des changements purement physiques.

ÉTUDE DE LA FUSION

112. Phénomène de la fusion. — *On appelle fusion le passage d'un corps de l'état solide à l'état liquide sous l'influence de la chaleur.*

Tous les corps solides fondent à une température plus ou moins élevée, à l'exception de certains composés, comme le papier, le bois, que la chaleur décompose avant qu'ils perdent l'état solide. Pour certains corps, comme le verre, le fer, la cire à cacheter, les propriétés du solide se modifient progressivement ; ces corps se ramollissent, puis deviennent visqueux avant de prendre l'état parfaitement liquide : on dit que leur fusion est *pâteuse*. C'est cette fusion pâteuse qui permet le soufflage et l'étirage du verre. D'autres corps au contraire passent de l'état parfaitement solide à l'état parfaitement liquide sans passer par un état intermédiaire : ils subissent la fusion *brusque* ; tels sont le soufre, la glace, l'étain.

113. Lois de la fusion. — Les lois que nous allons énoncer ne s'appliquent qu'aux corps à fusion brusque.

1re Loi : *Sous une pression constante, la fusion se produit toujours, pour un même solide, à une température déterminée qu'on appelle point de fusion.*

Quand on veut obtenir rapidement le point de fusion d'une

substance qui fond à une température peu élevée, on introduit une petite boulette de cette substance dans un tube de verre à pointe effilée que l'on plonge dans un liquide dont on élève très lentement la température : dès que la boulette fond, elle s'allonge et descend plus ou moins dans la partie effilée. On lit l'indication d'un thermomètre sensible au moment précis où se produit le changement d'état.

Voici quelques points de fusion :

Mercure.	39°,5	Zinc.	315°
Phosphore. . . .	44, 2	Cuivre.	1 054
Soufre.	114, 5	Fonte grise. . . .	1 220
Étain.	235	Platine.	1 775

L'échelle des points de fusion est, comme on le voit, très étendue. Certains corps qui étaient regardés autrefois comme des corps infusibles ou *réfractaires* (chaux, silice) ont pu être fondus à l'aide du four électrique, dans lequel on utilise la haute température (3500° environ) produite par l'arc voltaïque.

2e Loi : *La fusion n'est pas instantanée ; dès qu'elle est commencée, la température reste invariable jusqu'à ce que la fusion soit complète.*

Cette loi se vérifie aisément en plongeant un thermomètre dans des corps en fusion ; l'opération est particulièrement facile à faire avec la glace fondante (90).

Applications. — Les points de fusion des différents corps solides constituent autant de températures fixes, parmi lesquelles on a choisi le point de fusion de la glace comme 0° de l'échelle centigrade.

La connaissance exacte de ces températures et leur constance pour un même corps sont souvent employées soit pour découvrir la nature d'un corps, soit pour en vérifier la pureté.

Dans le commerce, les suifs pour les usages de la stéarinerie sont achetés suivant leur points de fusion. Il en est de même pour un certain nombre de produits industriels.

114. Chaleur de fusion. — De ce que la température demeure ainsi constante pendant toute la durée de la fusion, il résulte que la chaleur cédée par le foyer à la masse en fusion est employée uniquement à amener les molécules dans des positions relatives, différentes de celles qu'elles occupaient à l'état solide à la même température. Cette chaleur ainsi transformée en travail varie d'un corps à un autre et constitue pour chacun d'eux une propriété spécifique.

La quantité de chaleur absorbée par un gramme d'un corps solide pour passer à l'état liquide sans changer de température s'appelle la *chaleur de fusion* du corps solide. La chaleur de fusion de la glace, par exemple, est 80^{cal}; cela veut dire qu'un gramme de glace à 0° absorbe 80^{cal} pour se transformer en eau liquide également à 0°. Il en résulte que si l'on mélangeait 1^{gr} de glace à 0° avec 1^{gr} d'eau à 80°, on aurait 2^{gr} d'eau à 0°.

Les chaleurs de fusion se déterminent en suivant une marche analogue à la méthode des mélanges (109). Nous donnerons comme exemple la détermination de la chaleur de fusion de la glace.

Soit M la masse d'un morceau de glace à 0° ; on le plonge dans de l'eau chaude à $t°$ et dont la masse M' est suffisante pour fondre toute la glace. Dès que la fusion est complète, on lit la température finale θ du mélange. L'eau, en se refroidissant de $t°$ à $\theta°$, a abandonné $M'(t-\theta)^{cal}$. D'un autre côté, la glace pour fondre sans changer de température a absorbé Mx^{cal}, x représentant sa chaleur de fusion ; en outre, l'eau provenant de la fusion a absorbé $M\theta^{cal}$ pour passer de 0° à $\theta°$.

On a donc l'équation

$$M'(t-\theta) = Mx + M\theta,$$

qui donne x.

La glace doit être bien pure, bien sèche, et à 0° exactement. A cet effet, le morceau de glace est lavé à l'eau distillée et essuyé rapidement avec du papier buvard avant d'être plongé dans l'eau du calorimètre. La masse M du morceau de glace se détermine en pesant le calorimètre avant et après l'expérience. Enfin, au lieu d'un calorimètre ordinaire (109), on emploie de préférence un calorimètre couvert (*fig.* 144), entouré d'un vase à double paroi contenant entre ses deux parois de l'eau qu'on agite convenablement ; les surfaces en regard sont en laiton nickelé.

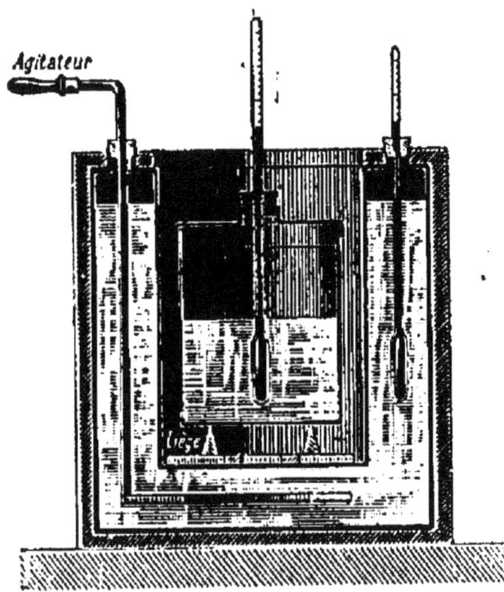

Fig. 144. — Calorimètre avec enceinte protectrice à température constante.

115. Changements de volume accompagnant la fusion. — La plupart des corps solides, en passant à l'état liquide, augmentent de volume ; le liquide obtenu est, par suite, moins dense que le solide, ce qui explique pourquoi dans la fusion du soufre, de la cire, du plomb, les parties restées solides tombent toujours au fond du vase.

Certains corps cependant, comme la glace, la fonte, le bismuth, éprouvent en passant à l'état liquide une diminution de volume et par suite un accroissement de densité aussi pour tous ces corps les parties restées solides surnagent-elles.

116. Influence de la pression sur la fusion. — Les variations de la pression extérieure doivent être assez considérables pour produire un changement appréciable dans la valeur du point de fusion d'un corps.

Pour les corps qui augmentent de volume en se liquéfiant, ce qui est le cas général, la pression extérieure est un obstacle à la dilatation; par suite, un accroissement de pression extérieure élèvera la température de fusion. C'est ainsi que la paraffine, qui fond à 46°,3 sous la pression atmosphérique, ne fond plus qu'à 49°,9 sous une pression cent fois plus grande.

Inversement, pour les corps dont le volume diminue par la fusion, la pression extérieure favorise la fusion : un accroissement de pression abaissera donc le point de fusion. M. Mousson, en comprimant à plusieurs milliers de kilogrammes un cylindre de glace maintenu à — 18°, est parvenu à le liquéfier.

Regel de la glace. — Nous venons de dire que, pour les corps dont le volume diminue par la fusion, un accroissement de pression favorise la fusion. Le regel de la glace consiste en ce que deux morceaux de glace, pressés fortement l'un contre l'autre, se soudent fortement ensemble.

Fig. 145. — Expérience montrant le phénomène du regel.

Dans les cours on montre le regel en posant sur un bloc de glace un fil métallique tendu par des masses assez fortes (*fig.* 145). Le fil traverse peu à peu tout le bloc de glace sans cependant y laisser de discontinuités. Sous l'effet de la pression produite aux points de contact, une partie de la glace fond. L'eau provenant de la fusion ne peut rester à l'état liquide que si la pression est maintenue. Dès que le fil cesse de presser, la congélation se produit de nouveau, de sorte que la section déterminée par le fil se referme d'elle-même derrière lui.

ÉTUDE DE LA SOLIDIFICATION

117. Phénomène de la solidification. — La solidification est le passage de l'état liquide à l'état solide par refroidissement. Ce phénomène est soumis à deux lois qui correspondent à celles de la fusion.

1re Loi : *Pour chaque corps défini chimiquement, la solidification se produit à une température déterminée, qui n'est autre que celle de la fusion.*

2e Loi : *La température de la masse qui se solidifie est constante pendant toute la durée de la solidification, quelles que soient les causes de refroidissement extérieures.*

Il résulte de cette deuxième loi que la solidification est accompagnée d'un dégagement de chaleur. Cette chaleur, qui maintient ainsi constante la température de la masse malgré le refroidissement, est rigoureusement égale à la chaleur qui a été absorbée pendant la fusion.

118. Surfusion. — On dit qu'il y a *surfusion* lorsque la température d'un liquide s'abaisse au-dessous de son point de solidification, sans cependant qu'il se solidifie. Cette exception à la première loi de la solidification se produit avec la plupart des liquides lorsqu'on les laisse refroidir à l'abri de toute agitation, et surtout lorsqu'il ne reste dans le liquide aucune parcelle solide de la même substance.

On démontre le phénomène de la surfusion par l'expérience suivante : Dans un grand ballon rempli d'eau on assujettit un thermomètre et deux larges tubes contenant l'un et l'autre du phosphore ordinaire recouvert d'une couche d'eau (*fig.* 146). On chauffe le tout à une température un peu supérieure au point de fusion du phosphore (44°,2), puis on laisse refroidir. Le thermomètre descend très lentement ; il dépasse le point de solidification et peut même baisser jusqu'à 30° sans que le phosphore se solidifie. A ce moment, on descend dans l'un des tubes une baguette de verre à l'extrémité de laquelle adhère une parcelle très petite de phosphore ordinaire : dès que cette extrémité arrive au contact du phosphore en surfusion, celui-ci se solidifie, et la solidification est si rapide que la baguette ne peut pénétrer dans la masse ; en même temps, la température remonte rapidement. Le phosphore rouge ne produit aucun effet : si l'on touche le phosphore contenu dans le second tube avec une baguette à l'extrémité de laquelle adhère du phosphore rouge, on n'amène pas la solidification.

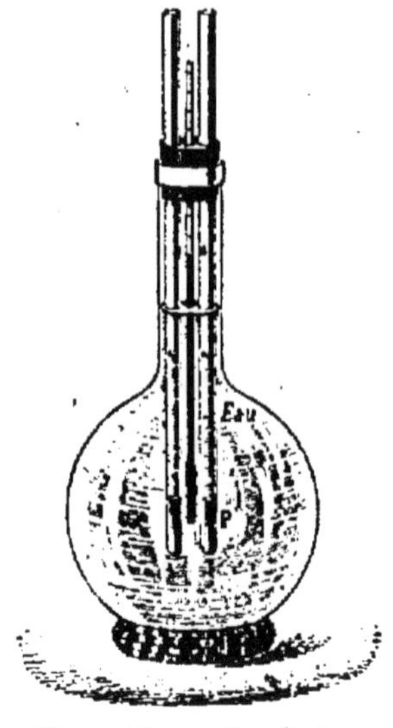

Fig. 146. — Surfusion du phosphore.

119. Changements de volume accompagnant la solidification. — Pour les corps qui augmentent de volume en fondant, la solidification est accompagnée d'une diminution de volume : on dit que ces corps éprouvent un *retrait* ; c'est pour cela que le phosphore n'adhère pas aux tubes dans lesquels on le moule. Quand on scelle une barre de fer dans la pierre, on est obligé d'ajouter du soufre fondu à plusieurs reprises pour combler les vides produits pendant la solidification.

Inversement, les corps qui éprouvent en fondant une diminution de volume augmentent de volume en se solidifiant : le bismuth brise les tubes de verre dans lesquels on le coule ; la fonte grise est très propre au moulage car, versée à l'état liquide dans un moule, elle se dilate en se solidifiant et remplit exactement toutes les cavités du moule.

Les changements de volume qui accompagnent la solidification sont particulièrement importants à considérer pour la glace. Le physicien anglais Tyndall a montré qu'elle est formée par la réunion d'un très grand nombre de petits cristaux étoilés (fleurs de glace), présentant en leur centre un petit espace vide (*fig.* 147). L'existence de ces espaces vides résulte de l'augmentation de volume qui s'est produite pendant la congélation.

Fig. 147. — Fleurs de la glace vues en projection.

L'augmentation de volume qu'éprouve l'eau en se congelant est susceptible d'exercer des effets mécaniques très puissants. En hiver, des tuyaux qu'on a laissés remplis d'eau sont fréquemment rompus ; des vases à col étroit contenant de l'eau se brisent, parce que l'eau se congelant d'abord à la surface, forme une sorte de bouchon qui emprisonne le reste du liquide. Dans les Cours, on montre les effets mécaniques de l'expansion de la glace en plaçant dans un mélange réfrigérant un canon de fusil rempli d'eau et fermé par un bouchon à vis, le canon se déchire dans toute sa longueur avec un bruit sec au moment où l'eau intérieure se solidifie. Cette force expansive explique comment les plantes peuvent périr par l'action du froid : l'eau qui forme en grande partie la sève se congèle dans les vaisseaux, dont les parois se trouvent déchirées par l'expansion de la glace. Les pierres dites *gélives* sont des pierres poreuses qui se désagrègent au moment des gelées et sont par suite impropres aux constructions ; cette désagrégation est due à la congélation de l'eau de pluie qu'elles avaient absorbée.

120. Dissolution des solides dans les liquides. — On appelle *dissolution* le passage d'un corps de l'état solide à l'état liquide en se mélangeant à un liquide appelé *dissolvant*. Ainsi le sucre se dissout dans l'eau, le soufre se dissout dans le sulfure de carbone, etc. La dissolution est, en somme, un mode particulier de fusion accompagné de la diffusion du liquide produit dans la masse du dissolvant ; mais elle diffère essentiellement de la fusion ordinaire en ce qu'il n'y a pas de température fixe de dissolution.

La quantité d'un corps solide qui peut se dissoudre dans un liquide est très variable : elle dépend surtout de la nature de ce solide et de la température du liquide. En général, on appelle *coefficient de solubilité* d'un corps solide le nombre maximum de grammes qu'en peut dissoudre un litre du dissolvant à la température que l'on considère.

Soit à étudier la solubilité du sel marin (chlorure de sodium) dans l'eau. On prend 100gr d'eau et on détermine à différentes températures la quantité de sel qu'il faut y introduire pour que cette eau soit saturée, c'est-à-dire pour qu'elle en contienne tout ce qu'elle en peut contenir à la température de l'expérience. Pour traduire graphiquement les résultats, on trace deux droites rectangulaires (*fig.* 148) ; sur l'horizontale, on porte des longueurs égales qui représentent les degrés de température (ils sont marqués seulement de 10 en 10 sur la figure), puis on élève, aux points correspondants aux températures des expériences, des perpendiculaires de longueur proportionnelle aux quantités de sel dissous à ces températures. En joignant les extrémités de ces perpendiculaires par un trait continu, on obtient ce qu'on appelle la *courbe de solubilité* du chlorure de sodium. Si l'on voulait connaître la solubilité à 40°, par exemple, il suffirait de mesurer la longueur de la perpendiculaire passant par le degré 40 et limitée à la courbe

La figure 148 représente aussi les courbes de solubilité de quelques sels autres que le sel marin. Tandis que ce dernier sel n'est guère plus soluble à chaud qu'à froid, la solubilité du chlorate de potassium et de l'azotate de potassium augmente rapidement avec la température ; la solubilité du sulfate de sodium atteint sa plus grande valeur à 33°.

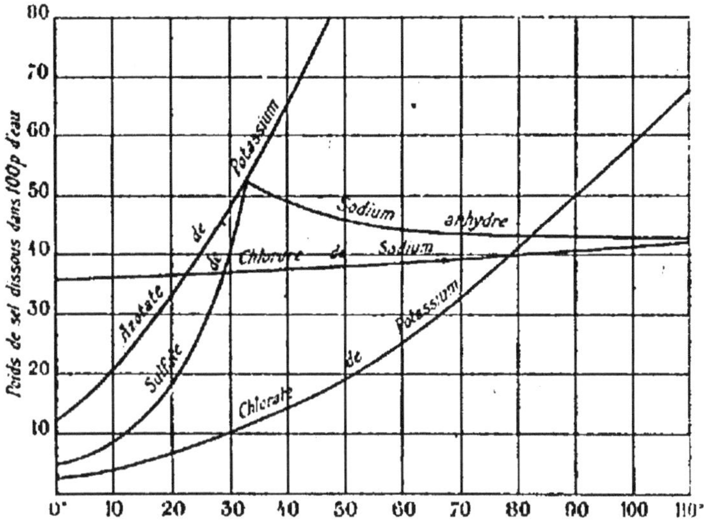

Fig. 148. — Courbes de solubilité de quelques sels.

Le phénomène de la dissolution est accompagné, comme celui de la fusion, d'une absorption de chaleur. Cette absorption est due ici à la fois au passage du corps solide à l'état liquide et à la diffusion du liquide produit dans le dissolvant ; elle a pour effet d'abaisser la température de ce dernier. Si l'on dissout par exemple de l'azotate d'ammonium en proportions convenables dans l'eau, on obtient un abaissement de température d'au moins 25°.

Sursaturation. — La sursaturation est un phénomène analogue à la surfusion. Une dissolution saturée à chaud peut généralement, quand on prend certaines précautions, subir un abaissement de température sans que le corps dissous se dépose : on dit alors qu'il y a *sursaturation*. Quand une dissolution est sursaturée, on provoque une solidification instantanée en y introduisant une parcelle de corps de même nature que le solide dissous ; en même temps on constate un dégagement sensible de chaleur.

Le phénomène de la sursaturation peut être mis en évidence aisément avec les dissolutions d'hyposulfite ou d'acétate de sodium, d'azotate de calcium, etc. On fait par exemple une dissolution saturée à chaud d'acétate de sodium dans un flacon à fond plat (*fig.* 149), puis on recouvre le col d'un petit cône de papier-filtre pour empêcher la chute des parcelles du même sel qui pourraient se trouver dans l'atmosphère et on laisse refroidir à l'abri de toute agitation. La solidification ne se produit pas ; mais si l'on vient à introduire, à l'aide d'une baguette de verre, une parcelle d'acétate de sodium dans la liqueur, des aiguilles cristallines se produisent autour de cette parcelle et envahissent rapidement toute la masse. Avec l'azotate de calcium, sel qui est déliquescent et ne peut par suite se rencontrer dans l'atmosphère à l'état de poussières solides, la sursaturation est plus facile à produire : on verse la dissolution saturée de ce sel sur une plaque de verre et, au bout d'un certain temps, on promène dans le liquide sursaturé une baguette à l'extrémité de laquelle adhère un fragment d'azotate de calcium : on voit alors la solidification se produire instantanément autour des points touchés et se propager rapidement dans le liquide.

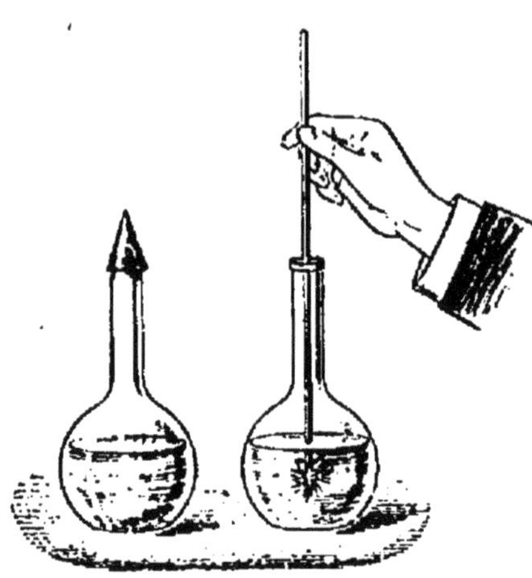

Fig. 149. — Sursaturation d'une dissolution d'acétate de sodium.

Mélanges réfrigérants. — Les mélanges réfrigérants sont

destinés à abaisser la température des corps qui y sont plongés. On les compose de manières très diverses. Dans les uns, on utilise simplement le froid qui accompagne la dissolution ; nous citerons comme exemple la dissolution de l'azotate d'ammonium dans l'eau. Dans les autres, on utilise à la fois l'absorption de chaleur qui accompagne la fusion et celle qui accompagne la dissolution ; il en est ainsi par exemple pour un mélange de sel marin et de glace pilée : la glace fond et le sel se dissout dans l'eau provenant de la fusion.

Les mélanges réfrigérants sont utilisés pour liquéfier certains gaz dans les laboratoires ; pour fabriquer des glaces, des sorbets, etc. Les plus employés sont formés de glace et de sels divers (sel marin, chlorure de calcium, salpêtre).

RÉSUMÉ DU CHAPITRE XIII

Les changements d'état physiques sont la fusion, la vaporisation, la liquéfaction et la solidification.

La *fusion* est le passage d'un solide à l'état liquide par l'action de la chaleur. Certains corps subissent la fusion pâteuse, comme le verre ; d'autres fondent nettement sans passer par aucun état intermédiaire (fusion brusque). La fusion de ces derniers est soumise à la loi suivante : pour un même corps, la fusion se produit toujours à la même température ; cette température, appelée point de fusion, ne varie pas pendant toute la durée du changement d'état. La chaleur fournie par la source à 1^{gr} du corps solide pour le faire passer à l'état liquide sans changer de température s'appelle sa chaleur de fusion. Celle de la glace est 80^{cal}.

La plupart des solides, en passant à l'état liquide, augmentent de volume (soufre) ; certains corps au contraire diminuent de volume (glace).

La *solidification* est l'inverse de la fusion. Comme cette dernière, elle se produit à une température fixe, qui est celle de la fusion ; de plus, cette température est constante pendant toute la durée du phénomène.

On dit qu'il y a surfusion lorsque la température d'un liquide s'abaisse au-dessous de son point de solidification, sans cependant qu'il se solidifie.

Pour les corps qui augmentent de volume en fondant, la solidification est accompagnée d'une diminution de volume (soufre); l'inverse se produit pour les corps qui éprouvent en fondant une diminution de volume (glace). L'expansion de la glace, au moment de sa formation produit des effets mécaniques puissants (rupture des pierres gélives, d'un canon de fusil).

La *dissolution* d'un solide dans un liquide est une sorte de fusion accompagnée d'une diffusion du corps dissous dans le dissolvant. Ce phénomène entraîne, comme la fusion, un abaissement de température. Souvent une dissolution saturée à chaud ne laisse pas déposer le corps dissous malgré l'abaissement de température ; il y a alors sursaturation ; mais on provoque la solidification immédiate en introduisant dans le liquide une parcelle de même espèce que le sel dissous.

Dans les *mélanges réfrigérants*, on utilise l'abaissement de température produit par la fusion et la dissolution. Ces mélanges peuvent être constitués par de simples dissolvants (azotate d'ammonium et eau); le plus souvent, ce sont des mélanges de glace et d'un sel (chlorure de sodium ou de calcium).

EXERCICES SUR LE CHAPITRE XIII

54. Quelle quantité de glace doit-on mettre dans 15 litres d'eau à 12° pour en abaisser la température à 5° ?

55. Dans un litre d'eau à 20°, on jette 250gr de neige en partie fondue ; la température finale est 5°. Combien la neige contenait-elle d'eau liquide ?

56. On suppose que le sol soit couvert d'une couche de 2cm d'épaisseur de neige à 0° ; quelle est l'épaisseur de la couche de pluie tombant à 12°,5 qui serait nécessaire pour déterminer la fusion de la neige ? On sait que la masse spécifique de la neige par rapport à celle de l'eau est 0gr,78.

57. On mélange 500gr d'eau et 500gr de glace à 0°. On y ajoute 1000gr d'eau à 50°. Toute la glace fondra-t-elle ? Dans l'affirmative, quelle sera la température finale du mélange ? — Dans le cas contraire, combien restera-t-il de glace non fondue ?

CHAPITRE XIV

ÉTUDE DES VAPEURS

121. Vaporisation en général. — On dit qu'un liquide, ou même un solide, se vaporisent quand ils se transforment en un gaz, qu'on appelle alors *vapeur*. Ce mot *vapeur* ne se rapporte donc pas à un quatrième état de la matière : il indique seulement que le corps considéré n'est pas gazeux à la température ordinaire ; nous en donnerons d'ailleurs plus loin (138) une définition exacte. La formation des vapeurs a lieu à toute température pour la plupart des liquides et pour quelques solides (iode, camphre). Il n'y a donc pas à considérer de *point de vaporisation* analogue au point de fusion.

La vaporisation d'un liquide ordinaire peut se faire de deux manières. Si le liquide est abandonné à l'air libre dans un récipient, son volume diminue peu à peu par suite de la production lente de vapeurs à la surface : on dit qu'il y a *évaporation*. Si le même liquide est chauffé progressivement, il arrive un moment où l'on voit des bulles de vapeur se former au sein même de la masse et venir crever à la surface : le liquide est alors en *ébullition*.

122. Formation des vapeurs dans le vide. — Lorsqu'un liquide est introduit dans le vide, il y a production *instantanée* de vapeurs dont la force élastique est comparable à celle des gaz.

Pour le démontrer, on emploie l'appareil qui nous a servi

à expliquer la loi de Mariotte (63). On adapte au-dessus du tube T′ un entonnoir à robinet (*fig.* 150), terminé inférieurement par un petit tube *t*, puis on soulève le tube T jusqu'à ce que le mercure remplisse complètement le tube. On ferme alors le robinet R et on abaisse le tube T ; on crée ainsi dans le tube T′ une chambre barométrique. Si l'on ouvre ensuite le robinet R pendant une fraction de seconde, de manière à faire pénétrer seulement quelques gouttes d'éther dans la chambre barométrique, le liquide ainsi introduit disparaît instantanément et en même temps le mercure se déprime dans le tube T′ (*fig.* 151).

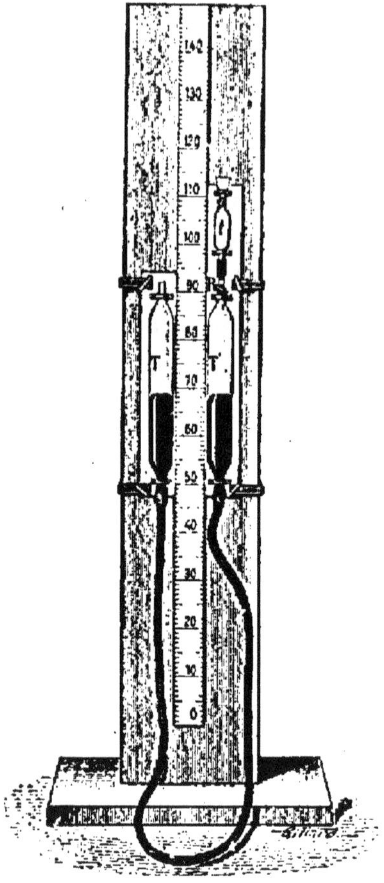

Fig. 150. — Appareil pour l'étude des vapeurs dans le vide.

La force élastique de la vapeur d'éther qui occupe l'espace situé au-dessus du mercure est évidemment égale à la pression atmosphérique, diminuée de la différence *h* des niveaux du mercure dans les deux tubes.

On fait passer de nouveau quelques gouttes d'éther dans le tube T′ ; il se vaporise encore et le mercure subit une nouvelle dépression, indiquant que la force élastique de la vapeur d'éther a augmenté, Cependant la force élastique de cette vapeur ne s'accroît pas indéfiniment ; si l'on continue d'introduire de l'éther, il arrive un moment où la vaporisation cesse ; le liquide forme alors une petite couche à la surface du mercure, dont le niveau ne varie plus (*fig*. 152). Lorsqu'un excès d'éther subsiste ainsi en contact avec la vapeur, l'espace situé au-dessus du mercure renferme la quantité maxima de vapeur d'éther qu'il puisse contenir à la température de l'expérience : on dit qu'il est *saturé*, ou encore que la vapeur est *saturante*. La force élastique de celle-ci, mesurée en tenant compte de la petite couche h'' d'éther qui surmonte le mercure ne peut également devenir plus grande ; on l'appelle *force élastique maxima* de la vapeur d'éther à la température de l'expérience. D'après cela, tant que la vapeur n'est pas en contact avec un excès de liquide générateur, l'espace situé au-dessus du mercure n'est pas saturé et la vapeur qui le remplit n'est pas saturante. Les vapeurs non saturantes se comportent comme les gaz et suivent sensiblement les lois de Mariotte et de Gay-Lussac ; les vapeurs saturantes ont des propriétés spéciales que nous allons étudier.

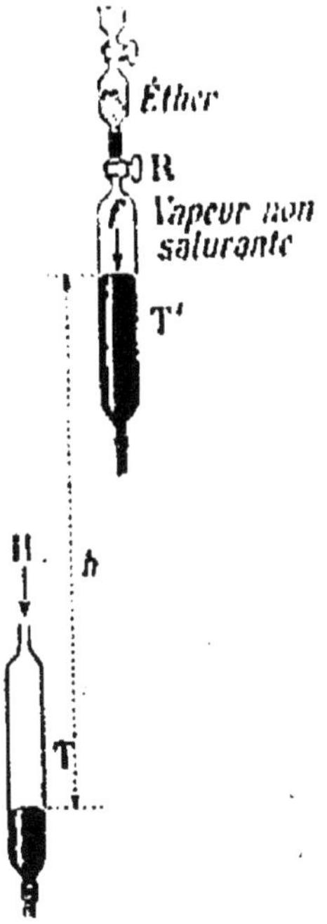

Fig. 151. — Formation d'une vapeur non saturante.

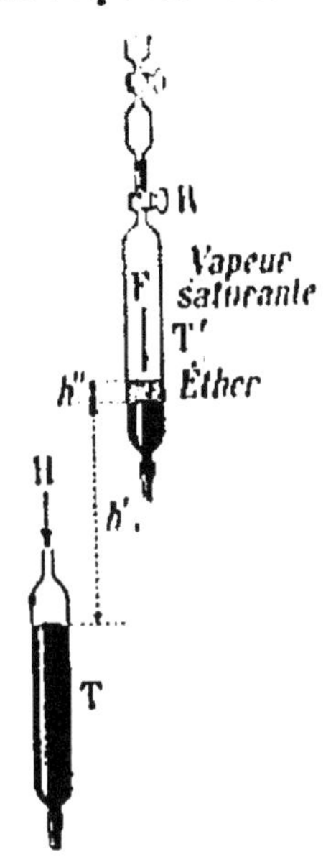

Fig. 152. — Formation d'une vapeur saturante.

123. Propriétés générales des vapeurs saturantes. — 1° Disposons l'appareil représenté par la figure 150 de manière que le tube T' contienne de la vapeur d'éther saturante, puis essayons de faire varier la force élastique maxima de cette vapeur en déplaçant le tube T. Si l'on soulève le tube T, le volume de la vapeur d'éther diminue, mais sa force élastique *ne varie pas*; on voit seulement que l'épaisseur de la couche d'éther augmente, une partie de la vapeur d'éther repassant à l'état liquide. Si l'on abaisse le tube T de manière à augmenter le volume de la vapeur, la force élastique reste encore invariable; le liquide se transforme partiellement en vapeur et sa hauteur diminue.

En abaissant suffisamment le tube T, on peut déterminer la vaporisation complète du liquide. On constate alors, en continuant à abaisser T, que la force élastique de la vapeur devenue non saturante va en diminuant à mesure que son volume augmente, et cela conformément à la loi de Mariotte, ce qui montre que *les vapeurs non saturantes se comportent comme tout autre gaz.*

2° Si l'on promène la flamme d'un brûleur Bunsen le long du tube T' quand il contient de la vapeur saturante, la différence de niveau *h* diminue, ce qui indique que la force élastique de la vapeur augmente de plus en plus. Si on laisse le tube T' revenir à la température ordinaire, le mercure remonte peu à peu et finit par reprendre son premier niveau. Donc, *la force élastique maxima d'une vapeur saturante augmente à mesure que la température s'élève.*

3° Enfin répétons l'expérience que nous avons faite au n° 122 en employant successivement différents liquides, l'alcool, l'eau; nous observerons les mêmes phénomènes qu'avec l'éther, mais la différence des niveaux sera plus grande avec l'alcool qu'avec l'éther, plus grande avec l'eau qu'avec l'alcool. On en conclut qu'*à une même température, la force élastique maxima d'une vapeur saturante varie avec la nature du liquide générateur.*

124. Forces élastiques maxima de la vapeur d'eau à différentes températures. — Les variations de la force élastique maxima avec la température sont importantes à considérer pour la vapeur d'eau à cause de son emploi comme force motrice. Les forces élastiques maxima de la vapeur d'eau ont été étudiées très exactement par Regnault pour des températures variant de — 30° à 230°.

I. Méthode employée de — 30° à 0°. — Cette méthode est fondée sur le principe de Watt ou de la *paroi froide.*

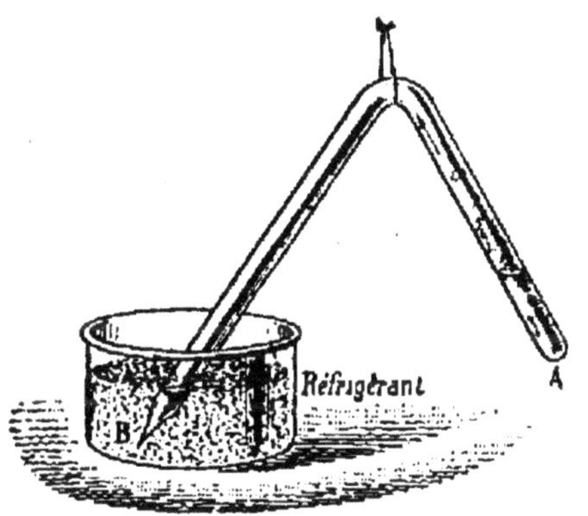

Fig. 153. — Principe de Watt.

Nous avons vu qu'on condense une vapeur en diminuant son volume ; on peut aussi produire cette condensation en abaissant sa température.

Considérons un tube recourbé, complètement fermé et dont les deux branches A et B contiennent un même liquide maintenu à des températures différentes T et t (*fig.* 153) ; il ne peut y avoir équilibre, la force élastique maxima correspondant à T° étant supérieure à celle qui correspond à t°. Les vapeurs émises par le liquide de la branche A se rendent dans la branche B et, ne pouvant y exister au-dessus de la force élastique maxima correspondant à t^o, s'y condensent. Il se produit donc une véritable *distillation* de A vers B jusqu'à ce que tout le liquide soit réuni dans cette dernière branche.

D'après le principe de Watt, *lorsque tout le liquide est réuni dans la partie la plus froide, la vapeur n'a dans tout l'appareil que la force élastique maxima qui correspond à la température de la région ou paroi la plus froide.*

Fig. 154. — Appareil de Regnault (de — 30° à 0°).

L'appareil employé par *Regnault* (*fig.* 154) se compose de deux baromètres, l'un contenant au-dessus du mercure une couche d'eau, l'autre destiné à donner la pression atmosphérique du moment.

Le baromètre à vapeur d'eau est recourbé à sa partie supérieure et se termine par un petit ballon qui plonge dans un mélange réfrigérant de chlorure de calcium et de neige. L'eau qu'on a introduite dans ce baromètre passe par distillation de la partie chaude dans la partie froide, où elle se congèle. Lorsqu'il ne reste plus d'eau au-dessus du mercure, la force élastique maxima qui s'établit dans le tube est égale, d'après le principe de Watt, à la force élastique maxima correspondant à la température du mélange réfrigérant. Il n'y a donc qu'à inscrire en regard de la température donnée par le thermomètre plongé dans le mélange, la différence de niveau du mercure dans les deux tubes, différence observée au cathétomètre et réduite à 0°.

II. Méthode employée de 0° à 60°. — Deux tubes barométriques, disposés l'un à côté de l'autre (*fig.* 155), pénètrent par leur partie supérieure dans une caisse fermée sur l'une de ses faces par une glace et contenant de l'eau. Dans l'un des tubes, on a introduit au-dessus du mercure une couche d'eau suffisante pour fournir de la vapeur saturante aux diverses températures de l'expérience. En chauffant graduellement l'eau de la caisse, on voit le sommet de la colonne mercurielle s'abaisser dans le baromètre à eau. La différence des niveaux du mercure dans les deux tubes représente, pour chaque température, la valeur de la force élastique maxima de la vapeur d'eau.

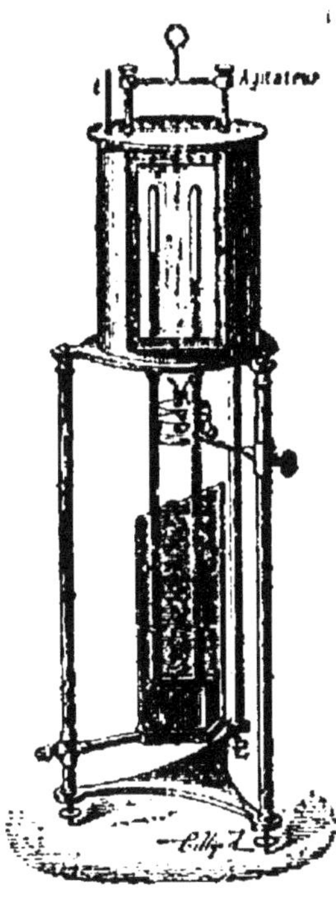

Fig. 155. — Appareil de Regnault (de 0° à 60°).

Cet appareil ne permet pas de dépasser 60°, parce qu'à cette température, le niveau du mercure dans le baromètre à eau est déprimé jusqu'au fond de la caisse.

III. Méthode employée de 60° à 230°. — Cette méthode repose sur le principe suivant, que nous démontrerons plus loin. *Pour obtenir l'ébullition d'un liquide, il faut le porter à une température telle que la force élastique maxima de sa vapeur soit égale à la pression qui s'exerce à la surface du liquide.* Il en résulte que si l'on fait bouillir de l'eau dans une enceinte fermée sous des pressions connues et progressivement croissantes, l'ébullition se produira à des températures qui croîtront en même temps et il suffira de déterminer ces températures pour avoir les forces élastiques maxima correspondantes.

La figure 156 représente l'appareil employé par Regnault. Il comprend une petite chaudière contenant de l'eau, un tube incliné, enveloppé d'un manchon parcouru par un courant d'eau froide, et un gros réservoir en cuivre enfermé dans un vase plein d'eau à la température ambiante. Le réservoir porte à sa partie supérieure un ajutage à deux branches : la branche latérale communique avec un manomètre destiné à mesurer les pressions ; la branche verticale peut être raccordée à une pompe pneumatique. La vapeur formée dans la chaudière

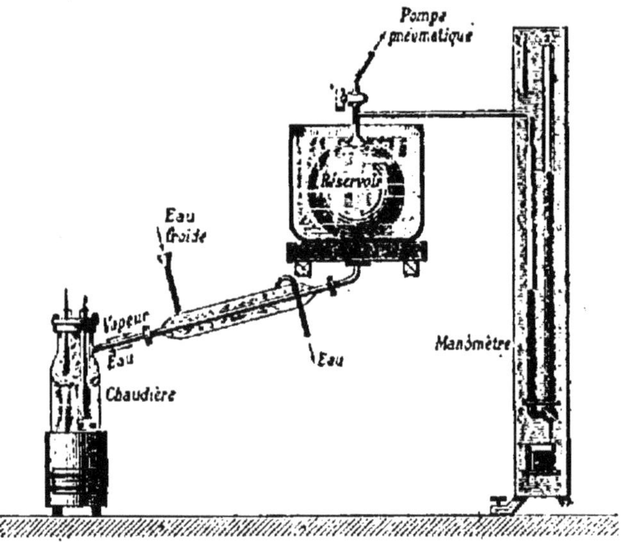

Fig. 156. — Appareil de Regnault (de 60° à 230°).

monte dans le tube incliné, s'y condense au contact de l'eau froide, et le liquide qui résulte de cette liquéfaction retombe dans la chaudière.

On sait que la force élastique maxima de la vapeur d'eau à 100° est égale à 76 centimètres. Cela posé, pour mesurer les forces élastiques maxima au-dessous de 100°, on raréfie l'air dans le réservoir et par suite dans la chaudière ; l'eau que contient cette dernière entre en ébullition à une température d'autant moins élevée que la pression est plus faible. Dès que ce phénomène se produit, les thermomètres contenus dans la chaudière deviennent stationnaires: on note la température d'ébullition ; la force élastique maxima de la vapeur d'eau pour la température observée n'est autre que la pression indiquée au même moment par le manomètre. Pour les températures supérieures à 100°, la pompe pneumatique doit fonctionner comme pompe foulante. On soumet l'air du réservoir et de la chaudière à des pressions croissantes, supérieures à 76 centi-

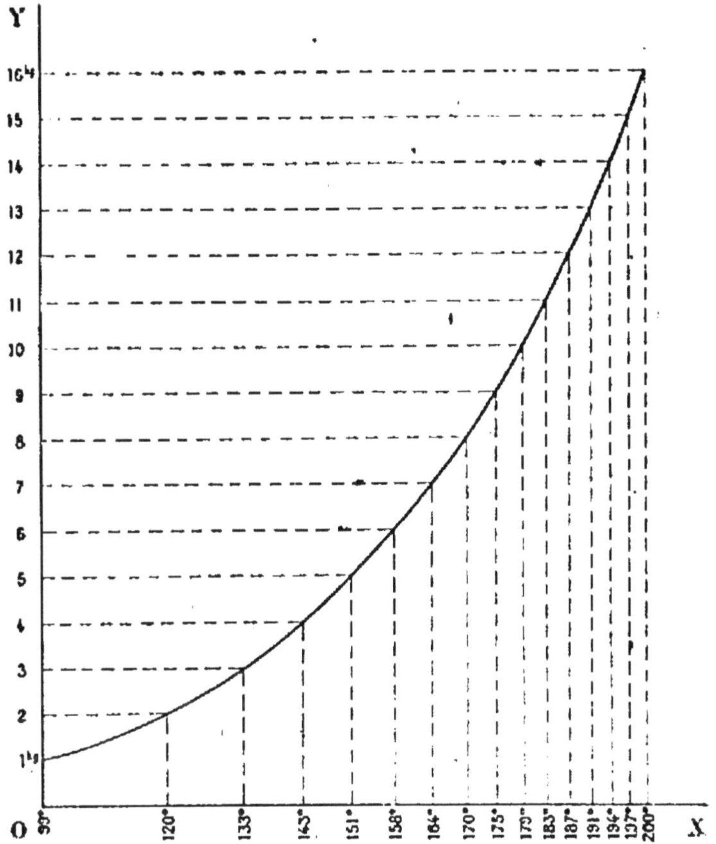

FIG. 157. — Représentation graphique des forces élastiques maxima de la vapeur d'eau dans les limites d'emploi des chaudières.

mètres ; l'ébullition est alors retardée, et il suffit de noter simultanément les indications des thermomètres et du manomètre pour avoir la force élastique correspondant à la température à laquelle s'est produite l'ébullition.

Résultats. — L'ensemble des expériences a conduit aux résultats suivants :

1° *La force élastique maxima de la vapeur d'eau augmente toujours avec la température ;*

2° *Il n'y a pas de relation simple entre la température de la vapeur d'eau et sa force élastique maxima.* De là la nécessité d'établir des tables qui indiquent, en regard de chaque température, la force élastique maxima correspondante.

Dans les calculs industriels, on obtient la force élastique maxima à différentes températures en employant la formule empirique de Duperray : $F = T^4$, formule simple qui est suffisamment approximative. F représente la force élastique maxima de la vapeur d'eau en kilogrammes par centimètre carré, T la température en centaines de degrés.

La figure 157 est la représentation graphique des variations de la force élastique maxima de la vapeur d'eau dans les limites d'emploi des chaudières. Sur l'horizontale on a porté des longueurs proportionnelles aux températures (en négligeant les fractions de degré) auxquelles cette force élastique vaut un nombre entier de kilogrammes, puis on a élevé, aux points marquant ces diverses températures, des perpendiculaires de longueur proportionnelle à 1kg, 2kg, etc. La courbe qui relie tous les points ainsi obtenus montre que la force élastique maxima croît beaucoup plus rapidement que la température.

125. Forces élastiques maxima de la vapeur des différents liquides. — Les liquides émettent presque tous des vapeurs ayant une force élastique plus ou moins grande. Cependant certains liquides, comme l'acide sulfurique normal, la glycérine, ne se vaporisent pas à la température ordinaire. Quant au mercure, la force élastique de sa vapeur ne commence guère à devenir sensible qu'au-dessus de 100° (elle est égale à 0mm,002 à 0°, et à 0mm,0037 à 20°) ; aussi peut-on sans inconvénient la négliger dans les observations barométriques faites à la température ordinaire.

126. Notions sommaires sur la densité des vapeurs. — ***La densité d'une vapeur non saturante se définit,*** comme la densité d'un gaz, ***le rapport entre les masses de deux volumes égaux de vapeur et d'air dans les mêmes conditions de température et de pression.***

D'après cela, la masse M d'un volume V de vapeur dont la densité est *d*, la température *t* et la force élastique *f*, sera donnée par la formule

$$M = V \times 0{,}001293 \times d \times \frac{f}{76} \times \frac{1}{1+\alpha t}. \quad (106)$$

Si l'on prend une vapeur un peu au delà de son point de saturation et si l'on détermine sa densité à des températures de plus en plus élevées, les conditions de pression restant les mêmes, on constate que cette densité décroît progressivement jusqu'à une certaine température au-dessus de laquelle elle devient sensiblement constante. Cette valeur limite vers laquelle tend la densité d'une vapeur à mesure qu'elle s'éloigne de son point de saturation est celle qu'on inscrit dans les tables des densités des vapeurs.

La densité limite de la vapeur d'eau est 0,622 ou sensiblement 5/8 ; celle d'alcool, 1,61 ; celle de soufre, 2,23 ; celle de mercure, 6,98.

127. Mélange des gaz et des vapeurs. — Lorsqu'un liquide est introduit dans une enceinte renfermant un gaz, il émet également des vapeurs, mais cette vaporisation n'est plus instantanée ; elle se produit *lentement.* Si la vapeur formée devient *saturante,* le phénomène obéit à la loi de Dalton : ***La force élastique maxima d'une vapeur saturante formée dans un gaz est la même que celle qu'elle posséderait dans le vide à la même température.***

Pour le vérifier, on se sert d'un grand ballon (*fig.* 158), muni d'un manomètre à air libre, d'un tube permettant l'arrivée de l'air ou d'un gaz et enfin d'un petit entonnoir à robinet R.

Lorsque le ballon est plein d'air sec sous la pression atmosphérique, le mercure est au même niveau dans les deux branches du manomètre. On ouvre le robinet R et, à l'aide d'une poire de compression, on fait pénétrer dans le ballon quelques gouttes d'éther. Le mercure monte lentement dans la grande branche du manomètre et finit par devenir stationnaire. On introduit de nouveau de l'éther jusqu'à ce qu'il en reste un excès liquide au fond du ballon ; quand l'équilibre du mercure est établi, on mesure la distance *h* des niveaux du mercure. Or, si l'on introduit de l'éther en excès dans un baromètre à la même température, on trouve précisément que la dépression du mercure est *h* ; donc la vapeur d'éther acquiert dans l'air la même force élastique que dans le vide à la même température.

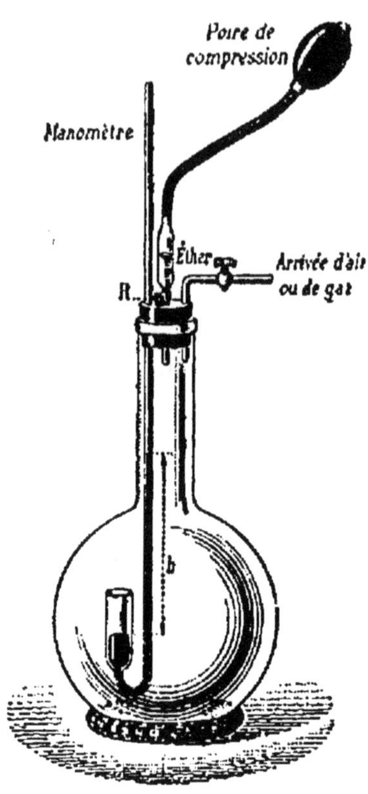

Fig 158. — Appareil de Dalton.

Application. — Soit à déterminer *la masse* M *d'un volume* V *d'air saturé de vapeur d'eau à une température connue t.*

Cette masse se compose de deux parties : la masse m de l'air supposé sec, et la masse m' de la vapeur d'eau. Soient H la pression indiquée par le baromètre et F la force élastique maxima de la vapeur d'eau à $t°$. D'après la loi de Dalton, la force élastique de l'air supposé sec est H — F ; on a donc

$$m = V \times 0{,}001293 \times \frac{H - F}{76} \times \frac{1}{1 + \alpha t}.$$

D'un autre côté, la masse m' de la vapeur d'eau est donnée par la formule

$$m' = V \times 0{,}001293 \times \frac{5}{8} \times \frac{F}{76} \times \frac{1}{1+\alpha t}.$$

Faisons la somme de ces deux quantités, il vient

$$M = V \times 0{,}001293 \times \frac{H - F + \frac{5}{8}F}{76} \times \frac{1}{1+\alpha t},$$

ou

$$M = V \times 0{,}001293 \times \frac{H - \frac{3}{8}F}{76} \times \frac{1}{1+\alpha t}.$$

RÉSUMÉ DU CHAPITRE XIV

On dit qu'un liquide, ou même un solide, se vaporisent quand ils se transforment en un gaz, qu'on appelle alors vapeur. La vaporisation peut avoir lieu à toute température ; elle se fait, soit par évaporation, soit par ébullition.

Dans le vide la vaporisation est instantanée. Si l'on fait l'expérience dans une chambre barométrique, on voit le mercure se déprimer brusquement à chaque introduction de liquide ; à un moment donné, le mercure se recouvre d'une couche de liquide et son niveau ne varie plus : la vapeur est alors saturante et possède sa force élastique maxima.

La force élastique maxima d'une vapeur saturante varie avec la nature du liquide générateur. Pour un même liquide, elle augmente avec la température. Enfin elle est indépendante du volume occupé par la vapeur : si ce volume augmente, une partie du liquide passe à l'état de vapeur ; s'il diminue, une partie de la vapeur saturante passe à l'état liquide. La démonstration se fait avec l'appareil qui a servi pour la vérification de la loi de Mariotte.

La force élastique maxima de la vapeur d'eau à différentes températures a été déterminée principalement par Regnault de — 30° à 230°.

Au-dessous de 0° il s'appuya sur le principe de la paroi froide ; l'eau introduite dans un baromètre à vapeur d'eau distille dans une partie recourbée plongée dans un mélange réfrigérant, et la force élastique maxima au-dessus du mercure représente la force élastique correspondant à la température du mélange réfrigérant. De 0° à 60°, il entourait d'un manchon contenant de l'eau la partie supérieure d'un baromètre témoin et d'un baromètre à vapeur saturante ; l'eau était portée à des températures croissant de 0° à 60° et la différence de niveau du mercure dans les deux baromètres donnait la force élastique maxima pour chaque température. Toutes ces mesures ont montré que la force élastique maxima croît très vite avec la température ; elles ont amené la construction de tables indiquant pour chaque température la force élastique maxima correspondante.

La densité d'une vapeur non saturante est le rapport entre les masses de volumes égaux de vapeur et d'air dans les mêmes conditions de température et de pression.

Quand un liquide est introduit dans un espace déjà occupé par un gaz, sa vaporisation est plus ou moins lente, et si la vapeur est saturante, la force élastique maxima qu'elle acquiert dans ces conditions est la même que dans le vide à la même température.

EXERCICES SUR LE CHAPITRE XIV

58. On fait l'expérience de Torricelli en employant de l'éther au lieu de mercure. Calculer la hauteur à laquelle l'éther s'élève dans le tube lorsque le baromètre à mercure marque $75^{cm},5$. Masse spécifique de l'éther $0^{gr},72$; du mercure $13^{gr},6$. Force élastique maxima de la vapeur d'éther à la température de l'expérience $36^{cm},5$.

59. Dans un récipient de 20^{lit} on introduit $0^{gr},025$ d'eau à 15°. Quelle est la force élastique de la vapeur formée ?

60. Une chambre de 120^{mc} de capacité est remplie d'air saturé d'humidité à 15°. Calculer la masse de l'eau qui se déposera quand la température s'abaissera à 0°. Force élastique maxima de la vapeur d'eau à 15°, $1^{cm},27$; à 0°, $0^{cm},47$. Densité de la vapeur d'eau 5/8. Masse d'un litre d'air à 0° et 76^{cm}, $1^{gr},293$.

61. Un ballon contient 10^{mc} d'hydrogène sec à 15° dans un air dont la pression est $75^{m},6$ et la température 15°. La force élastique de la vapeur d'eau de l'air est $6^{mm},5$. Le ballon pèse $5^{kg},600$. On demande quelle masse il faudra attacher au ballon pour qu'il se tienne en équilibre.

CHAPITRE XV

ÉVAPORATION ET ÉBULLITION

ÉVAPORATION

128. Phénomène de l'évaporation. — *On donne le nom d'évaporation à la formation lente de vapeur à la surface libre d'un liquide sans la production de bulles dans son intérieur.* Cette vaporisation superficielle se produit à toute température.

Dans l'air, l'évaporation est un phénomène continu ; la force élastique de la vapeur ne pouvant devenir maxima, la surface libre du liquide laisse dégager des vapeurs jusqu'à ce que tout le liquide ait disparu. La masse de liquide qui se transforme ainsi en vapeurs pendant une seconde s'appelle la *vitesse d'évaporation*.

La vitesse d'évaporation dépend essentiellement de la *nature du liquide* ; elle est proportionnelle à la force élastique maxima de la vapeur qu'il émet. Ainsi certains liquides, tels que l'éther, le sulfure de carbone, dont les vapeurs ont une force élastique maxima très grande aux températures ordinaires se vaporisent rapidement ; d'autres, comme le mercure, dont les vapeurs ont une force élastique maxima très faible dans les mêmes conditions, ne semblent pas s'évaporer.

129. Causes qui influent sur l'évaporation. — Pour un même liquide, plusieurs causes influent sur l'évaporation ; elle est d'autant plus active :

1° *que la température de l'air ambiant est plus élevée*. Plus l'air est chaud, plus il peut se charger de vapeur avant de se saturer, une élévation de température entraînant une augmentation de la force élastique de la vapeur ;

2° *que la surface libre du liquide est plus grande*. C'est pour cela que l'on choisit des récipients larges et peu profonds pour faire évaporer des liquides à l'air libre, par exemple des dissolutions salines que l'on veut amener à cristalliser. Les marais salants, où l'eau de mer s'étale sur une vaste étendue, sont une autre application de ce principe. On augmente aussi la surface d'évaporation par la division de l'eau tombant d'étage en étage sur des bâtiments dits de graduation ; l'évaporation spontanée réalisée ainsi refroidit l'eau ; de là l'emploi de ces bâtiments pour refroidir l'eau chaude ;

3° *que l'atmosphère ambiante contient moins de vapeurs du même liquide.* L'évaporation doit être très faible dans une atmosphère près d'être saturée et rapide dans une atmosphère sèche ;

4° *que la pression atmosphérique est plus faible.* Dans le vide, l'évaporation a lieu avec une très grande rapidité. Dans l'air elle est plus lente et la vitesse d'évaporation est inversement proportionnelle à la pression atmosphérique ; de là la création d'appareils à concentrer ou à évaporer dans le vide, par opposition à ceux qui travaillent à air libre ;

5° *que l'air est plus agité.* L'agitation de l'air renouvelle plus rapidement les couches chargées de vapeurs qui sont en contact avec le liquide. Chacun sait que le linge mouillé sèche plus vite quand il fait du vent. Dans les séchoirs à air libre on pratique de nombreuses ouvertures sur tout le pourtour, afin de faciliter la circulation rapide à l'intérieur.

130. Froid produit par l'évaporation. — La formation d'une vapeur exige de la chaleur aussi bien que le passage de l'état solide à l'état liquide. Par suite, si un liquide s'évapore, il ne peut emprunter qu'à lui-même et aux corps voisins la chaleur nécessaire pour produire le changement d'état ; il en résulte un abaissement de température.

De nombreux exemples mettent en évidence le froid produit par l'évaporation. On peut citer la sensation de froid qu'on éprouve en sortant d'un bain froid, bien que la température soit plus élevée que celle de l'eau ; la sensation encore plus forte qu'on éprouve quand on verse sur la main quelques gouttes d'un liquide volatil, comme l'éther, le sulfure de carbone. Si l'on entoure d'un tampon d'ouate le réservoir d'un thermomètre et qu'on verse dessus un peu d'éther, on verra le thermomètre baisser rapidement.

On démontre facilement aussi que l'évaporation produit du froid en insufflant de l'air à travers de l'éther pour activer sa vaporisation et en plaçant dans ce liquide un tube renfermant de l'eau : cette eau se congèle rapidement (*fig.* 159).

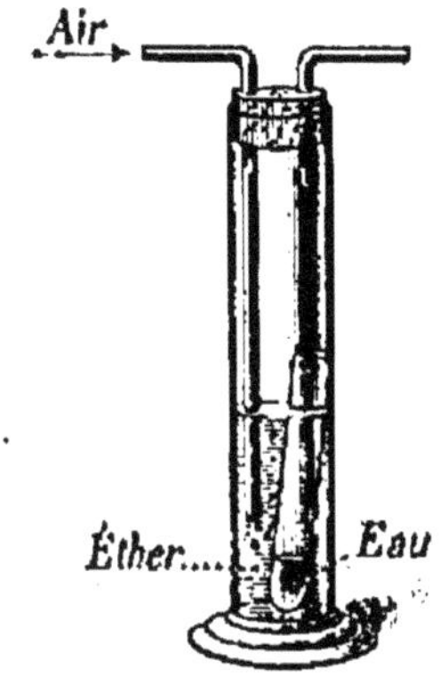

FIG. 159. — Expérience montrant le froid produit par l'évaporation.

Applications. — Dans les pays chauds, on refroidit l'eau à l'aide de vases en terre poreuse *(alcarazas)*, que l'on place dans un courant d'air ; l'eau contenue dans ces vases filtre lentement à travers leurs parois, s'évapore à la surface et produit un abaissement de température d'autant plus grand que l'évaporation est plus active.

La pompe de Carré, appelée souvent *congélateur de Carré,* à cause de sa principale application, produit la congélation de l'eau par l'évaporation dans le vide sec. Cette pompe pneumatique (70) fait le vide dans une carafe (ou dans plusieurs à la fois avec certains types de machines) contenant de l'eau (*fig.* 160). Un gros réservoir intermédiaire en plomb contient de l'acide sulfurique à 66° destiné à absorber la vapeur d'eau au fur et à mesure de sa formation. Les appareils de Carré amènent en trois minutes une carafe d'eau de 30° à 0°, et la congélation commence dans la minute qui suit; ils servent à produire de l'eau glacée, des carafes frappées, des crèmes et des sorbets glacés, de

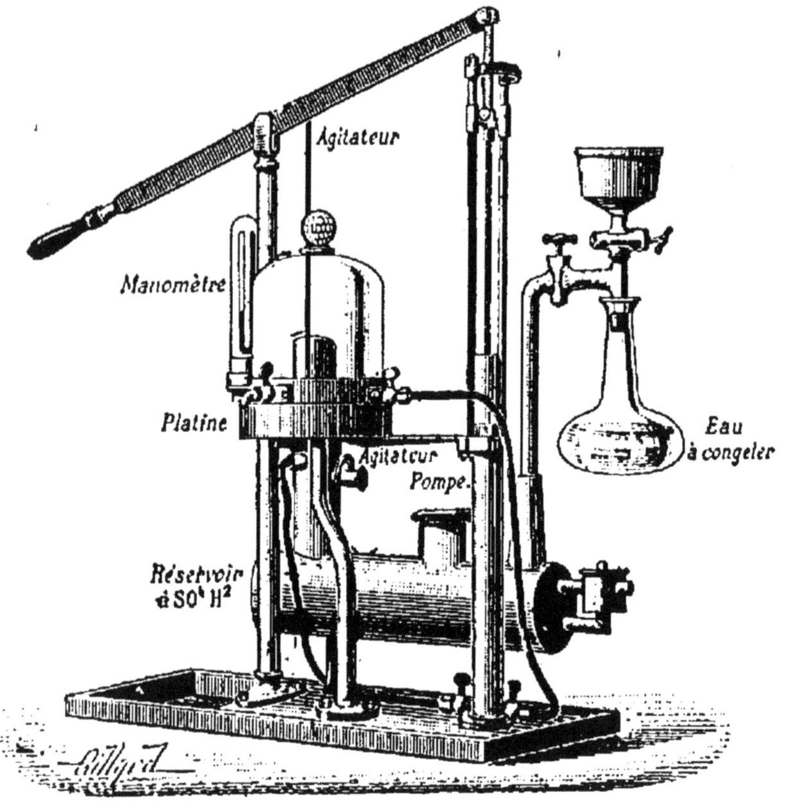

Fig. 160. — Congélateur de Carré.

la glace brute. La glace ainsi obtenue revient à un prix qui varie de 7 à 10 centimes le kilogramme.

Pour fabriquer de la glace en grand, on utilise le froid produit par l'évaporation de certains gaz liquéfiés, comme le gaz ammoniac, le gaz sulfureux, le gaz carbonique.

Dans les laboratoires, on obtient de basses températures par l'évaporation de liquides provenant de corps qui sont gazeux aux températures ordinaires ; il suffit par exemple d'évaporer rapidement de l'anhydride sulfureux liquide autour d'un tube à essais contenant du mercure pour solidifier ce métal (*fig.* 161). On se sert aussi du chlorure de méthyle liquéfié. Enfin, avec les gaz difficilement liquéfiables, comme l'oxygène, l'air, etc., on obtient des températures encore plus basses : c'est ainsi que l'air liquide abaisse la température à — 192° en s'évaporant. Les basses températures ainsi obtenues sont utilisées, comme nous le verrons bientôt, pour liquéfier certains gaz.

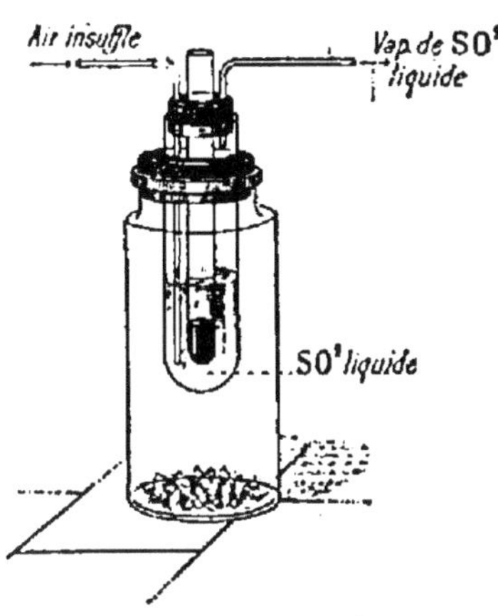

FIG. 161. — Solidification du mercure.

ÉBULLITION

131. Phénomène de l'ébullition. — ***L'ébullition est une vaporisation qui, au lieu d'être lente et presque invisible, est violente et s'accompagne de la production rapide de bulles de vapeur dans la masse même du liquide.***

Mettons de l'eau dans un ballon et chauffons le ballon. Nous verrons d'abord se dégager de toute la masse des bulles très fines constituées par l'air qui était en dissolution dans l'eau. Un peu plus tard, de petites bulles de vapeur se forment au contact même de la paroi chauffée ; mais elles n'arrivent pas à

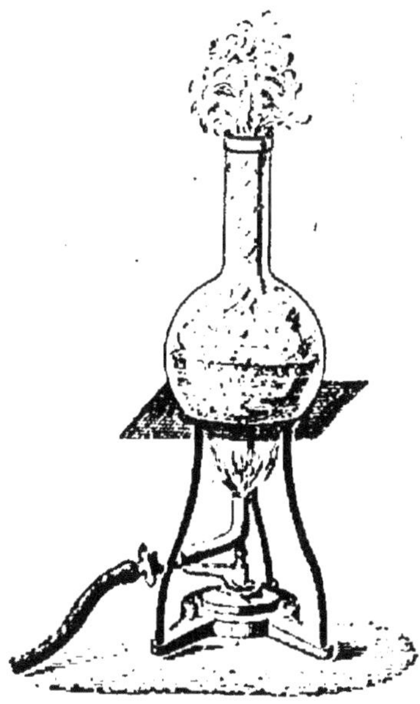
FIG. 162. — Liquide en ébullition.

la surface, car elles rencontrent en s'élevant des couches liquides plus froides qu'elles et se condensent. Cette formation et cette condensation successives des premières bulles de vapeur produisent un bruissement particulier qui caractérise la première phase de l'ébullition : on dit que l'eau *chante*. Bientôt, la température continuant à s'élever, les bulles deviennent plus grosses ; elles s'élèvent en imprimant à tout le liquide un bouillonnement continu et viennent finalement crever à la surface (*fig.* 162). C'est à ce moment que commence l'ébullition proprement dite.

132. Lois de l'ébullition. — **1re Loi :** ***Pour obtenir l'ébullition d'un liquide, il faut le porter à une température telle que la force élastique maxima de sa vapeur soit égale à la pression qui s'exerce à la surface du liquide.***

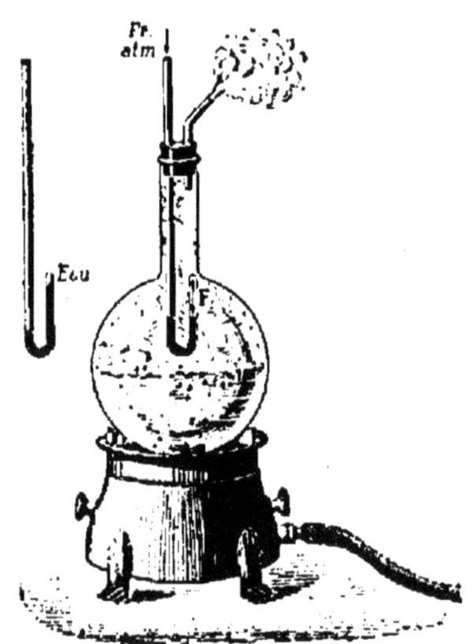

FIG. 163. — Expérience montrant que la force élastique de la vapeur d'eau bouillante est égale à la pression extérieure.

Pour vérifier cette loi dans le cas de l'ébullition à l'air libre, on se sert d'un tube recourbé dont la petite branche est fermée et la grande ouverte (*fig.* 163). Après avoir rempli la petite branche de mercure, on y fait passer une petite quantité d'eau préalablement privée d'air par ébullition, puis on engage le tube dans un ballon contenant de l'eau, qu'on porte à l'ébullition. Dès que la vapeur se dégage, l'eau que renferme la petite branche se réduit elle-même en vapeur et l'on voit les niveaux du mercure se mettre à la même hauteur dans les deux branches. Il ne peut en être ainsi que si ces niveaux supportent de part et d'autre la même pression ; donc la force élastique de la vapeur formée dans la petite branche est égale à la pression atmosphérique.

On appelle point d'ébullition *normal* d'un liquide la température la plus basse à laquelle peut se produire l'ébullition de ce liquide sous la pression de 76cm.

Voici quelques points d'ébullition normaux :

Éther.	35°	Acide sulfurique normal.	326°
Alcool ordinaire. .	78,3	Mercure.	357
Benzine.	80,4	Soufre fondu. . . .	448
Acide azotique ordinaire.	123		

Quand on veut déterminer rapidement le point d'ébullition normal d'un liquide ordinaire, on le place dans un ballon dont le col présente deux compartiments afin de préserver le thermomètre de tout refroidissement (*fig.* 164) ; celui-ci est terminé à sa partie supérieure par un bout de verre plein, ce qui permet de faire baigner dans la vapeur toute la partie graduée. On note la température stationnaire au moment où se produit l'ébullition.

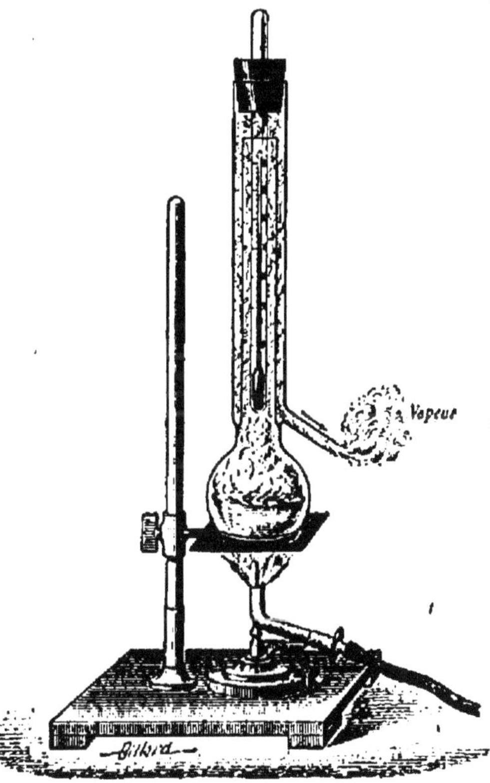

FIG. 164. — Détermination du point d'ébullition d'un liquide ordinaire.

2e Loi : ***Si la pression extérieure ne varie pas, la température d'un liquide en ébulli-***

tion et de sa vapeur reste elle-même constante pendant toute la durée de l'ébullition.

C'est sur cette loi qu'est fondée, comme nous l'avons vu, la détermination du point 100 du thermomètre centigrade.

La chaleur cédée par le foyer pendant toute la durée de l'ébullition est employée uniquement, comme dans la fusion, à produire le travail interne nécessaire pour obtenir le changement d'état sans élévation de température.

133. Chaleur de vaporisation. — *On appelle chaleur de vaporisation d'un liquide, à une température déterminée, la quantité de chaleur qu'il faut céder à 1gr de ce liquide pour le transformer en vapeur saturante à la même température.*

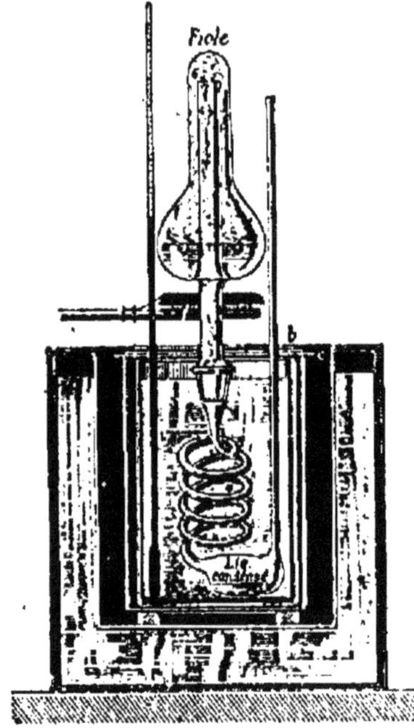

Fig. 165. — Appareil de M. Berthelot pour les chaleurs de vaporisation.

Ainsi, pour transformer 1gr d'eau, déjà chauffée à 100°, en vapeur saturante également à 100°, il faut 537cal. La chaleur de vaporisation de l'eau à 100° est donc 537cal.

On détermine les chaleurs de vaporisation de l'eau et de la plupart des liquides à l'aide d'un appareil très simple imaginé par M. Berthelot. Cet appareil est tout en verre. Il se compose d'une fiole de forme spéciale (*fig.* 165), pouvant être ajustée sur un serpentin plongé dans un calorimètre à enceinte protectrice. Celui-ci est recouvert d'un écran de carton *c* et d'une plaque de bois métallisée *b*, qui le protègent contre le rayonnement de la flamme d'une rampe à gaz servant à chauffer la fiole. Pour faire une expérience, on introduit dans la fiole, préalablement taréq, 20 à 30gr du liquide à étudier et on le porte à l'ébullition ; la vapeur formée se rend, sans se refroidir, dans le serpentin où elle se condense ; le liquide condensé se rassemble dans un récipient qui fait suite au serpentin. Quand le thermomètre accuse une augmentation de température de 4 à 5°, on enlève la fiole, on la bouche et on la laisse refroidir. En même temps, on note la température maxima θ de l'eau du calorimètre.

La diminution de masse de la fiole et de son contenu donne la masse M de la vapeur qui s'est condensée dans le serpentin. Appelons t la température initiale de l'eau du calorimètre, M' sa masse, C l'équivalent en eau du calorimètre, x la chaleur de vaporisation du liquide, T sa température d'ébullition sous la pression atmosphérique actuelle. La vapeur a cédé Mx^{cal} pour se liquéfier, plus, sensiblement, $Mc\left(T - \frac{t+\theta}{2}\right)^{cal}$ pour se refroidir de T à θ°. On a donc l'équation

$$Mx + Mc\left(T - \frac{t+\theta}{2}\right) = (M' + C)(\theta - t).$$

De tous les liquides, l'eau est celui qui possède la plus grande chaleur de vaporisation ; celle de l'alcool ordinaire, par exemple, est de 208cal ; celle de l'éther ordinaire, 91cal.

134. Influence de l'air et des gaz sur l'ébullition. — Quand un liquide a été entièrement purgé d'air ou de gaz, il ne bout que très difficilement et à une température supérieure à la température dite *normale*.

Pour montrer l'influence des gaz dissous, on fait bouillir de l'eau quelque temps et on cesse de chauffer ; l'ébullition s'arrête, mais elle reprend aussitôt avec violence si l'on projette dans cette eau de la limaille de fer, la limaille entraînant de l'air au sein du liquide.

Citons encore l'expérience de Donny. Dans un tube recourbé, on introduit de l'eau distillée que l'on fait bouillir pendant longtemps avant de fermer le tube à la lampe ; de cette manière, il n'y a plus aucun gaz interposé, ni dans la masse du liquide, ni sur son contour, et la surface de l'eau contenue dans la branche recourbée ne supporte que la force élastique très faible de la vapeur d'eau qui occupe le reste du tube. Or, si l'on plonge cette branche recourbée dans une solution de chlorure de calcium et si l'on chauffe graduellement (*fig.* 166), on peut élever la température jusque vers 135° sans qu'il y ait ébullition. A ce moment, la colonne liquide se rompt brusquement et une partie est projetée violemment dans les boules, qui sont quelquefois brisées, bien qu'elles soient séparées par des étranglements destinés à amortir le choc.

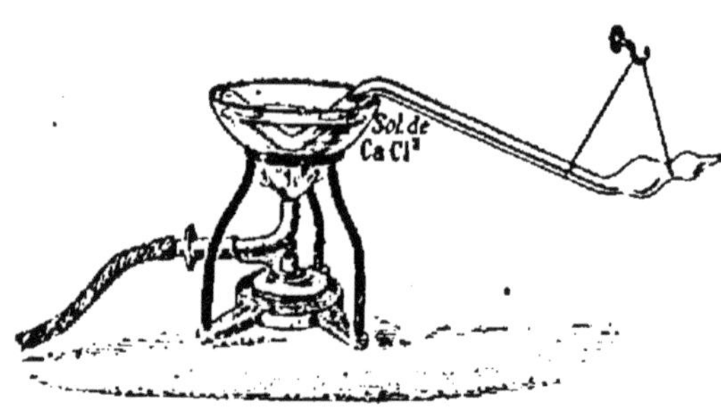

Fig. 166. — Expérience de Donny.

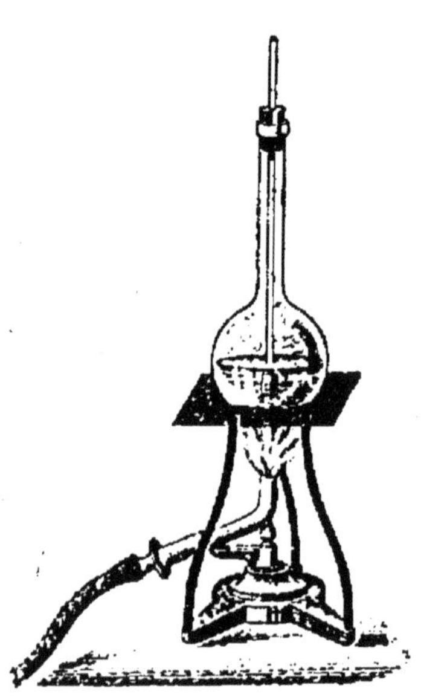
Fig. 167. — Expérience de Gernez.

M. Gernez a montré que, dans un liquide en ébullition, la vapeur se forme toujours à la surface de petites bulles d'air préexistant en certains points des parois du vase qui renferme le liquide. Chaque bulle se sature de vapeur d'eau, augmente de volume à mesure que la température s'élève et donne naissance à une série de bulles de vapeur qui se dégagent en n'entraînant avec elles qu'une portion insignifiante de l'air. Pour faire l'expérience, on introduit au milieu d'une masse d'eau une petite cloche contenant de l'air (*fig.* 167), et on chauffe progressivement ; à un moment donné, des bulles de vapeur s'échappent de la cloche. Ce dégagement peut persister presque indéfiniment si la température est maintenue constante.

135. Influence de la pression extérieure sur l'ébullition. — D'après la première loi de l'ébullition, la température d'ébullition d'un liquide dépend essentiellement de la pression que supporte sa surface libre ; elle s'élève quand la pression augmente et s'abaisse quand la pression diminue. En particulier, l'eau ne bout exactement à 100°, en vase ouvert, que si la pression atmosphérique est de 76^{cm}.

I. Ébullition de l'eau sous des pressions inférieures à 76^{cm}. — Sous des pressions inférieures à 76^{cm}, l'eau bout à une température inférieure à 100°. Il en est ainsi dans les hautes régions, la pression exercée par l'atmosphère diminuant à mesure qu'on s'élève. Sur le sommet du Mont Blanc, par exemple, l'eau bout à 84°,5.

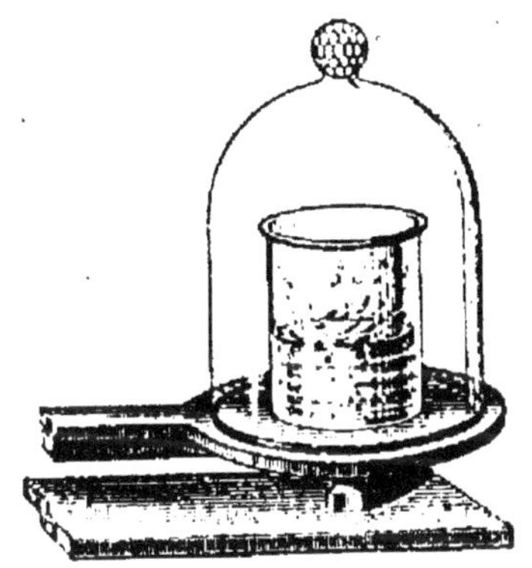

FIG. 168. — Ébullition de l'eau dans de l'air raréfié.

Dans les laboratoires, on met facilement en évidence cet abaissement du point d'ébullition sous des pressions réduites. Si l'on raréfie l'air au-dessus d'un vase contenant de l'eau tiède (*fig.* 168), l'ébullition ne tarde pas à se produire.

L'expérience suivante, due à Franklin, permet de se passer de trompe à eau. On fait bouillir de l'eau dans un ballon à long col afin de chasser l'air du ballon; puis on le bouche hermétiquement et on le retourne en faisant plonger le goulot dans un vase plein d'eau (*fig.* 169).

L'eau a alors cessé de bouillir; mais si l'on applique sur la partie supérieure du ballon un linge imbibé d'eau froide, une vive ébullition se manifeste aussitôt. Cela tient à ce que le refroidissement a produit une condensation de la vapeur d'eau et par suite une diminution de force élastique intérieure.

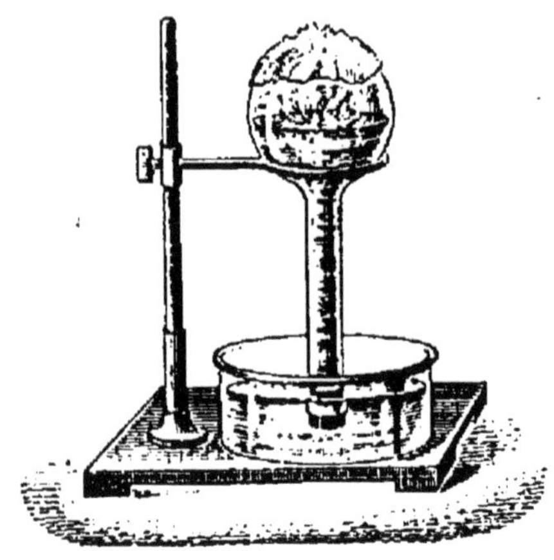

FIG. 169. — Expérience de Franklin.

Enfin les congélateurs Carré (130) montrent que l'eau peut entrer en ébullition à 0° au milieu de la glace qui se forme alors par suite du froid produit par la vaporisation.

Dans l'industrie, on évapore sous pression réduite les liquides comme les jus sucrés de betterave, les bouillons de gélatine, les sirops pour confiserie, les jus de viande pour conserves alimentaires, qui pourraient s'altérer si on n'abaissait pas leur point d'ébullition normal.

II. Action de la chaleur sur l'eau sous des pressions supérieures à 76cm. — On étudie cette action avec la *marmite de Papin*. C'est une chaudière en bronze à parois épaisses, dont le couvercle, maintenu fortement par une vis de pression (*fig.* 170), porte un orifice fermé par une soupape de sûreté *s*. On met de l'eau dans la chaudière et on place celle-ci sur un foyer ; la vapeur qui se dégage, ajoutant sans cesse sa force élastique maxima à la force élastique de l'air contenu dans la chaudière, la pression exercée par l'atmosphère confinée au-dessus de l'eau va constamment en augmentant, de sorte que la température d'ébullition s'élève à mesure qu'on chauffe, sans jamais être atteinte. Si l'on soulève le levier qui charge la soupape de sûreté, c'est la pression atmosphérique qui agit alors sur l'eau ; celle-ci entre aussitôt en ébullition, un jet de vapeur s'échappe par l'orifice et la température s'abaisse rapidement aux environs de 100°.

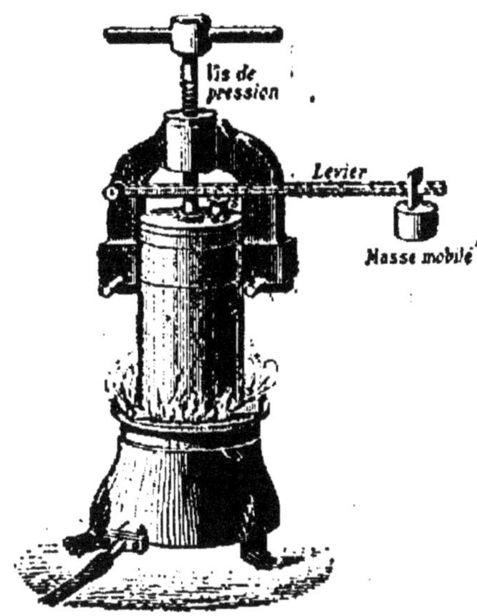

Fig. 170. — Marmite de Papin.

La possibilité de porter des liquides en vase clos à des températures supérieures à leur point d'ébullition normal est utilisée dans les *autoclaves*. Ce sont des récipients résistants utilisés pour la stérilisation des boîtes de conserves alimentaires, pour l'injection des traverses de chemins de fer, pour la saponification des corps gras.

La figure 171 donne une vue d'ensemble d'un autoclave à conserves. Les boîtes contenant la matière à conserver sont placées dans un panier en fer que l'on introduit dans l'autoclave.

L'autoclave est suffisamment rempli d'eau pour que toutes les boîtes soient immergées. Le couvercle étant mis en place, on porte l'eau à l'ébullition, et, la soupape étant réglée à une pression pouvant varier de 1kg à 1kg,5, les boîtes sont soumises à un chauffage au bain-marie dont la température, pour une pression de 1kg,5 par exemple, serait de 127°.

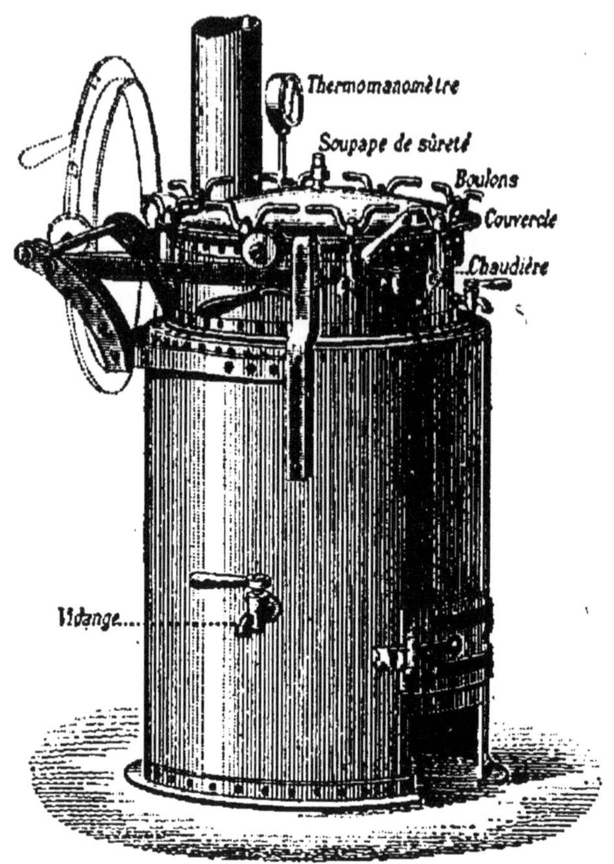

FIG. 171. — Autoclave pour conserves à feu nu.

136. Influence des sels en dissolution sur l'ébullition. — A l'inverse des gaz, les sels dissous retardent l'ébullition. Une dissolution saturée de sel marin bout à 108°,4 ; une dissolution saturée de chlorure de calcium, à 179°,5. Dans tous les cas, la vapeur qui se dégage possède la température pour laquelle la force élastique de la vapeur d'eau pure est égale à la pression de l'atmosphère qui surmonte le liquide ; elle est, par exemple, 100° si la pression extérieure est de 76cm, et cela quelle que soit la température indiquée par un thermomètre immergé dans la solution saline au moment de l'ébullition. C'est pour cette raison que dans la détermination du point 100 des thermomètres on fait plonger le thermomètre dans la vapeur et non dans le liquide.

137. Caléfaction. — *La caléfaction est une exception apparente aux lois de l'ébullition présentée par les liquides lorsqu'ils sont versés sur des surfaces chauffées à haute température.*

Si l'on chauffe au rouge une plaque métallique et si on y projette un peu d'eau, le liquide ne s'étale pas comme il le ferait à la température ordinaire ; il se sépare en petits globules arrondis, qui roulent continuellement à la surface de la plaque sans entrer en ébullition et disparaissent au bout de quelques minutes par une évaporation successive.

On peut faire deux remarques importantes au sujet de la caléfaction.

1° *Il n'y a pas contact entre le liquide caléfié et la plaque chaude qui le supporte.* Pour le démontrer, on projette un peu d'eau colorée en noir sur une plaque horizontale préalablement portée au rouge et on maintient en repos un des globules formés en y faisant pénétrer un fil de platine. En disposant alors la flamme d'une bougie sur le prolongement de la plaque, on aperçoit très nettement la lumière entre la plaque et le globule (*fig.* 172) ;

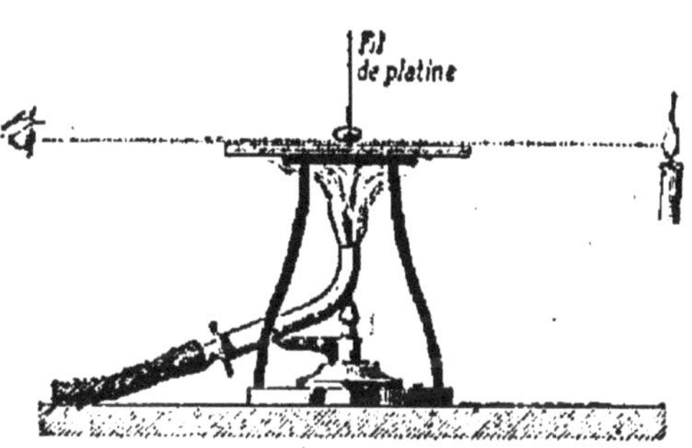

Fig. 172. — Phénomène de la caléfaction.

2° *La température d'un liquide caléfié est inférieure à son point d'ébullition.* On le vérifie en maintenant dans un globule d'eau en caléfaction un petit thermomètre à réservoir plat : on trouve que la température n'est guère supérieure à 97°.

Le phénomène de la caléfaction s'explique en admettant que

le liquide caléfié est maintenu à distance de la surface chauffée par une petite couche de vapeur dont la force élastique est relativement considérable. Cette vapeur se produit d'une façon continue et provoque, par son dégagement, l'agitation des globules.

Le phénomène de la caléfaction explique pourquoi on peut, avec la main mouillée, toucher une barre de fer rougie ou couper rapidement un jet de plomb fondu sans éprouver aucune sensation de brûlure.

Dans les chaudières à vapeur, certaines explosions sont dues à la caléfaction. Si les incrustations calcaires provenant de l'eau d'alimentation viennent à se détacher en certains points lorsque les parois sont fortement chauffées, l'eau ne se met pas en contact immédiat avec ces parois ; mais dès que la température s'abaisse suffisamment, il se produit brusquement une énorme quantité de vapeur qui peut amener l'explosion de la chaudière.

RÉSUMÉ DU CHAPITRE XV

L'*évaporation* est la formation lente de vapeurs à la surface d'un liquide. A l'air libre elle est continue, la force élastique de la vapeur ne pouvant devenir maxima. La vitesse d'évaporation à l'air libre dépend de la nature du liquide ; pour un même liquide, elle augmente notamment avec la température de l'air ambiant, la surface libre du liquide et l'agitation de l'air.

L'évaporation est accompagnée d'un abaissement de température, car la chaleur exigée pour la formation de la vapeur ne peut être empruntée qu'au liquide qui s'évapore. Le froid produit par l'évaporation est utilisé pour fabriquer de la glace (congélateurs de Carré), pour obtenir de basses températures, etc.

L'*ébullition* est la formation brusque de vapeurs dans la masse même d'un liquide. Elle se produit à une température telle que la force élastique maxima de la vapeur soit égale à la pression qui s'exerce à la surface du liquide. Si cette pression ne varie pas, la température reste constante pendant toute la durée de l'ébullition.

La chaleur de vaporisation d'un liquide, à une température déterminée, est la quantité de chaleur qu'il faut céder à 1gr de ce liquide pour le transformer en vapeur saturante à la même température.

Un liquide qui a été purgé d'air ou de gaz ne bout que difficilement (expérience de Donny).

La température de l'ébullition d'un liquide dépend essentiellement de la pression que supporte sa surface libre ; elle s'abaisse quand la pression diminue (ébullition de l'eau tiède dans de l'air raréfié, expérience de Franklin); elle s'élève quand la pression augmente (marmite de Papin).

Les sels dissous retardent l'ébullition.

EXERCICES SUR LE CHAPITRE XV

62. Combien de grammes de vapeur d'eau à 100° faut-il amener dans 1 000gr d'eau à 30° pour obtenir une température finale de 50°?

63. Un vase pesant 100gr et fait d'une substance dont la chaleur spécifique est 0,5 contient à 0°, 300gr d'eau et 50gr de glace. Déterminer la masse de vapeur d'eau à 100° qu'il est nécessaire de faire condenser dans ce vase pour que la température définitive soit 20°.

64. Étant donné un gaz combustible de densité 0,39 qui dégage en brûlant 11 000 calories par kilogramme et qui coûte 0fr,20 le mètre cube, combien coûterait, à l'aide d'un brûleur alimenté par ce gaz, la production de 100 000 calories, et quelle masse d'eau à 10° pourrait-on transformer en vapeur à 100° en utilisant 65 °/o de cette quantité de chaleur?

CHAPITRE XVI

LIQUÉFACTION DES VAPEURS ET DES GAZ

138. Température critique. — Au point de vue physique, il n'existe aucune différence essentielle entre les vapeurs et les gaz : tous les gaz ayant été liquéfiés, peuvent être considérés comme la vapeur d'un certain liquide ; d'un autre côté, l'étude des vapeurs montre que, plus elles s'éloignent de leur point de saturation, soit par élévation de température, soit par diminution de pression, plus leurs propriétés se rapprochent de celles des gaz parfaits. Les procédés par lesquels on liquéfie les gaz et les vapeurs doivent donc être analogues en principe.

La première condition requise pour que la liquéfaction

soit possible est que la température du gaz ou de la vapeur soit inférieure à sa *température critique.*

On appelle température critique d'un fluide élastique (gaz ou vapeur) une température au-dessus de laquelle le fluide ne peut affecter que l'état gazeux, quelle que soit la pression qu'on exerce sur lui.

Pour démontrer l'existence de cette température, on prend un tube de verre épais, qui a été scellé à la lampe après avoir été rempli aux 3/4 de gaz carbonique liquide (*fig.* 173), et on le plonge dans de l'eau dont on élève peu à peu la température : le liquide se dilate d'abord considérablement; à 31° (température critique du gaz carbonique), la surface libre disparaît et le tube tout entier paraît rempli par un même fluide.

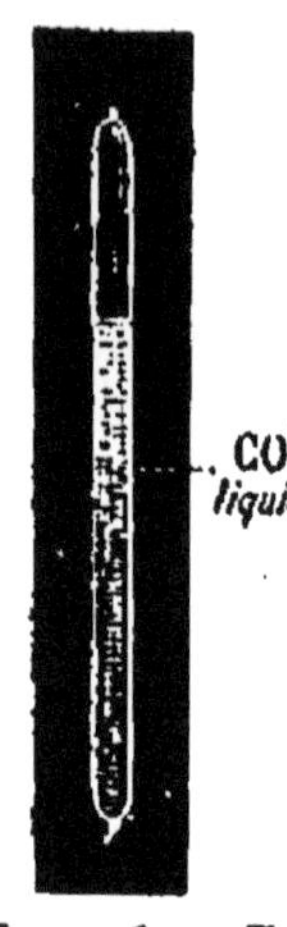

Fig. 173. — Tube pour la démonstration de l'existence de la température critique du gaz carbonique.

En laissant la température s'abaisser au-dessous de 31°, on voit réapparaître le liquide.

La température critique des vapeurs ordinaires est relativement élevée; elle est de 365° pour la vapeur d'eau, 230° pour la vapeur d'alcool, 190° pour la vapeur d'éther. Pour la plupart des gaz, au contraire, la température critique est plus ou moins basse; elle est inférieure à — 100° pour l'hydrogène, l'azote et l'oxygène.

Andrews s'est basé sur la considération des températures critiques pour préciser la notion de gaz et de vapeur : un fluide élastique doit s'appeler *vapeur* au-dessous de la température critique, *gaz* au-dessus. Ainsi l'anhydride carbonique est une vapeur liquéfiable à toute température inférieure à 31° ; au-dessus de 31°, c'est un gaz résistant aux pressions les plus considérables que l'on puisse produire.

139. Liquéfaction des vapeurs. — Distillation. — *Une vapeur se liquéfie dès que la pression qu'elle supporte devient supérieure à sa force élastique maxima.* Pour liquéfier une vapeur, il faut donc, soit la refroidir au-dessous de la température où sa force élastique maxima est égale à la pression extérieure, soit la comprimer de manière à rendre cette pression supérieure à sa force élastique maxima.

Fig. 174. — Appareil pour distiller l'eau dans les laboratoires.

Le premier procédé est le plus ordinairement employé. On condense les vapeurs d'acide azotique, de sulfure de carbone, etc., en les recevant dans des récipients entourés d'eau froide.

Quand on veut séparer d'un liquide les matières solides ou volatiles qu'il peut contenir, on le *distille*. Pour cela, on le porte à l'ébullition et l'on fait passer ses vapeurs dans un serpentin entouré d'eau froide. Nous donnerons comme exemple la distillation de l'eau dans les laboratoires.

L'eau est chauffée dans un alambic en cuivre (*fig.* 174), constitué par une chaudière appelée *cucurbite* dont le couvercle est un dôme appelé *chapiteau*. Le chapiteau est relié au *serpentin*, tube contourné contenu dans un cylindre plein d'eau froide. La vapeur d'eau provenant de l'alambic se condense dans ce serpentin et l'eau distillée est recueillie dans un vase extérieur. Comme l'eau du cylindre s'échauffe par le fait de la condensation de la vapeur, on la renouvelle constamment en faisant couler de l'eau froide dans un tube qui descend jusqu'au fond du cylindre ; l'eau la plus chaude étant la moins dense, remonte et s'écoule à la partie supérieure.

140. Liquéfaction des gaz facilement liquéfiables. — Nous appellerons ainsi les gaz dont la température critique est supérieure aux températures ordinaires; tels sont le gaz sulfureux (155°), le gaz carbonique (31°). Pour liquéfier ces gaz, il suffit de les refroidir ou de les comprimer de manière à amener leur force élastique maxima à devenir inférieure à la pression qu'ils supportent.

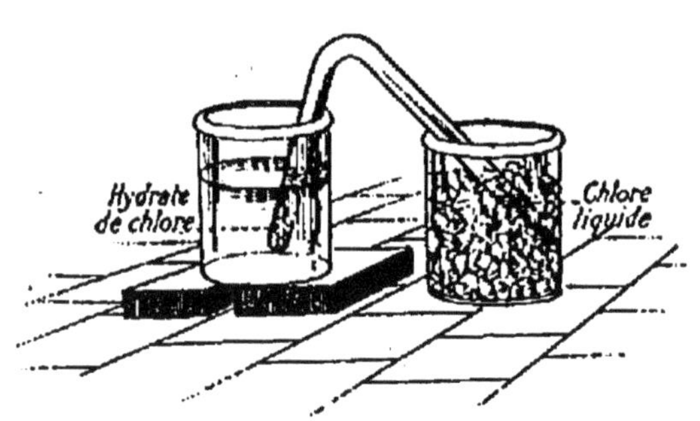

Fig. 175. — Liquéfaction du chlore.

Nous donnerons comme exemple la liquéfaction du chlore (*fig.* 175). On introduit la matière destinée à produire le gaz (hydrate de chlore) dans l'une des branches d'un tube de verre dit de Faraday, puis on ferme ce tube à la lampe. La branche contenant la matière est alors plongée dans l'eau tiède pendant que l'autre branche est entourée de glace. Dès que la force élastique du gaz qui se dégage devient égale à la force élastique maxima à la température de la branche froide, la liquéfaction commence et il se produit une véritable distillation du liquide de la branche chaude vers la branche froide, dans laquelle il se rassemble rapidement.

Quand les gaz exigent des pressions de 30kg à 40kg, comme le gaz carbonique, on les refoule par une pompe de compression dans des réservoirs en fer entourés de glace où ils se liquéfient.

141. Liquéfaction des gaz difficilement liquéfiables. — Six gaz, dont la température critique est plus ou moins basse, résistèrent pendant longtemps à toutes les tentatives faites pour les liquéfier; les plus importants sont l'*oxygène* et l'*hydrogène,* qui, par leur combinaison, forment l'eau, et l'*azote,* qui est un des éléments de l'air. On les appela des gaz *permanents*. Les expériences d'Andrews sur les températures critiques vinrent expliquer l'insuccès de ces tentatives : les gaz n'avaient pas été refroidis au-dessous de leur température critique et n'étaient pas, dans ces conditions, des vapeurs liquéfiables.

En 1877, M. Cailletet parvint à les liquéfier par une méthode qui consiste en principe à comprimer fortement le gaz dans un espace clos, puis, quand il a repris la température ordinaire, à lui faire subir une diminution brusque de pression. Cette détente (49) produit un abaissement de température assez considérable pour que le gaz se liquéfie, malgré la diminution de pression.

Le gaz à liquéfier est contenu dans un tube en verre épais T, dont la partie inférieure, large et ouverte, plonge dans une cuve en fonte à demi remplie de mercure et dont la partie supérieure, étroite et fermée, reste visible (*fig.* 176). Cette dernière est entourée à la fois d'un manchon cylindrique dans lequel on peut introduire un mélange réfrigérant liquide ou de l'eau et d'une cloche de sûreté, destinée à arrêter les éclats de verre dans le cas où l'extrémité du tube viendrait à se briser.

La pression est produite par une pompe hydraulique qui aspire de l'eau dans un réservoir extérieur et la refoule au-dessus du mercure contenu dans la cuve en fonte; le jeu du levier permet d'obtenir facilement une pression de 200kg. Lorsqu'on veut atteindre des pressions plus élevées, on enfonce lentement un piston plongeur commandé par le volant V.

Quand le gaz comprimé n'occupe plus que quelques centimètres cubes dans le tube étroit, on ouvre le robinet à vis V' : la force élastique considérable qui régnait dans l'appareil cesse

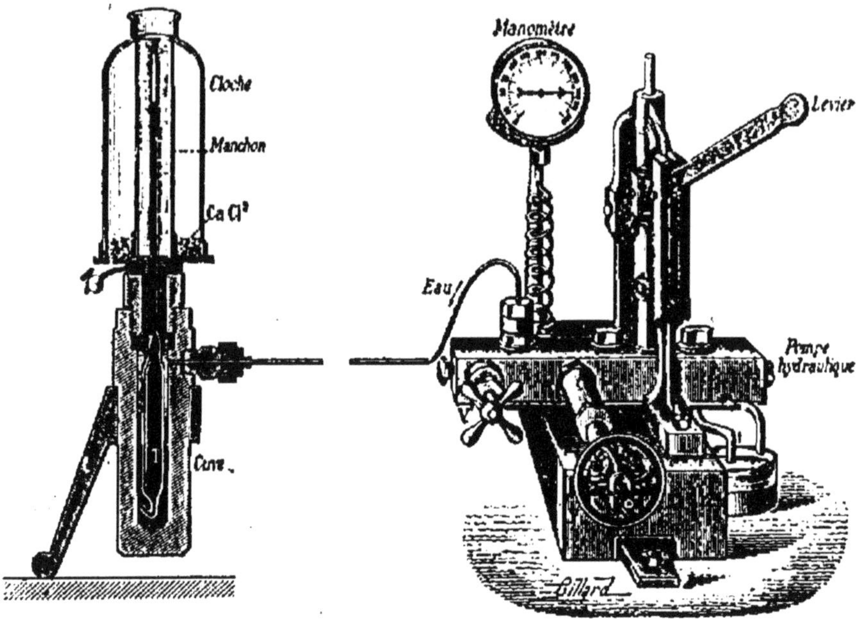

Fig. 176. — Appareil de M. Cailletet.

brusquement, et le gaz reprend son volume primitif en subissant un abaissement considérable de température. On voit alors le tube se remplir pendant quelques instants d'un brouillard épais indiquant que la liquéfaction s'est produite.

En 1883, deux savants russes, MM. Wroblewski et Olzewski, en utilisant le froid produit par l'évaporation d'un carbure d'hydrogène liquéfié, l'éthylène, parvinrent à obtenir à l'état de liquide permanent les gaz qu'on n'avait vus jusque-là qu'à l'état de brouillard au moment de la détente.

Le tube contenant le gaz était deux fois recourbé (*fig.* 177);

la branche descendante plongeait dans une éprouvette contenant de l'éthylène liquide que l'on faisait bouillir dans le vide à l'aide d'une pompe à mercure, ce qui donnait un froid d'environ — 136°. En même temps le gaz était plus ou moins comprimé à l'aide d'une pompe hydraulique. MM. Wroblewski et Olzewski obtinrent facilement l'oxygène liquide en exerçant une pression de 22kg (la température critique de l'oxygène est — 113°), mais pour l'azote ils durent employer la détente.

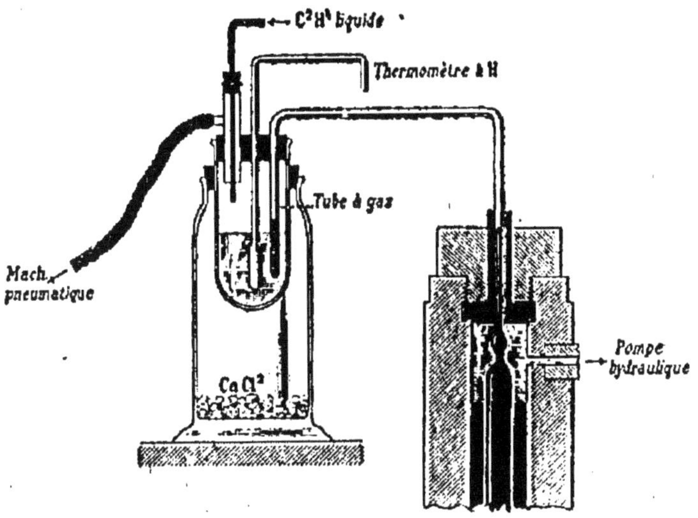

Fig. 177. — Disposition théorique de l'appareil de MM. Wroblewski et Olzewski.

Dans une deuxième série d'expériences, ces mêmes savants, en utilisant le froid produit par l'évaporation de l'oxygène liquide, qui bout à — 184°, réussirent à conserver plus longtemps l'azote à l'état liquide et à liquéfier l'hydrogène.

En détendant l'azote liquéfié sous une pression de 100kg ils obtinrent des cristaux d'aspect neigeux. Enfin l'hydrogène comprimé à 100kg dans un bain d'azote liquide à — 213° et détendu brusquement, donna un liquide transparent et incolore.

142. Air liquide. — L'air liquide commence à prendre une véritable importance industrielle à cause du prix relativement peu élevé auquel on est arrivé à le fabriquer et des nombreuses applications qu'il comporte.

Les appareils employés pour liquéfier l'air sont basés généralement sur le froid résultant d'une détente continue de l'air. Nous décrirons comme exemple l'appareil de M. Linde (*fig.* 178).

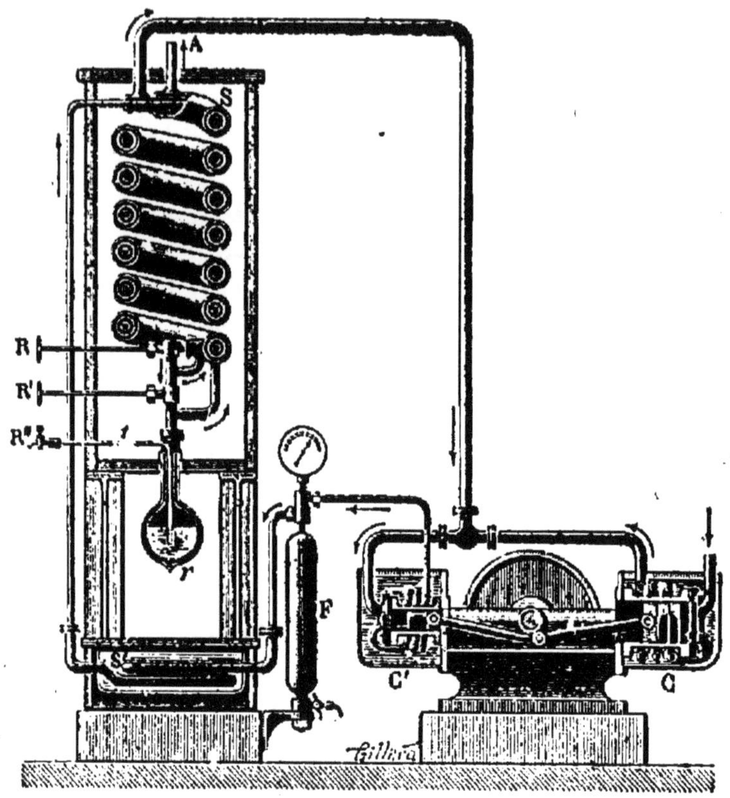

Fig. 178. — Appareil de M. Linde pour la liquéfaction de l'air.

Cet appareil se compose essentiellement d'un compresseur à deux cylindres C, C' et d'un triple serpentin S composé de tubes concentriques en cuivre. L'air extérieur, comprimé à 16^{kg} dans le cylindre C, passe dans le cylindre C' où sa pression est portée à 200^{kg}, puis traverse un serpentin en fer S' refroidi au moyen d'un mélange de glace et de chlorure de calcium. L'air ainsi refroidi parcourt de haut en bas le serpentin intérieur, se détend à 16^{kg} en traversant un robinet à pointeau R, et retourne par le serpentin qui entoure le premier au cylindre C' qui le comprime de nouveau à 200^{kg} pour lui faire parcourir le même cycle. Une partie de l'air, 5 % environ, se liquéfie par le fait de la détente.

On ouvre le robinet R' et l'air liquide se rassemble dans un récipient r à double paroi entre lesquelles existe un vide presque parfait, et d'où on peut faire écouler le liquide par un tube t et un robinet R''.

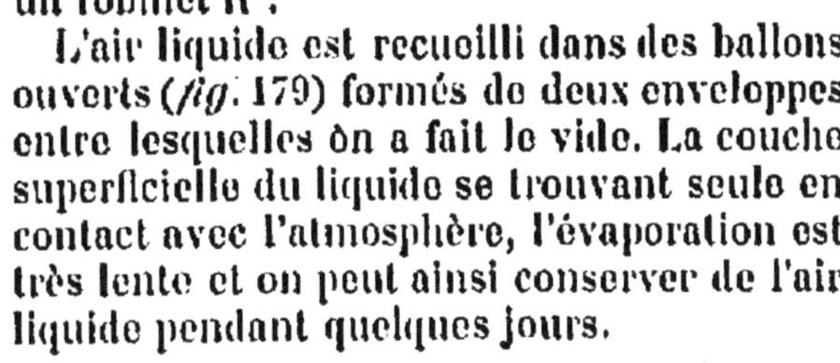

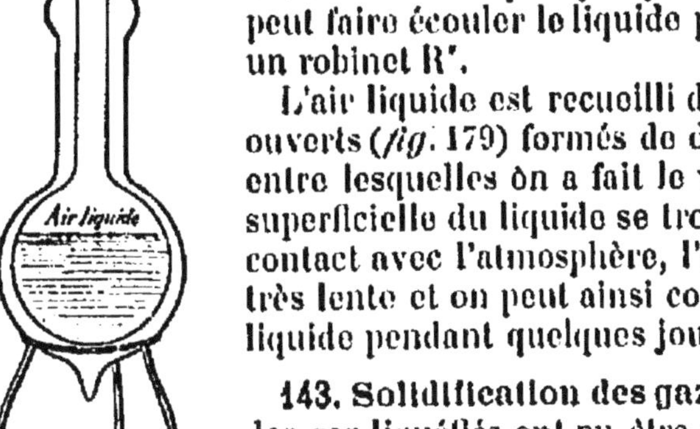

Fig. 179. — Ballon d'Arsonval.

L'air liquide est recueilli dans des ballons ouverts (*fig.* 179) formés de deux enveloppes entre lesquelles on a fait le vide. La couche superficielle du liquide se trouvant seule en contact avec l'atmosphère, l'évaporation est très lente et on peut ainsi conserver de l'air liquide pendant quelques jours.

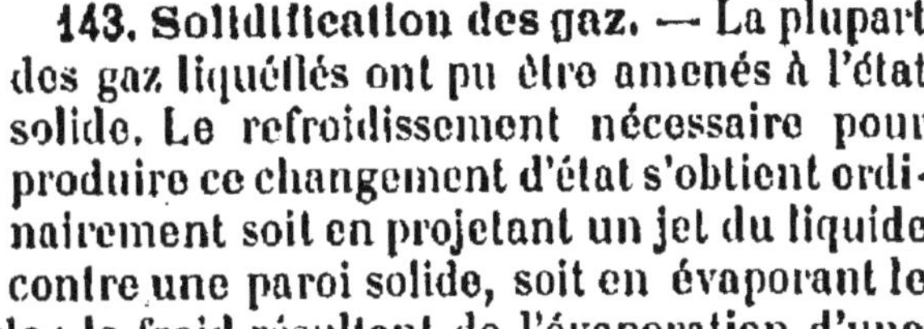

143. Solidification des gaz. — La plupart des gaz liquéfiés ont pu être amenés à l'état solide. Le refroidissement nécessaire pour produire ce changement d'état s'obtient ordinairement soit en projetant un jet du liquide contre une paroi solide, soit en évaporant le liquide dans le vide : le froid résultant de l'évaporation d'une partie du liquide détermine la solidification du gaz carbonique.

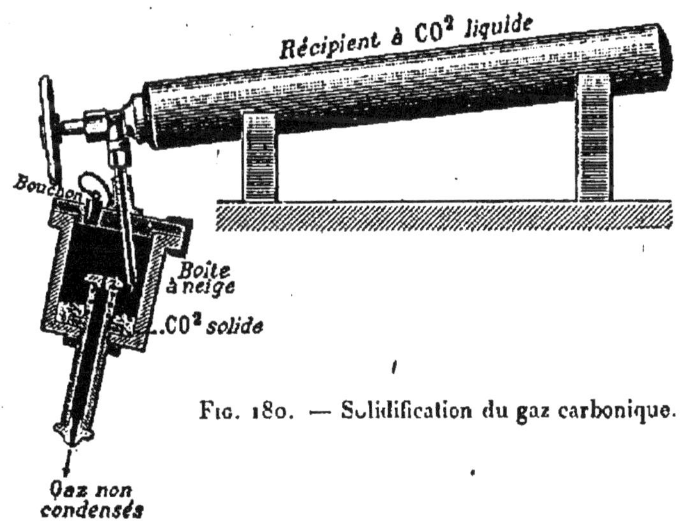

Fig. 180. — Solidification du gaz carbonique.

L'anhydride carbonique est livré au commerce dans des

récipients en fer terminés par une vis qu'il suffit de tourner pour faire échapper le liquide par un ajutage. Un de ces récipients étant légèrement incliné sur un support (*fig.* 180), on adapte l'ajutage à un tube qui traverse le couvercle d'une boîte en ébonite (boîte à neige) et on laisse écouler lentement le liquide. La neige obtenue, en s'évaporant lentement à l'air, produit un froid de — 78°. Sèche, elle peut être comprimée et moulée en bâtons solides (crayons de neige) ; ces crayons, tenus avec un porte-crayon en ébonite, sont utilisés pour l'application thérapeutique du froid.

RÉSUMÉ DU CHAPITRE XVI

Les gaz ont tous été liquéfiés ; on peut donc considérer chacun d'eux comme la vapeur d'un certain liquide. Les lois de la liquéfaction des gaz et des vapeurs sont inverses de celles de la vaporisation : un fluide élastique se liquéfie dès que sa force élastique maxima devient inférieure à la pression à laquelle il est soumis (pourvu toutefois que sa température soit inférieure à sa température critique). On appelle température critique d'un fluide élastique (gaz ou vapeur) une température au-dessus de laquelle il ne peut être liquifié quelle que soit la pression qu'on exerce sur lui.

On liquéfie ordinairement les vapeurs par simple refroidissement (distillation de l'eau). Les gaz dont la température critique est plus élevée que la température ordinaire sont liquéfiés soit par simple refroidissement sous la pression atmosphérique, soit par compression à l'aide d'un tube à deux branches fermé. Pour les autres gaz (appelés anciennement permanents), il faut d'abord les amener à une température inférieure à leur température critique.

CHAPITRE XVII

VAPEUR D'EAU DANS L'ATMOSPHÈRE

144. Considérations générales. — L'air étant en contact avec l'eau par des surfaces considérables, n'est jamais complètement sec ; il suffit, pour s'en assurer, d'exposer à l'air une carafe contenant de l'eau froide ; la vapeur d'eau contenue dans la couche d'air qui entoure la carafe se condense et recouvre cette dernière d'un dépôt de rosée.

La quantité de vapeur d'eau contenue dans l'air est très variable suivant le temps et suivant le lieu. Quant au *degré d'humidité* de l'air à un moment donné, il ne dépend pas seulement de cette quantité de vapeur d'eau, mais aussi et surtout de la quantité totale de vapeur d'eau que l'air contiendrait s'il était complètement saturé. Passé cette limite, la condensation de l'excédent de vapeur se produirait. Or la quantité d'eau que l'air peut conserver à l'état de vapeur augmente beaucoup à mesure que la température s'élève. Ainsi 1 mètre cube d'air à 0° est saturé par $4^{gr},9$ de vapeur d'eau, tandis que pour le saturer à 20° il en faut $17^{gr},2$.

Si l'air renferme, par exemple, 17^{gr} de vapeur d'eau par mètre cube à la température de 20°, il est très humide, parce qu'il est presque à la limite de ce qu'il peut contenir et qu'il suffirait d'un très léger abaissement de température pour amener une condensation. Au contraire, avec cette même quantité de vapeur d'eau, mais à une température de 30°, par exemple, l'air est très sec, parce qu'il en pourrait contenir beaucoup plus ($30^{gr},2$ par mètre cube).

L'air contient en général moins de vapeur d'eau l'hiver que l'été, et cependant il paraît plus humide parce que, la température étant moins élevée, la vapeur est plus voisine de son point de condensation. De même, lorsqu'on chauffe une salle, on ne diminue pas la quantité de vapeur qu'elle contient ; mais à mesure que la température s'élève, l'air devient de plus en plus sec parce que le point de condensation de la vapeur s'élève de plus en plus.

145. État hygrométrique. — On définit ainsi le degré

d'humidité de l'air ou, comme on dit, son *état hygrométrique* : c'est ***le rapport $\frac{f}{F}$ qui existe entre la force élastique de la vapeur d'eau contenue dans l'air et la force élastique maxima de cette vapeur à la même température.*** Désignons par e ce rapport : on a

$$e = \frac{f}{F}.$$

146. Hygromètres. — Les hygromètres sont des instruments qui servent à déterminer expérimentalement l'état hygrométrique de l'air. En réalité, ils ne font connaître que f; F est donné à toutes les températures par les tables des forces élastiques maxima de la vapeur d'eau.

Hygromètres à condensation. — *Principe.* — Lorsqu'on refroidit progressivement une surface solide entourée d'air plus ou moins humide, l'air se refroidit également, mais sans que la force élastique f de la vapeur d'eau qu'il contient soit modifiée. Comme la force élastique maxima que doit avoir la vapeur d'eau pour saturer l'air est d'autant plus faible que la température est moins élevée, la force élastique f, tout en ne changeant pas de valeur, devient maxima à une température t plus ou moins basse, et la vapeur sature alors la masse d'air humide refroidie. Dès que la température s'abaisse au-dessous de $t°$, une partie de la vapeur se condense sur la surface froide sous forme d'un dépôt de rosée ; dès que la température remonte au-dessus de $t°$, ce dépôt disparaît. Connaissant la température t ou *point de rosée*, on cherche dans les tables la force élastique maxima F′ correspondante, laquelle représente la force élastique actuelle f de la vapeur d'eau dans l'air, puis on divise F′ par la force élastique maxima correspondant à la température de l'atmosphère pour avoir l'état hygrométrique. Exemple : la température de l'atmosphère étant 12°, on a observé le point de rosée à 3° ; la force élastique f est représentée par la force élastique maxima à 3°, soit par $0^{cm},569$; la force élastique maxima à 12° est $1^{cm},246$; on a donc, pour valeur de l'état hygrométrique, $\frac{0,569}{1,246} = 0,45$.

Nous donnerons comme exemple d'hygromètre à condensation l'*hygromètre d'Alluard* (*fig.* 181) qui permet d'apprécier très facilement le moment où commence le dépôt de rosée.

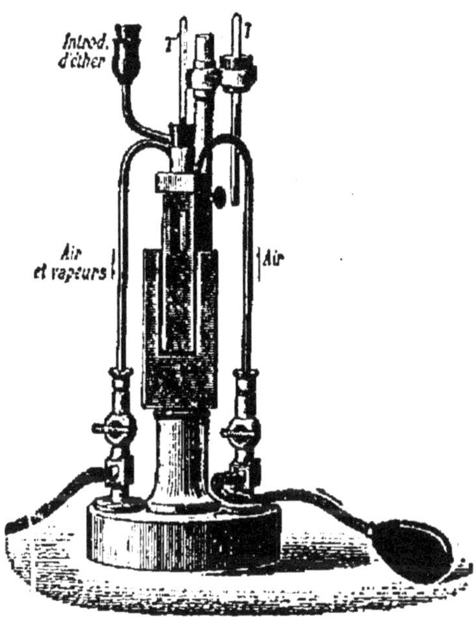

FIG. 181. — Hygromètre d'Alluard.

Cet instrument a la forme d'un prisme à base carrée. La face antérieure, sur laquelle le dépôt de rosée doit être observé, est en laiton doré ; elle est encadrée dans une lame également en laiton doré, mais qui ne la touche pas et qui, n'étant pas refroidie, reste toujours brillante. Le couvercle du prisme est traversé à la fois par une tubulure laissant passer un thermomètre très sensible destiné à donner le point de rosée et par trois petits tubes en cuivre : le premier de ces tubes pénètre jusqu'au fond et sert à refouler de l'air dans l'éther par l'intermédiaire d'une poire en caoutchouc ; le second se termine en entonnoir pour permettre l'introduction de l'éther ; le troisième donne issue à l'air et aux vapeurs. Deux petites fenêtres permettent de juger de l'agitation que produit le refoulement de l'air dans l'éther. Enfin la température ambiante est donnée par un petit thermomètre T fixé à une colonne verticale.

Hygromètres à absorption. — Les hygromètres à absorption reposent sur la propriété que possèdent certaines matières organiques, comme le bois, les cordes à boyau, les fanons de baleine, les cheveux, etc., de s'allonger quand l'air est humide et de se raccourcir quand l'air est sec.

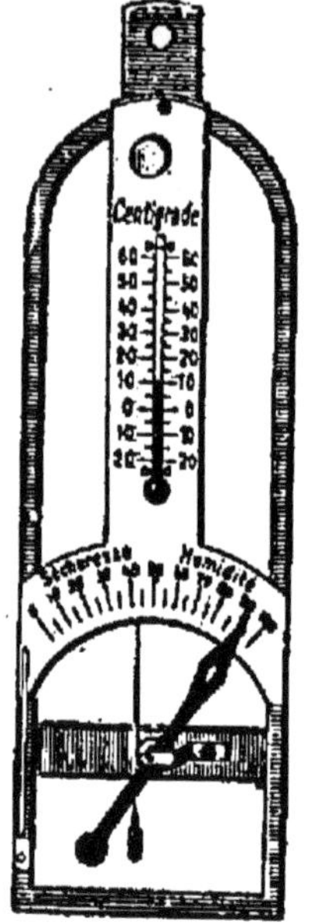

Fig. 182. — Hygromètre à cheveu.

L'hygromètre *à cheveu* se compose d'un cadre de cuivre (*fig*. 182), sur lequel est tendu un cheveu qui a été préalablement dégraissé dans de l'éther. Le cheveu est maintenu à son extrémité supérieure par une pince serrée par une vis de pression ; sa partie inférieure s'attache sur l'une des gorges d'une double poulie dont l'axe porte une aiguille mobile sur un cadran divisé. Enfin sur la deuxième gorge s'enroule un fil de soie qui supporte une petite masse, assez forte pour tendre le cheveu et trop faible pour l'allonger.

L'hygromètre à cheveu se gradue par comparaison avec un hygromètre à condensation.

Hygromètre enregistreur. — L'hygromètre à cheveu a été rendu enregistreur par Richard frères. L'instrument est formé d'un faisceau de cheveux, qui est fixé par une de ses extrémités et transmet ses indications à la plume enregistrante au moyen de deux cames correctrices agissant l'une sur l'autre (*fig.* 183).

On emploie ces hygromètres enregistreurs dans les observatoires, les stations météorologiques, les étuves-séchoirs des ateliers de tissage, etc.; ils sont également très utiles pour les serres et les appartements.

Fig. 183. — Hygromètre à cheveux (enregistreur) de Richard frères.

147. Applications. — Appelons m la masse de la vapeur d'eau contenue dans V^cc^ d'air, f sa force élastique, M la masse de la vapeur que contiendrait le même volume d'air s'il était saturé à la même température.

On a
$$m = V \times 0{,}001293 \times \frac{5}{8} \times \frac{f}{76} \times \frac{1}{1+\alpha t}, \qquad (106)$$
$$M = V \times 0{,}001293 \times \frac{5}{8} \times \frac{F}{76} \times \frac{1}{1+\alpha t}.$$

Divisant ces deux équations l'une par l'autre, il vient
$$\frac{m}{M} = \frac{f}{F};$$

De là une autre définition de l'*état hygrométrique* : c'est le rapport entre la quantité de vapeur d'eau contenue dans un volume déterminé d'air et la quantité que contiendrait le même volume s'il était saturé à la même température.

Proposons-nous enfin de calculer la masse d'un volume donné V d'air humide dont l'état hygrométrique est e et la température t, la pression indiquée par le baromètre étant H. Si f est la force élastique de la vapeur d'eau qui occupe ce volume V en même temps que l'air, la masse totale de l'air humide est donnée par la formule

$$M = V \times 0{,}001293 \times \frac{H - \frac{3}{8}f}{76} \times \frac{1}{1 + \alpha t}. \quad (127)$$

Mais $f = Fe$. Il vient donc

$$M = V \times 0{,}001293 \times \frac{H - \frac{3}{8}Fe}{76} \times \frac{1}{1 + \alpha t}.$$

148. Rosée. — On donne le nom de rosée aux gouttelettes d'eau qui se déposent pendant des nuits calmes et sereines à la surface de la plupart des corps placés à découvert sur le sol.

Le phénomène de la rosée est analogue à celui qui se produit quand on expose à l'air une carafe contenant de l'eau froide. Après les journées chaudes, lorsque le ciel est serein, le sol et l'atmosphère se refroidissent en rayonnant vers les espaces célestes. Il en résulte un abaissement de température, abaissement qui est plus grand pour le sol que pour l'air, celui-ci émettant relativement beaucoup moins de chaleur que le sol. A un moment donné, les couches d'air qui sont en contact immédiat avec la surface du sol et ont sensiblement la même température, sont suffisamment refroidies pour que la vapeur qu'elles contiennent devienne saturante ; si le refroidissement continue, cette vapeur se condense partiellement sous forme de petites gouttelettes d'eau qui constituent la rosée.

Les différentes causes qui influent sur la production de la rosée sont : le *pouvoir émissif des corps*, l'*agitation de l'air* et l'*état du ciel*.

Les corps qui émettent relativement beaucoup de chaleur,

comme le bois, le verre, les plantes, sont ceux qui se refroidissent le plus rapidement ; aussi la rosée s'y dépose-t-elle en plus grande abondance. Sur les corps dont le pouvoir émissif est faible, comme les objets brillants, les métaux polis, la rosée ne se dépose pas ou ne forme qu'un dépôt peu abondant.

Lorsque le vent est faible, il augmente le dépôt de rosée en renouvelant les couches d'air qui ont abandonné une partie de leur vapeur d'eau. S'il est fort, au contraire, les couches d'air sont renouvelées trop rapidement pour pouvoir se saturer et la rosée ne se dépose pas.

Enfin si le ciel est couvert d'épais nuages, il n'y a pas de dépôt de rosée, car les nuages étant à une température beaucoup moins basse que les espaces célestes, rayonnent vers le sol, dont le refroidissement est alors peu considérable. Pour la même raison, les corps placés sous des abris ou dans le voisinage d'arbres, d'habitations, etc., qui cachent une partie du ciel, se recouvrent difficilement de rosée.

149. Brouillards. — Les brouillards sont des amas de très fines gouttelettes d'eau qui proviennent de la condensation de la vapeur d'eau au voisinage du sol et qui communiquent à l'air une opacité plus ou moins grande. Ces gouttelettes sont tellement ténues qu'elles sont soulevées par la moindre agitation de l'air ; dans un air calme elles tombent très lentement. Si le refroidissement qui leur a donné naissance s'accentue, elles grossissent et leur chute devient plus rapide : on dit que le brouillard *tombe* ; si au contraire la température s'élève, le brouillard se dissipe par évaporation et l'air reprend sa transparence.

Les brouillards se produisent lorsque des vents humides arrivent sur une région de la surface terrestre plus froide que l'air, et plus fréquemment encore lorsqu'une étendue d'eau quelconque est plus chaude que l'air qui la surmonte ou qui souffle dessus. Dans ce dernier cas, les vapeurs dégagées par l'eau arrivent dans la masse d'air plus froide, où elles dépassent leur point de saturation et se condensent partiellement. Les

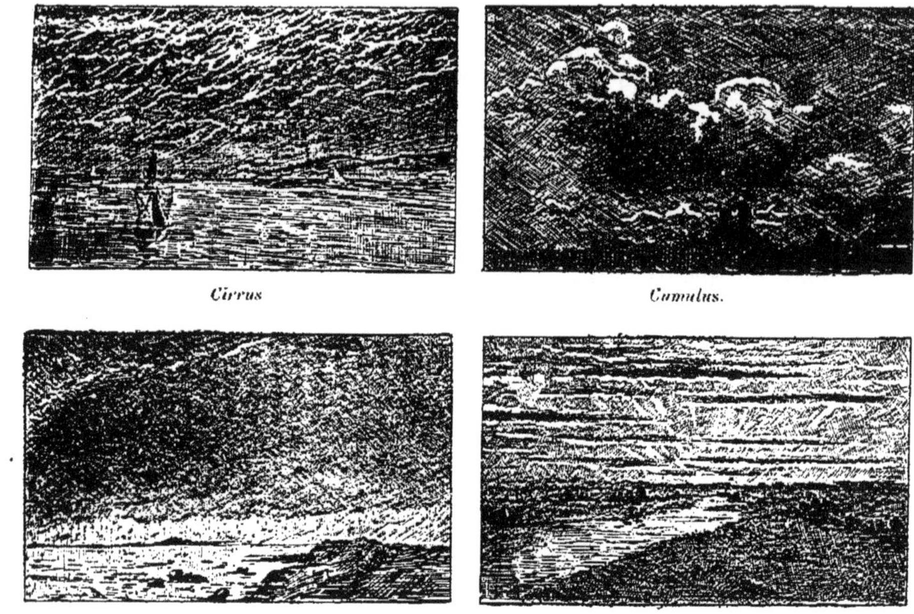

Cirrus. *Cumulus.*

Nimbus. *Stratus.*

Fig. 184. — Principaux types de nuages.

brouillards de cette nature se rencontrent fréquemment, le soir, dans les vallées des rivières, les prés humides, les marécages, parce que l'air se refroidit plus vite que l'eau.

150. Nuages. — Les nuages ne sont autre chose que des brouillards suspendus à une hauteur plus ou moins grande dans l'atmosphère. Ils sont constitués également par de fines gouttelettes d'eau qui, en même temps qu'elles se meuvent horizontalement sous l'influence du vent, tombent lentement à la surface du sol. Cette chute est ralentie par la résistance de l'air et surtout par les courants d'air chaud qui s'élèvent du sol ; d'ailleurs, à mesure que les gouttelettes descendent, elles arrivent dans des couches d'air de plus en plus chaudes, où elles se vaporisent ; la vapeur ainsi produite s'élève et reforme de nouvelles gouttelettes, de sorte que la partie inférieure d'un nuage se dissipe continuellement, tandis que sa partie supérieure s'accroît sans cesse par la condensation de nouvelles vapeurs. On s'explique ainsi pourquoi les nuages présentent continuellement des variations dans leur forme.

La plupart des nuages doivent leur origine à la condensation des vapeurs qui s'élèvent de la terre. L'air qui est au contact du sol, s'échauffant pendant une partie de la journée, devient plus léger et s'élève chargé d'une quantité plus ou moins grande de vapeur d'eau. A mesure qu'il s'élève, il rencontre des régions de l'atmosphère de plus en plus froides, et comme en même temps sa propre température s'abaisse par suite de la dilatation que lui fait éprouver la diminution de pression, il arrive bientôt à être saturé. La condensation commence alors et il se forme un amas de gouttelettes très petites, véritable brouillard qui constitue un nuage.

Les nuages peuvent affecter une infinité de formes, que l'on rapporte à trois types principaux : ce sont les cirrus, les cumulus et les nimbus (*fig.* 184).

1° Les *cirrus*, appelés *queues de chat* par les marins, sont de petits nuages blancs, très déliés, ressemblant à de la laine cardée ou à des barbes de plume ; ils s'étendent fréquemment sur le ciel en longues séries régulières. Ce sont les nuages les plus élevés. A cause de la basse température des régions qu'ils occupent (8 à 10km d'altitude), ils sont formés de flocons de neige ou de fines aiguilles de glace. L'apparition des cirrus dans nos régions est due au retour des vents du sud-ouest et présage souvent la pluie.

2° Les *cumulus* ou *balles de coton* des marins sont de gros nuages, constitués ordinairement par une base plane et sombre sur laquelle se groupent des monceaux de nuages dont les contours blancs et arrondis brillent fortement sous l'influence des rayons solaires. Ils se produisent ordinairement à des températures relativement élevées et sont par conséquent l'espèce de nuages la plus fréquente en été dans nos régions. Quand ces nuages formés le matin, au lieu de s'être dissipés le soir, sont devenus plus nombreux dans la journée et qu'ils sont surmontés de cirrus, il y a probabilité de pluie ou d'orages.

3° Les *nimbus* sont des nuages pluvieux, reconnaissables à leur teinte d'un gris uniforme et à leurs bords frangés ; ils descendent généralement très bas et prennent parfois une étendue considérable.

On donne le nom particulier de *stratus* à des nuages bas, ayant la forme de longues bandes horizontales qui apparaissent au coucher du soleil et disparaissent à son lever. Ces nuages sont le plus souvent des cumulus que l'on aperçoit par la tranche.

Pluie. — La pluie a pour cause une condensation qui s'effectue très rapidement dans une couche de nuages ; les gouttelettes, se soudant alors les unes aux autres dans leur chute, forment des gouttes plus ou moins volumineuses, dont la masse est suffisante pour leur permettre d'arriver à la surface du sol. Lorsque ces gouttes, en tombant, traversent des couches d'air qui sont loin d'être saturées, elles s'évaporent partiellement et ne donnent lieu qu'à une pluie très fine ; si, au contraire, les couches traversées sont presque saturées, les gouttes de pluie croissent en volume par la condensation de nouvelles vapeurs et deviennent d'autant plus grosses qu'elles tombent d'une plus grande hauteur (pluies d'orage).

La quantité de pluie qui tombe annuellement dans une région déterminée s'évalue à l'aide d'instruments appelés *pluviomètres.* Le plus simple se compose d'un vase sur lequel repose un entonnoir terminé par une bague à bord presque tranchant délimitant ainsi une surface bien déterminée (*fig.* 185). Pour mesurer la quantité d'eau contenue dans le pluviomètre, on enlève l'entonnoir et on transvase le liquide dans une éprouvette graduée.

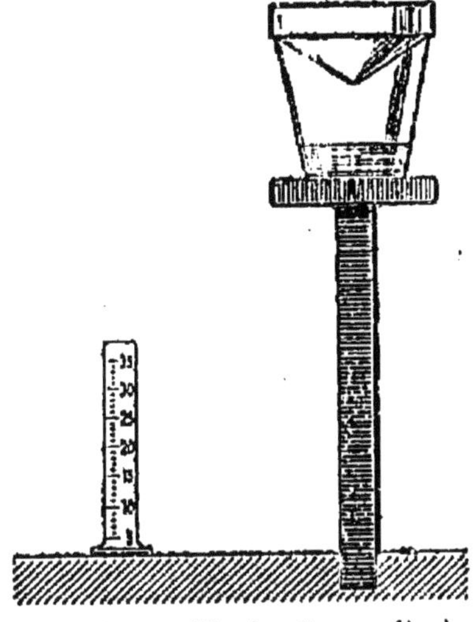

Fig. 185. — Pluviomètre ordinaire.

Neige. — La neige n'est autre chose que la pluie congelée ; elle se présente en flocons qui sont des groupements de petits cristaux étoilés, de formes très variées, semblables aux cristaux constituant la glace (119). Pour étudier ces cristaux, on reçoit les flocons de neige sur un corps noir préalablement refroidi au-dessous de 0° (étoffe de laine noire, plaque de verre enduite de noir de fumée), et on les observe immédiatement à la loupe.

La neige se forme lorsque la température des gouttelettes qui constituent les nuages devient égale ou inférieure à 0° ; aussi tombe-t-elle surtout dans les zones glaciales et sur le sommet des hautes montagnes, où elle persiste à partir d'une certaine limite (limite des neiges éternelles).

RÉSUMÉ DU CHAPITRE XVII

L'air contient toujours de la vapeur d'eau. Le degré d'humidité de l'air à un moment donné ne dépend pas seulement de la quantité de vapeur qu'il contient, mais aussi de la quantité de vapeur d'eau que l'air contiendrait s'il était saturé. Le rapport entre la force élastique de la vapeur d'eau contenu dans l'air et la force élastique maxima de cette vapeur à la même température s'appelle l'état hygrométrique.

Les hygromètres font connaître directement f et indirectement $\frac{f}{F}$.

Dans les hygromètres à condensation, on refroidit progressivement une surface solide ; l'air humide qui est au contact de cette surface

se refroidit en même temps et finit par atteindre la température à laquelle la vapeur d'eau qu'il contient devient saturante. Dès qu'on est au-dessous de cette température (point de rosée), une partie de la vapeur se condense. L'état hygrométrique est le rapport entre les forces élastiques maxima correspondant au point de rosée et à la température de l'atmosphère. On applique cette méthode avec l'hygromètre d'Alluard ; le dépôt se forme sur une face plane en laiton doré, encadrée dans une lame en laiton doré qui ne la touche pas et reste toujours brillante.

Les hygromètres à absorption ont pour type l'hygromètre à cheveu. Un cheveu préalablement dégraissé est fixé par une extrémité et transmet ses mouvements à une aiguille mobile sur un cadran.

La rosée est une condensation qui se produit à la surface du sol après les journées chaudes, lorsque le ciel est serein. Le sol se refroidissant plus vite que l'atmosphère, abaisse la température des couches d'air en contact avec lui, de sorte qu'il arrive un moment où la vapeur qui y est contenue dépasse son point de saturation : il se produit alors un dépôt de rosée.

Les météores aqueux ont pour origine un abaissement de température, abaissement qui amène la vapeur d'eau contenue dans l'air à dépasser son point de saturation et à se condenser ou se précipiter en partie. La condensation se fait en très petites gouttelettes d'eau qui restent pour ainsi dire en suspension dans l'air, soit à la surface du sol (brouillards), soit dans les couches élevées de l'atmosphère (nuages).

EXERCICES SUR LE CHAPITRE XVII

65. Trouver la quantité de vapeur d'eau contenue dans 1^{mc} d'air humide dont l'état hygrométrique est 1/3 et la température 15°. Trouver aussi la masse de l'air humide. La pression totale indiquée par le baromètre est 75^{cm},5.

66. Dans un vase de 10 litres, plein d'air sec à 10° et 75^{cm}, on introduit 0^{gr},03 d'eau, puis on ferme le vase. On demande : 1° quel est l'état hygrométrique dans le vase ; 2° quelle sera la force élastique du mélange après que la vaporisation aura été aussi complète que possible.

Force élastique maxima de la vapeur d'eau à 10°, 0^{cm},916.

67. Dans l'amphithéâtre de physique, un thermomètre indique 10°, un hygromètre, 0,6, un baromètre ordinaire 76^{cm}, et un autre baromètre contenant quelques gouttes d'eau, 75^{cm},09. On demande : 1° la masse de la vapeur d'eau contenue dans la salle ; 2° ce qui se produirait si, brusquement, la température s'abaissait à 0°. On supposera que la force élastique maxima de la vapeur d'eau double de 0° à 10°.

CHAPITRE XVIII

NOTIONS ÉLÉMENTAIRES SUR LA CONDUCTIBILITÉ ET LE RAYONNEMENT

151. Notions préliminaires. — La chaleur peut passer d'un corps à un autre par conductibilité ou par rayonnement.

La *conductibilité* est la propriété que présentent la plupart des corps de transmettre la chaleur lentement et de proche en proche à l'intérieur de leur masse. Si l'on tient à la main l'extrémité d'une tige de fer et qu'on place l'autre extrémité dans un foyer, on éprouve au bout de quelque temps une sensation de chaleur au contact de la portion de tige que l'on tient, et cette sensation devient de plus en plus forte : la chaleur s'est propagée par conductibilité à travers le métal en échauffant successivement ses différentes parties.

Le *rayonnement* est un autre mode de propagation de la chaleur qui se produit rapidement à toutes les distances et dans toutes les directions, sans qu'il y ait échauffement sensible des milieux traversés. La chaleur du soleil se propage jusqu'à nous par rayonnement ; il en est de même de la chaleur d'un poêle, d'une cheminée, etc.

TRANSMISSION PAR CONDUCTIBILITÉ

152. Conductibilité des solides. — Les différents solides ne conduisent pas également bien la chaleur.

Le petit appareil suivant permet de ranger un certain nombre de corps par ordre de conductibilité, sans cependant donner la mesure de cette conductibilité. Il se compose d'une caisse en laiton (*fig.* 186), à la paroi antérieure de laquelle sont fixées normalement des tiges de substances différentes : argent, cuivre, laiton, acier, fer, étain, zinc, verre, bois. Ces tiges étant préalablement recouvertes d'une couche mince de paraffine, on verse de l'eau bouillante dans la caisse. On voit alors la paraffine fondre sur les tiges jusqu'à une distance plus ou moins grande suivant que leur conductibilité est plus ou moins considérable. On constate, par exemple, que la longueur de paraffine fondue est plus grande sur l'argent que sur le cuivre, sur le cuivre que sur l'étain, etc. ; elle est très faible sur le verre et sur le bois.

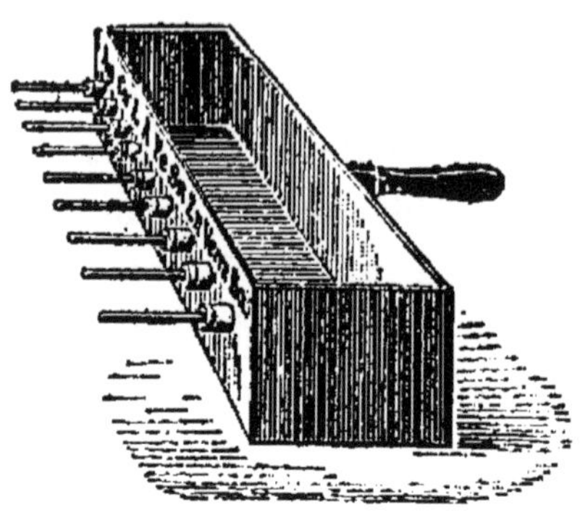

Fig. 186. — Appareil d'Ingenhouz.

En résumé, de tous les solides, ce sont les métaux qui conduisent le mieux la chaleur : ce sont des corps *bons conducteurs*. Leur conductibilité varie beaucoup d'un métal à l'autre. En représentant par 100 la conductibilité de l'argent pour la chaleur, celle du cuivre est exprimée par le nombre 73,5 et celle du fer par 11,9 ; aussi le cuivre est-il employé de préférence au fer pour faire les appareils distillatoires. Au contraire, le verre, le bois, la laine, conduisent mal la chaleur (corps *mauvais conducteurs*). Par exemple, si l'on touche du bois, on n'a pas la sensation de froid qu'on éprouverait si l'on posait la main sur le marbre ou sur un morceau de fer; cela tient à ce que le marbre, et plus encore le fer, étant bons conducteurs, enlèvent rapidement la chaleur de la main aux points de contact pour la transmettre plus loin.

Applications. — Le pouvoir conducteur des métaux est utilisé dans les *toiles métalliques*. Si l'on écrase une flamme avec une semblable toile, celle-ci n'est pas traversée par la flamme (*fig.* 187). La toile métallique, étant très conductrice, refroidit les gaz qui la traversent et les amène à une température assez basse pour qu'ils ne puissent rester enflammés au-dessus d'elle. Cette propriété est utilisée dans les laboratoires pour préserver les vases du contact direct de la flamme. On fait avec les toiles métalliques des rideaux de théâtre, des *lampes de sûreté* (*fig.* 188) destinées à préserver les mineurs des explosions de grisou. Ces lampes se composent d'un petit récipient à huile surmonté d'une cheminée en verre et d'un cylindre de toile métallique. Si un mélange de méthane et d'air (grisou) vient à s'enflammer dans la lampe, la combustion ne peut se propager à l'extérieur, à cause du refroidissement des produits de la combustion par la toile métallique. Le plus souvent une légère explosion se produit, éteignant la lampe et décelant ainsi au mineur la présence du grisou.

Fig. 187. — Effet d'une toile métallique sur une flamme.

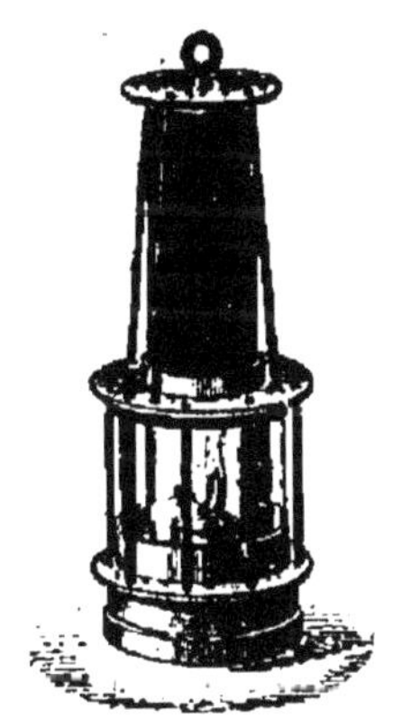

Fig. 188. — Lampe de sûreté.

La faible conductibilité du bois, de la paille, etc., trouve de nombreuses applications. C'est ainsi que l'on adapte des manches de bois aux cafetières métalliques, aux outils qui doivent être introduits dans un foyer; que l'on entoure les pompes avec de la paille en hiver pour éviter la congélation de l'eau qu'elles contiennent; que l'on conserve la glace pendant un certain temps, en l'entourant de sciure de bois.

Dans l'industrie, les corps mauvais conducteurs portent le nom d'*isolants* ou de *calorifuges*; ils sont très employés pour prévenir le refroidissement.

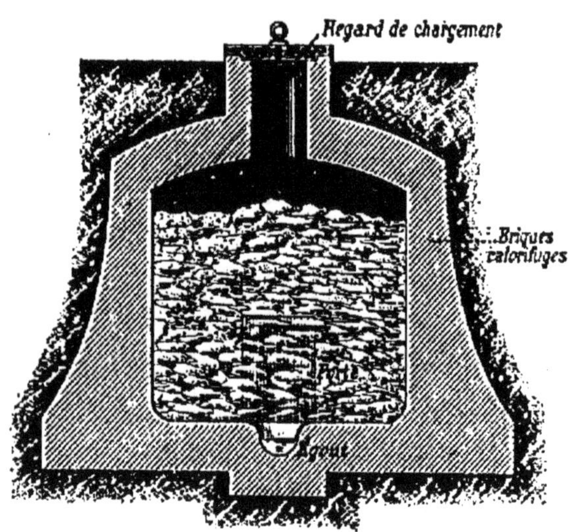

Fig. 189. — Coupe d'une glacière.

Les tuyauteries d'eau chaude, de vapeur; les parties exposées à l'air des chaudières à vapeur sont enveloppées de liège, de mastics formés par de la terre glaise et des menues pailles hachées avec des crins, des poils, etc. Les cylindres des machines à vapeur et une foule d'appareils sont isolés avec des douves de bois. — On fabrique aujourd'hui avec de petits fragments de liège agglomérés des briques isolantes qui servent à construire des glacières (*fig.* 189). On s'en sert aussi pour les glacières d'appartement; pour l'aménagement des wagons-glacières employés au transport des bières ou de la marée, etc.

153. Conductibilité des liquides. — A l'exception du mercure, les liquides conduisent très mal la chaleur. Ce n'est donc pas par conductibilité qu'ils s'échauffent habituellement ; la chaleur y est transportée par des courants liquides dus aux variations de densité (propagation par *convection*). Quand, par exemple, on place un vase plein d'eau sur un foyer (*fig.* 190), les couches inférieures du liquide s'échauffent directement et s'élèvent par suite de la diminution de leur densité ; elles sont remplacées par des couches froides qui s'échauffent à leur tour, et ainsi de suite. Il en résulte une circulation continue qui finit par rendre la température à peu près uniforme dans toute la masse du liquide.

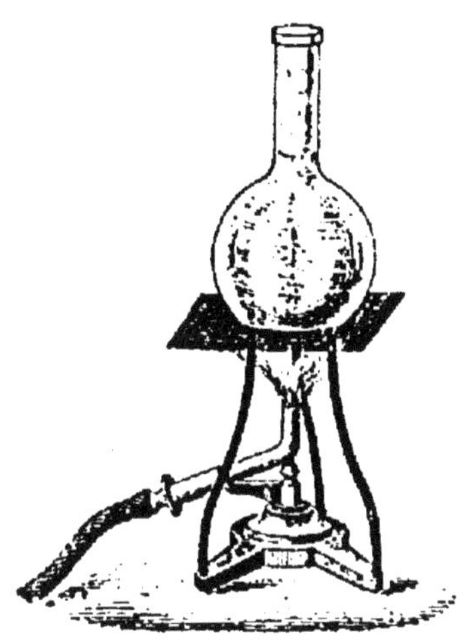

Fig. 190. — Convection dans les liquides chauffés.

On peut rendre les courants visibles en mêlant au liquide, avant de le chauffer, de la sciure de bois ; on voit les particules de bois, entraînées par le mouvement de l'eau, accuser l'existence des courants ascendants de liquide chaud et des courants descendants de liquide froid.

Pour empêcher les courants dus à la convection de se produire, on chauffe les liquides par leur partie supérieure. Dans ces conditions, on parvient à diminuer presque jusqu'à l'annuler la propagation de la chaleur, ce qui montre que la conductibilité des liquides est très faible. On peut même faire bouillir à sa partie supérieure de l'eau contenue dans un tube à essais incliné, sans modifier sensiblement la température des couches situées au fond du tube.

154. Conductibilité des gaz. — Les gaz, sauf l'hydrogène, ont une conductibilité à peu près nulle ; aussi la propagation de la chaleur s'y fait-elle le plus souvent par des courants comme dans les liquides.

Quand l'air est emprisonné dans des matières filamenteuses, comme des poils, du duvet, la propagation de la chaleur ne s'y fait plus que difficilement et l'ensemble constitue une enveloppe très peu perméable à la chaleur. De là l'emploi, pour se préserver du froid, de fourrures, d'étoffes de laine, d'édredons, de vêtements ouatés. Dans les constructions, on emploie souvent des briques creuses, dont on bouche les trous avec des enduits ; outre qu'elles ont l'avantage d'être plus légères que les briques pleines, elles s'opposent mieux à la déperdition de la chaleur à cause de l'air qu'elles maintiennent immobile. C'est surtout par les vitres que se perd la chaleur des appartements ; de là l'usage dans les pays froids de doubles fenêtres qui, emprisonnant entre elles une couche d'air, atténuent considérablement cette déperdition.

TRANSMISSION PAR RAYONNEMENT

155. Principes fondamentaux. — La propagation de la chaleur par rayonnement satisfait aux principes suivants, analogues à ceux que l'on établit pour la propagation de la lumière :

1° *Dans un milieu homogène, la chaleur se propage en ligne droite.* On vérifie approximativement ce principe en interposant un petit écran de carton entre une source calorifique de petites dimensions et le réservoir d'un thermomètre : on n'observe plus dans ces conditions aucune élévation de température.

2° *La chaleur rayonnante se propage dans le vide.* Ce principe est vrai aussi bien pour la chaleur émise par les corps lumineux (chaleur lumineuse) que pour celle émise par les corps non lumineux (chaleur obscure). En effet, la chaleur qui nous arrive du soleil avec la lumière ne nous parvient qu'après avoir traversé un espace vide de toute matière pondérable. D'un autre côté, si l'on plonge dans l'eau chaude un ballon où l'on a fait le vide barométrique et qui contient le réservoir d'un thermomètre soudé par sa tige à la partie supérieure (*fig.* 191), on voit le thermomètre monter instantanément (expérience de Rumford).

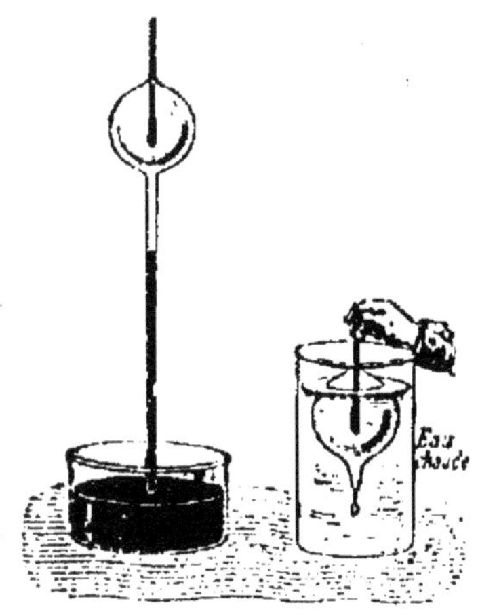

Fig. 191. — Expérience de Rumford.

3° *La vitesse de propagation de la chaleur rayonnante est égale à la vitesse de propagation de la lumière.* Elle est donc d'environ 300 000^{km} par seconde.

156. Réflexion de la chaleur rayonnante. — Quand de la chaleur rayonnante tombe sur une surface polie, elle change de direction ; on dit qu'elle se *réfléchit.*

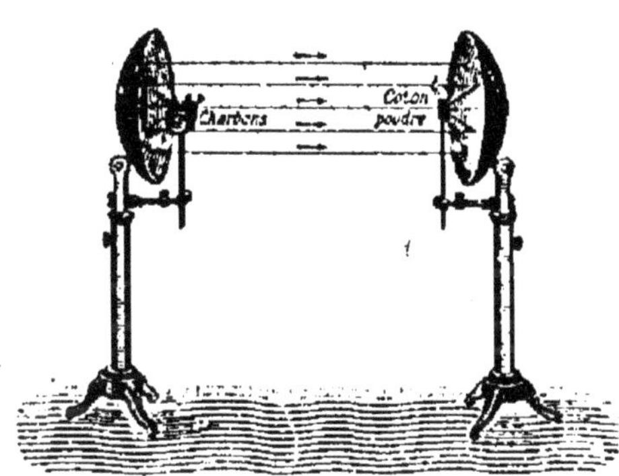

Fig. 192. — Expérience des miroirs conjugués.

On peut utiliser ce phénomène de la réflexion pour concentrer la chaleur rayonnante. On se sert de deux miroirs concaves placés bien en regard l'un de l'autre à quelques mètres de distance (*fig.* 192). Devant l'un des miroirs, en un point spécial appelé *foyer,* on dispose une corbeille métallique contenant des charbons allumés, et au foyer de l'autre une tige supportant du coton-poudre. Dans ces conditions, le corps combustible prend feu, tandis qu'il ne s'enflamme pas en deçà ni au delà du foyer où il a été placé.

La concentration de la chaleur par réflexion, principalement de la chaleur solaire, produit des températures très élevées. En se servant de miroirs concaves en verre argenté, dirigés convenablement vers le soleil, on peut enflammer de l'amadou, fondre du plomb, etc., placés au foyer, ce qui a fait donner à ces miroirs le nom de *miroirs ardents.*

157. Corps diathermanes et corps athermanes. — On dit qu'un corps est *diathermane* lorsqu'il se laisse facilement traverser par la chaleur rayonnante : l'eau est un corps diathermane. Les corps comme les métaux, le bois qui ne se laissent pas traverser par cette chaleur sont dits *athermanes.*

Le verre possède la curieuse propriété d'être diathermane pour la chaleur *lumineuse* et athermane pour la chaleur *obscure* (la chaleur lumineuse est due à une source de chaleur émettant de la lumière comme le soleil, une bougie, tandis que la chaleur obscure provient d'une source de chaleur non lumineuse comme un poêle, de l'eau chaude). De là vient l'usage des cloches en verre, des châssis vitrés dont les jardiniers couvrent les plantes pour faire mûrir les fruits, l'emploi des serres vitrées pour conserver les plantes auxquelles l'action du froid serait funeste. La plus grande partie de la chaleur venant du soleil pénètre, avec la lumière, au travers du verre et vient échauffer les plantes abritées. Celles-ci rayonnent à leur tour, mais la chaleur qu'elles émettent est de la chaleur obscure pour laquelle le verre est athermane et qui, restant emprisonnée dans l'enceinte, en élève la température.

La propriété que possède la vapeur d'eau d'arrêter en grande partie la chaleur obscure joue un rôle important dans la nature. L'atmosphère humide laisse passer la chaleur lumineuse émise par le soleil, mais elle arrête en revanche, presque toute la chaleur obscure qu'émet le sol échauffé et le préserve ainsi d'un refroidissement trop accentué. Le rôle que joue ainsi la vapeur d'eau a fait dire que l'atmosphère est le *manteau* de la Terre.

158. Absorption de la chaleur. — Quand de la chaleur tombe sur un corps, elle se divise en plusieurs parties : une partie est réfléchie régulièrement, une autre est *diffusée* dans toutes les directions, une autre enfin traverse le corps si celui-ci est diathermane ; le reste est absorbé. C'est la chaleur absorbée par le corps qui élève sa température.

Les métaux polis absorbent relativement peu de chaleur ; le noir de fumée, au contraire, ne diffuse ni ne réfléchit sensiblement la chaleur qu'il reçoit et absorbe toute cette chaleur. Il en résulte que si l'on exposait au soleil un thermomètre dont le réservoir serait enduit de noir de fumée, il marquerait une température plus élevée qu'un thermomètre identique dont le réservoir serait recouvert d'une feuille d'argent. Pour hâter la fusion de la neige, on peut la recouvrir de poussière de charbon. Les vases métalliques où l'on fait chauffer les liquides, s'échauffent lentement quand ils sont polis et bien nettoyés. Enfin les vêtements blancs sont employés dans les régions chaudes, parce que leur pouvoir absorbant étant très faible, ils s'échauffent peu sous l'action des rayons du soleil.

159. Émission de la chaleur. — Les différents corps émettent, à température et à surfaces égales, des quantités de chaleur plus ou moins grandes ; mais les corps qui absorbent relativement beaucoup de chaleur sont aussi ceux qui, à la même température, émettent la plus grande quantité de chaleur. Le noir de fumée, par exemple, a un très grand pouvoir émissif; les métaux polis n'en possèdent qu'un très faible.

Le faible pouvoir émissif des métaux explique l'usage que l'on fait de vases en métal poli, comme les cafetières d'argent, pour maintenir des liquides longtemps chauds. Les poêles en fonte se refroidissent plus vite que les poêles en faïence parce que le pouvoir émissif de la fonte est plus grand que celui de la faïence.

RÉSUMÉ DU CHAPITRE XVIII

On dit que la chaleur se propage par conductibilité quand elle se transmet lentement à travers un corps en échauffant successivement ses différentes parties.

La conductibilité des solides est très variable; les uns, comme les métaux, sont plus ou moins bons conducteurs; les autres, comme le verre, le bois, sont de mauvais conducteurs. Ces différences de conductibilité sont mises en évidence dans l'appareil d'Ingenhouz; on en tient compte dans la pratique (emploi des toiles métalliques, des manches isolants en bois, etc.).

Les liquides conduisent mal la chaleur, à l'exception du mercure. Quand on les chauffe par la partie inférieure, leur température s'élève par *convection*: les couches chauffées directement deviennent de moins en moins denses et s'élèvent; elles sont remplacées par d'autres qui s'échauffent à leur tour, et ainsi de suite.

Les gaz, sauf l'hydrogène, ont une conductibilité à peu près nulle.

La chaleur rayonnante se propage en ligne droite dans un milieu homogène et se propage dans le vide avec une vitesse égale à celle de la lumière.

La chaleur se réfléchit comme la lumière, et les surfaces courbes qui concentrent la lumière par réflexion concentrent aussi la chaleur (expérience des miroirs conjugués).

Un corps est *diathermane* lorsqu'il se laisse facilement traverser par la chaleur; ex.: l'eau. Le bois, les métaux sont athermanes. Le verre est diathermane pour la chaleur lumineuse et athermane pour la chaleur obscure, de là l'usage des serres vitrées, l'emploi des cloches dans les jardins, etc.

La partie de la chaleur tombant sur un corps qui n'est ni réfléchie, ni diffusée, ni transmise à travers ce corps, est absorbée par le corps et l'échauffe. Le noir de fumée a un grand pouvoir absorbant. On hâte la fusion de la neige en la recouvrant de poussière de charbon.

Les différents corps, à température et surface égales, émettent plus ou moins de chaleur. Les métaux ont un pouvoir émissif très faible, surtout lorsqu'ils sont polis.

ÉLECTRICITÉ

CHAPITRE XIX

PHÉNOMÈNES FONDAMENTAUX

160. Production d'électricité par le frottement. — Corps conducteurs et corps isolants. — Si l'on frotte vivement avec du drap bien sec une baguette de verre, un bâton de résine, une feuille de papier séchée au feu, ces corps ac-

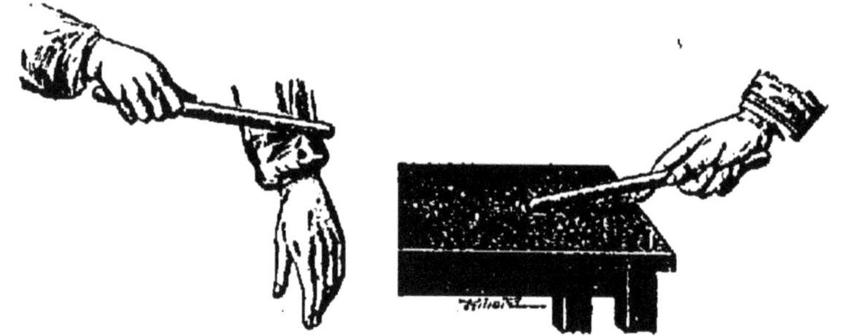

Fig. 193. — Électrisation par frottement.

quièrent la propriété d'attirer les corps légers, comme des fragments de papier, de petites balles de sureau (*fig.* 193).

Un corps qui jouit de la propriété d'attirer les corps légers est dit *électrisé* ; il est à l'*état neutre* dans le cas contraire.

Tous les corps s'électrisent par le frottement, mais une fois électrisés, ils se comportent de deux manières différentes. Les uns, comme le verre, la résine, la soie, ne conduisent pas l'électricité : celle-ci se maintient dans la région frottée ; on exprime ce fait en disant que ce sont des corps *mauvais conducteurs* ou des corps *isolants*. Le verre sec, la soie, la paraffine, sont des corps isolants. Les autres, comme les métaux, le coton, le corps humain, transmettent instantanément sur toute leur surface la propriété électrique qu'ils ont acquise en un de leurs points. Ces corps ne paraissent donc pas s'électriser quand on les frotte en les tenant à la main ; mais si on les tient par un manche isolant, l'attraction se produit en toutes les régions frottées ou non de leur surface. De tels corps sont dits *bons conducteurs* de l'électricité ou, simplement, *conducteurs*.

161. Électrisation par contact. — Tout corps à l'état neutre s'électrise quand on le met en contact avec un autre corps électrisé. Si le corps neutre est conducteur, il s'électrise sur sa surface entière ; si c'est un isolant, il ne s'électrise qu'aux points touchés.

Cette deuxième manière d'électriser les corps est fréquemment employée pour les conducteurs isolés.

162. Distinction de deux espèces d'électricité. — Prenons un pendule formé par une balle de sureau soutenue par un fil isolant, un fil de soie, par exemple (*fig.* 194). Approchons-en de loin et lentement un bâton de résine préalablement frotté avec une peau de chat : la petite balle est attirée, puis, après être venue au contact de la résine, s'en écarte vivement (*fig.* 194). Si l'on présente à la balle repoussée par la résine un

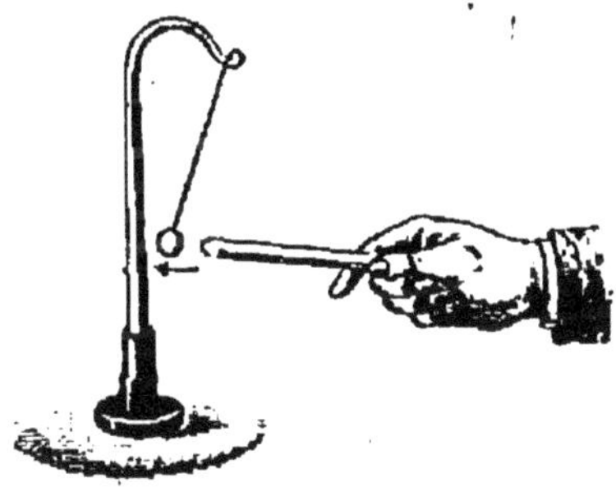

FIG. 194. — Répulsion électrique après contact.

bâton de verre préalablement frotté avec du drap, elle est vivement attirée (*fig.* 195). L'électricité de la résine et celle du verre sont donc différentes par leurs effets.

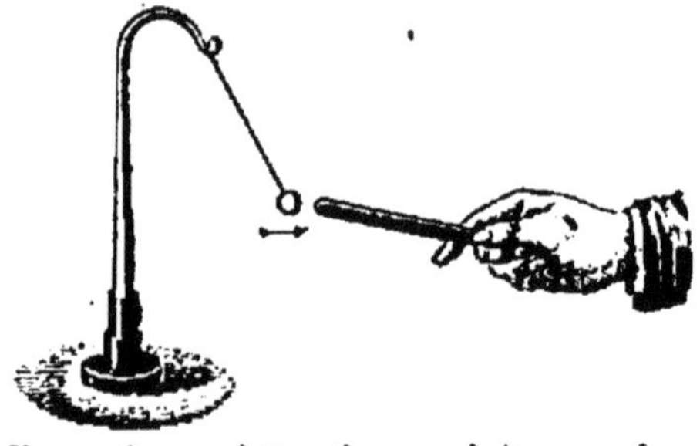

Fig. 195. — Attraction produite par deux électricités différentes.

L'électricité qui se développe sur le verre frotté avec du drap a reçu le nom d'électricité vitrée ou *positive*; celle qui se développe sur la résine frottée avec une peau de chat, est appelée électricité résineuse ou *négative*. La première se symbolise par le signe +, la seconde par le signe —.

L'expérience montre qu'un corps électrisé quelconque se comporte vis-à-vis du pendule électrique soit comme le verre frotté, soit comme la résine frottée. On est donc conduit aux résultats suivants :

1° *Il y a deux espèces d'électricité (positive et négative)*;

2° *Deux corps chargés de la même électricité se repoussent et deux corps chargés d'électricités contraires s'attirent.*

Applications. — C'est par suite de la répulsion qui s'exerce entre les corps chargés de la même électricité que les cheveux d'une personne se redressent lorsqu'on l'électrise après l'avoir fait monter sur un tabouret à pieds isolants, que deux balles de sureau fixées côte à côte par des fils de coton à un conducteur électrisé, divergent. Une des principales applications de cette répulsion est l'*électroscope à feuilles d'or.*

163. Électroscope à feuilles d'or. — L'électroscope à feuilles d'or permet de constater l'existence de très faibles charges électriques. Il se compose d'une tige de laiton (*fig.* 196), terminée à sa partie supérieure par un plateau de même alliage et à sa partie inférieure par deux feuilles d'or (ou d'aluminium). Cette tige est isolée par un cylindre de paraffine enchâssé dans le couvercle d'une cage métallique. La cage est fermée antérieurement par une glace; entre autres effets, elle protège les feuilles contre l'agitation de l'air.

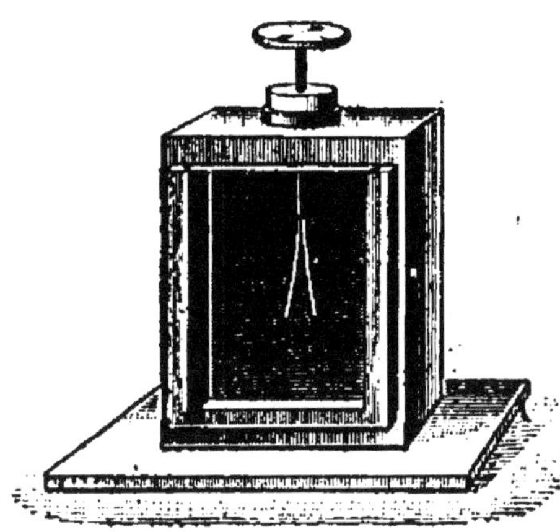

FIG. 196. — Électroscope à feuilles d'or.

Si l'on met le plateau de cet électroscope en communication avec un corps électrisé, une partie de l'électricité se répand par la tige de laiton dans les feuilles ; celles-ci ayant alors le même signe d'électrisation se repoussent mutuellement et divergent, indiquant ainsi la présence de l'électricité sur le corps soumis à l'expérience.

164. Loi des actions électriques. — Les forces attractives ou répulsives qui s'exercent entre deux corps électrisés peuvent se mesurer, comme toute autre force, à l'aide d'un dynamomètre, à condition qu'il soit très sensible. On reconnaît ainsi que ces forces *sont inversement proportionnelles au carré des distances des corps électrisés.* Cela veut dire qu'à des distances de 2, 3, 4cm,... par exemple, les forces attractives ou répulsives sont 4, 9, 16,... fois plus petites qu'à 1cm.

165. Quantité d'électricité. Coulomb. — Les corps entre

lesquels s'exercent des forces électriques attractives ou répulsives peuvent être plus ou moins chargés d'électricité. Bien que la nature de l'électricité soit inconnue, on peut mesurer une *quantité d'électricité,* une *charge électrique,* par l'action qu'elle est capable d'exercer.

Ainsi, par exemple, si deux corps électrisés exercent une même action à la même distance sur un corps électrisé A, on dit qu'ils possèdent des quantités d'électricité *égales.* Si l'un des corps exerce sur A une action double, triple..., de celle exercée par l'autre corps à la même distance, la quantité d'électricité du premier corps est double, triple..., de celle de l'autre. La quantité d'électricité est donc une *grandeur mesurable.*

L'unité employée dans la pratique pour mesurer les quantités d'électricité se nomme le *coulomb.*

Remarques. — 1° Nous verrons plus loin que les quantités d'électricité, qu'elles soient de même nom ou de noms contraires, s'ajoutent à la manière des quantités algébriques. Ainsi une quantité $+q$ ajoutée à une quantité $-q$ d'électricité négative donne une quantité égale à 0.

2° Étant données deux quantités d'électricité ayant respectivement pour valeur q et q' et situées à la distance d l'une de l'autre, la force attractive ou répulsive qui s'exerce entre elles a pour valeur $f = \pm \frac{qq'}{d^2}$. Le signe $+$ correspond à des quantités de même nom et indique une force répulsive ; le signe $-$ à des quantités de noms contraires et indique une force attractive.

166. Développement simultané des deux électricités. — *Deux corps frottés l'un contre l'autre s'électrisent tous deux, l'un positivement, l'autre négativement.*

Pour le montrer, on frotte l'un contre l'autre un disque en verre et un disque en laiton, munis d'un manche isolant en verre (*fig.* 197). Si l'on sépare ensuite les deux disques, on constate avec un pendule électrique que le disque en laiton est chargé négativement et le disque en verre positivement.

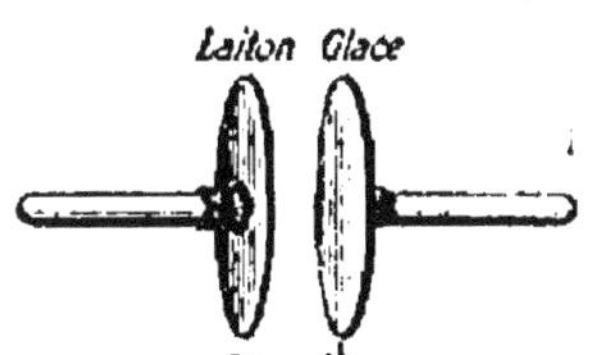

FIG. 197. — Développement des deux électricités par le frottement.

167. Localisation de l'électricité à la surface des corps. — *Sur tout conducteur isolé et électrisé, l'électricité, positive ou négative, n'existe jamais qu'à la surface extérieure.*

Pour le démontrer, on isole un électroscope sur un gâteau de paraffine (*fig.* 198) et on relie le plateau à la cage métallique par une bande de papier d'étain B. Si l'on met la tige de l'électroscope en communication avec un corps électrisé quelconque, on constate que les feuilles ne divergent pas. On en conclut que toute l'électricité se porte sur la surface extérieure.

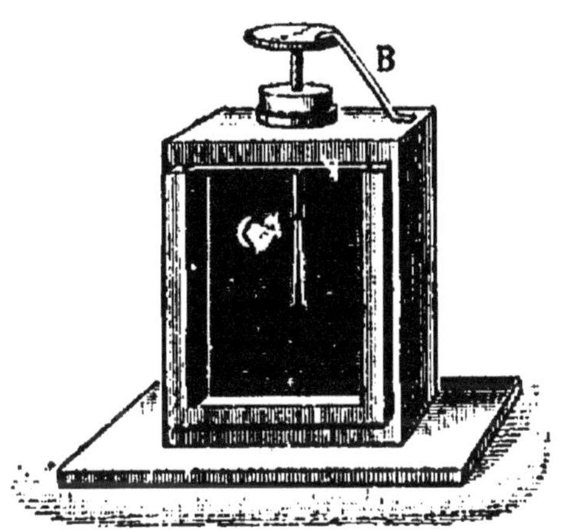

FIG. 198. — L'électricité se porte à la surface extérieure des corps.

REMARQUE. — La propriété précédente s'applique aux conducteurs dont la surface n'a pas une continuité parfaite. Supposons que l'on relie à une machine électrique une cage métallique isolée, formée par un simple grillage, et dans l'intérieur de laquelle on a suspendu aussi bien qu'à l'extérieur des bandes de papier mince. Les bandes extérieures divergent fortement, tandis que les bandes intérieures restent immobiles.

168. Cylindre de Faraday. — Cette propriété de l'électricité de se répandre à la surface extérieure des conducteurs trouve une application dans le *cylindre de Faraday*, appareil qui permet de comparer les charges de corps conducteurs électrisés.

Il se compose d'un cylindre creux (*fig.* 199) qui repose sur un gâteau de paraffine et communique avec la tige d'un électroscope. Si l'on introduit à l'intérieur un conducteur électrisé, et qu'on l'incline de manière qu'il touche la paroi, toute l'électricité du conducteur passera sur la surface extérieure et fera plus ou moins diverger les feuilles de l'électroscope.

Fig. 199. — Cylindre de Faraday.

Application. — L'étude de la distribution de l'électricité sur un corps quelconque se fait avec le *cylindre de Faraday* et le *plan d'épreuve.*

Le plan d'épreuve est constitué par un petit disque de clinquant (*fig.* 200), collé sur un cylindre en paraffine tenu par un manche isolant. Quand on applique le disque sur la surface d'un conducteur électrisé, il prend l'électricité chargeant l'élément de surface qu'il recouvre. Le disque ainsi chargé est introduit dans le cylindre de Faraday et on peut déduire de l'écartement des feuilles d'or la quantité d'électricité qui se trouvait dans la région recouverte par le disque.

Fig. 200.
Plan d'épreuve.

Avec un conducteur sphérique électrisé, la charge emportée chaque fois par le disque est la même quelle que soit la région touchée : on exprime ce fait en disant que la distribution de la charge est *uniforme*. Mais les charges mesurées sur des surfaces égales d'un conducteur non sphérique ne sont pas égales entre elles. Sur un conducteur ayant la forme d'un ellipsoïde, par exemple (*fig.* 201), elles sont d'autant plus grandes que le contact du plan d'épreuve a lieu plus près des extrémités du grand axe.

Fig. 201. — Étude de la distribution de l'électricité sur un conducteur ellipsoïde.

189. Pouvoir des pointes. — Lorsque la surface d'un conducteur électrisé présente des arêtes vives ou des parties aiguës, la quantité d'électricité y devient très grande et on constate alors que le conducteur se décharge rapidement ; c'est ce qu'on appelle le *pouvoir des pointes*. Ainsi un conducteur électrisé muni d'une pointe perd son électricité par la pointe jusqu'à ce qu'il soit ramené à l'état neutre.

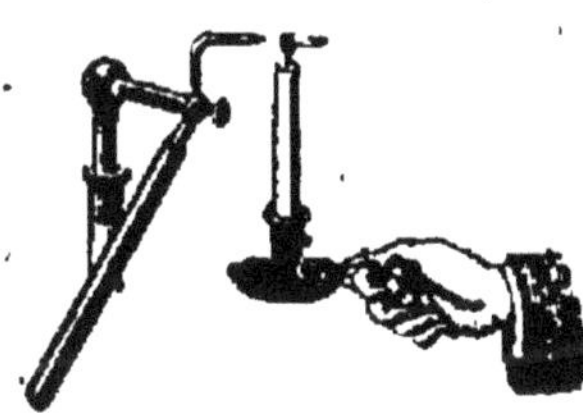

Fig. 202. — Écoulement de l'électricité par une pointe.

Pour observer facilement le pouvoir des pointes, on adapte une tige métallique recourbée et terminée en pointe sur une machine électrique en activité (*fig.* 202). Un véritable courant d'air (*vent électrique*) semble provenir de la pointe et on le sent très bien en plaçant la main à une petite distance. Si l'on approche de la pointe la flamme d'une bougie, on voit la flamme se courber et souvent s'éteindre.

Le *tourniquet électrique* est encore une application du pouvoir des pointes. Il se compose d'un pivot métallique sur lequel repose une chape supportant des rayons métalliques effilés (*fig.* 203), tous recourbés dans le même sens à leur extrémité. Le pivot étant vissé sur une machine électrique en activité, l'électricité qui s'écoule par les pointes électrise l'air environnant, et celui-ci, agissant par répulsion, force le tourniquet à se mettre en mouvement en sens inverse de la direction des pointes.

Fig. 203. — Tourniquet électrique.

RÉSUMÉ DU CHAPITRE XIX

Tous les corps solides acquièrent par le frottement la propriété d'attirer les corps légers; on dit alors qu'ils sont *électrisés*. Les uns manifestent cette propriété quand on les tient directement à la main; ce sont des corps *mauvais conducteurs* (résine, verre, soie). Les autres doivent être tenus par l'intermédiaire d'un mauvais conducteur; ce sont les corps *bons conducteurs* (métaux, coton).

Tout corps à l'état neutre s'électrise quand on le met en contact avec un autre corps électrisé.

Le *pendule électrique* sert à reconnaître si un corps est électrisé. C'est une petite balle de sureau suspendue par un fil de soie à un support de verre.

Il y a deux espèces d'électricité, que l'on appelle électricité *positive* et électricité *négative*. La première est celle qui se développe sur le verre frotté avec du drap; la seconde, celle qui se développe sur la résine frottée avec une peau de chat. Deux corps chargés de la même électricité se repoussent et deux corps chargés d'électricités contraires s'attirent.

La principale application de la répulsion qui s'exerce entre deux corps chargés de la même électricité est l'électroscope à feuilles d'or, qui permet de constater l'existence d'une très faible quantité d'électricité par la divergence de deux feuilles d'or.

La *quantité* d'électricité est une grandeur que l'on mesure par les forces attractives ou répulsives auxquelles elle donne naissance. L'unité adoptée en pratique pour mesurer les quantités d'électricité porte le nom de *coulomb*.

Dans le frottement mutuel de deux corps, l'un s'électrise toujours positivement et l'autre négativement.

Lorsqu'un conducteur est en équilibre électrique, l'électricité est localisée à sa surface extérieure.

Pour étudier la distribution de la couche superficielle d'électricité, on applique un plan d'épreuve en différents points de la surface du conducteur à étudier et l'on porte chaque fois le plan d'épreuve en contact avec la surface intérieure du cylindre de Faraday.

Un conducteur muni de pointes ne peut rester électrisé (pouvoir des pointes). Si l'on dispose une pointe sur l'un des pôles d'une machine électrique, l'écoulement de l'électricité se manifeste par le vent électrique mis en évidence par l'extinction d'une bougie.

EXERCICES SUR LE CHAPITRE XIX

68. Deux petites boules égales entre elles sont électrisées et placées à 10^{cm} l'une de l'autre ; elles se repoussent avec une force égale à 12 dynes. On les amène au contact et on les met de nouveau à la même distance ; la force de répulsion est devenue 16 dynes ; quelles sont les quantités d'électricité répandues sur les deux boules ?

69. Deux petites sphères A et B sont fixées aux extrémités d'une droite de longueur l ; leurs charges respectives sont q et q'. Quelle sera la position d'équilibre d'une sphère C, mobile sur la même droite et ayant une charge q'' ?

CHAPITRE XX

ÉLECTRISATION PAR INFLUENCE

170. Définitions. — Le frottement et le contact ne sont pas les deux seules manières d'électriser les corps. *Tout corps conducteur à l'état neutre, placé dans le voisinage d'un corps électrisé, se charge d'électricité.* Le corps primitivement électrisé se nomme l'*inducteur* ; le conducteur est l'*induit*.

Nous n'examinerons que le cas où l'induit n'enveloppe pas complètement l'inducteur.

171. Influence d'un corps électrisé sur les conducteurs extérieurs. — On étudie cette influence avec une sphère isolée, électrisée positivement, et un cylindre, également isolé, portant une série de doubles pendules conducteurs (*fig.* 204).

1° Le cylindre étant approché de la sphère s'électrise par influence. Vers le milieu, mais plus près de la sphère, se trouve une petite zone sans électricité (zone neutre) ; le double pendule qui correspond à cette zone reste immobile. Tous les autres pendules divergent d'autant plus qu'ils sont plus voisins des deux extrémités du cylindre.

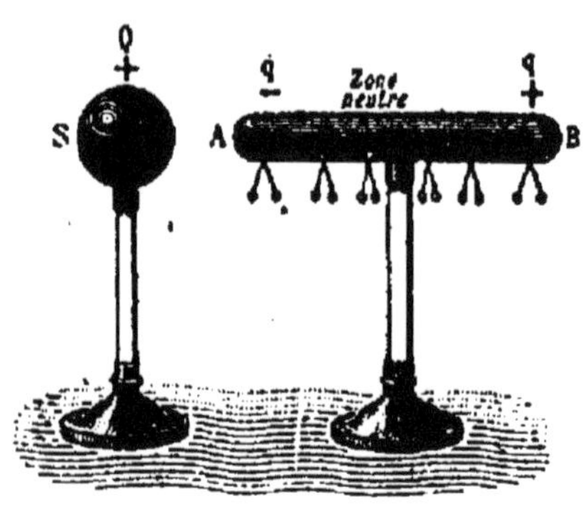

Fig. 204. — Influence d'une sphère électrisée sur un cylindre isolé.

Un bâton de résine électrisé qu'on approche lentement des doubles pendules repousse ceux de la région voisine de la sphère ; il attire ceux de la région opposée. La plage de la première région est donc chargée d'électricité négative ; la seconde, d'électricité positive.

2° Si l'on éloigne la sphère inductrice, le cylindre revient à l'état neutre : donc les quantités d'électricité induites sont *equivalentes.*

3° Si, laissant la sphère inductrice en présence du cylindre, on met le cylindre en communication avec le sol en le touchant avec le doigt, par exemple (*fig.* 205), les doubles pendules de l'extrémité B retombent et ceux de l'extrémité A divergent davantage ; cela tient à ce que l'électricité de même nom que celle de la sphère disparaît, tandis que la quantité d'électricité de signe contraire augmente. Il en est ainsi quel que soit le point touché, fût-ce l'extrémité A.

Si l'on supprime ensuite la communication du cylindre avec le sol et si l'on éloigne la sphère inductrice, on constate que le cylindre est chargé d'électricité négative.

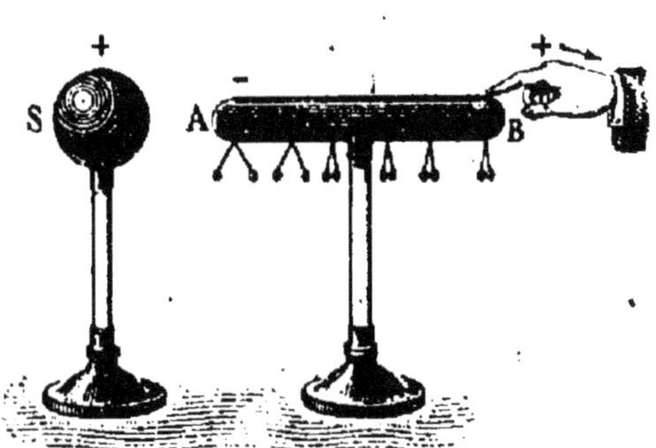

Fig. 205. — Influence sur un conducteur communiquant avec le sol.

4° Le cylindre étant à l'état neutre comme avant les expériences précédentes, si l'on approche peu à peu la sphère, la divergence des pendules augmente et, à un moment donné, on voit un trait de feu accompagné d'un bruit sec: c'est ce qu'on appelle une *étincelle électrique*. Une partie de la charge négative de l'extrémité A neutralise une quantité égale et positive de la sphère.

Si le cylindre communique avec le sol, l'étincelle est plus longue, car la quantité d'électricité qui est sur AB est plus grande que lorsque le cylindre est isolé ; dans ce cas le cylindre revient à l'état neutre après l'étincelle.

Remarque. — Quand un conducteur à l'état neutre est placé en présence d'un corps électrisé mais ne l'entoure pas, comme dans l'expérience que nous venons d'exposer, les deux quantités égales d'électricité induites sur le conducteur sont *inférieures* à la quantité inductrice. Ces trois quantités ne sont égales entre elles que lorsque l'inducteur est complètement enveloppé par l'induit.

APPLICATIONS

172. Électrophore. — L'électrophore est la plus simple

des machines électriques. Les électrophores actuels se composent d'un gâteau en diélectrine coulé dans un moule en zinc portant en son centre une petite colonne *c* de même métal (*fig.* 206) et d'un disque en aluminium muni d'un manche isolant. On charge d'électricité négative la surface du gâteau en le frappant avec une peau de chat, puis on applique le disque dessus et on l'enlève verticalement. L'électricité négative du gâteau a agi par influence sur le disque, qui s'est chargé d'électricité positive, pendant que l'électricité négative a été rejetée dans le sol par la petite colonne centrale de zinc.

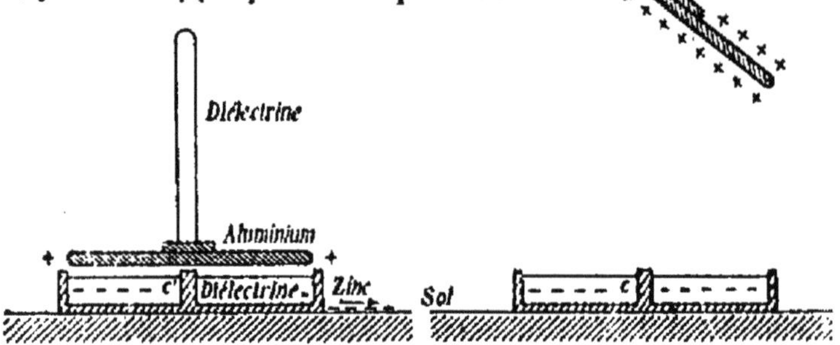

FIG. 206. — Électrophore.

173. Application de l'influence à l'électroscope. — Cet appareil, dont nous avons fait la description (103), permet de reconnaître le signe de l'électricité dont un corps électrisé est chargé.

Il faut charger d'abord par influence l'électroscope d'une électricité de nom connu. Pour cela, on approche du plateau un bâton de résine frotté, par exemple (*fig.* 207) (A) ; il y a influence et les feuilles divergent chargées d'électricité négative. Pendant que le bâton est approché, on touche un instant avec le doigt le plateau de l'électroscope

(B) ; l'électricité négative disparaît et les feuilles d'or retombent. On retire le doigt, puis on éloigne la résine ; les feuilles divergent de nouveau (C), chargées d'électricité positive. Cela fait, on approche lentement le corps à étudier du plateau de l'électroscope. Si ce corps est chargé négati-

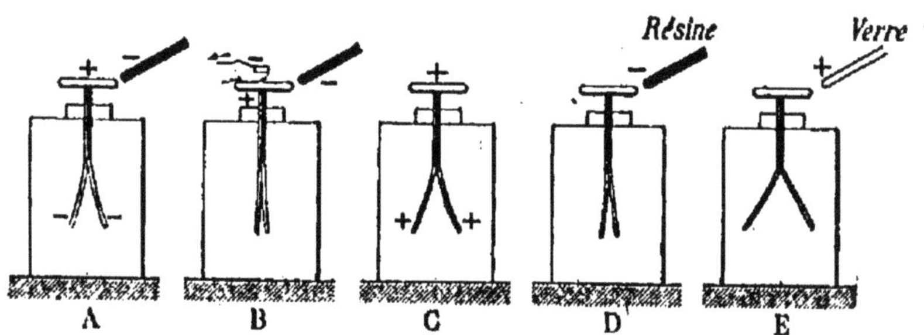

FIG. 207. — Manière de reconnaître le signe de l'électrisation.

vement (D), il développe par influence de l'électricité négative dans les feuilles qui retombent. S'il est chargé positivement (E), l'électricité de même nom développée par influence est repoussée dans les feuilles qui divergent davantage.

174. Explication de l'attraction des corps légers. — Le phénomène de l'attraction des corps légers par les corps électrisés est toujours précédé d'un phénomène d'influence.

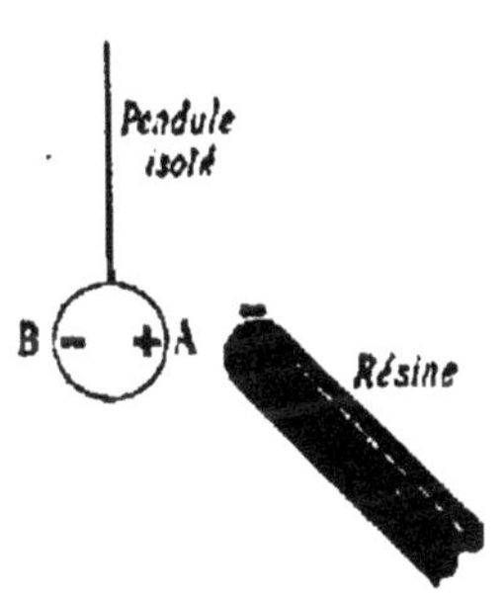

FIG. 208. — Explication de l'attraction d'un corps léger isolé.

Dans le cas où les corps *ne sont pas isolés* (fragments de papier posés sur une table, balle d'un pendule suspendu par un fil de coton), ils se chargent seulement d'électricité contraire à celle du corps électrisé et sont vivement attirés.

Si l'on considère maintenant un corps léger isolé, comme

la balle d'un pendule isolé (*fig.* 208), elle se charge par influence des deux électricités ; la quantité d'électricité induite en A est plus rapprochée du corps électrisé que la même quantité induite en B. Il y a donc attraction du corps léger, mais cette attraction est moins vive que dans le cas précédent à cause de l'existence de la force répulsive.

RÉSUMÉ DU CHAPITRE XX

Tout conducteur placé dans le voisinage d'un corps électrisé est lui-même électrisé ; le conducteur est l'*induit*, le corps électrisé, l'*inducteur*.

Pour étudier l'électrisation par influence, on se sert d'une sphère isolée chargée positivement et d'un cylindre isolé muni à ses extrémités de doubles pendules. Le cylindre mis en présence de la sphère se divise en deux plages électrisées : une plage négative en regard de la sphère, une plage positive à l'extrémité opposée. Les deux plages sont séparées par une zone neutre située vers le milieu, du côté de la sphère. Si l'on éloigne la sphère après avoir touché le cylindre avec le doigt, le cylindre reste chargé d'électricité négative.

L'électrophore se compose d'un gâteau de diélectrine et d'un disque conducteur à manche isolant. Le gâteau frotté avec une peau de chat s'électrise négativement ; on applique dessus le disque, et on l'enlève avec une charge d'électricité positive.

L'électroscope à feuilles d'or permet de reconnaître le signe de l'électrisation d'un corps électrisé. On charge l'électroscope par influence d'une électricité connue, puis on en approche lentement le corps à étudier. Si l'électricité du corps est de même signe que celle de l'électroscope, les feuilles divergent davantage ; si elle est de signe contraire, les feuilles se rapprochent.

L'attraction des corps légers est toujours précédée de l'influence. Dans le cas d'un pendule non isolé, l'attraction s'exerce entre deux électricités de noms contraires. Dans le cas d'un pendule isolé, l'attraction est la résultante d'une force attractive et d'une force répulsive et elle est moins vive que si le pendule n'était pas isolé.

CHAPITRE XXI

NOTIONS EXPÉRIMENTALES SUR LE POTENTIEL ET LA CAPACITÉ ÉLECTRIQUES

175. Notion générale du potentiel. — Considérons un corps pesant 1^{kg}, suspendu à 1^{m} au-dessus du sol. Si l'on supprime l'obstacle qui s'oppose à sa chute, le corps se met en mouvement et, arrivé au sol, il a exécuté un travail de 1^{kg} × 1^{m} = 1 kilogrammètre. Donc, le corps, avant sa chute, n'était pas dans le *même état* que le même corps reposant directement sur le sol ; il possédait un pouvoir de travail, ou, comme on dit, *une énergie potentielle* de 1^{kgm}, et cette énergie est égale au travail qu'il a fallu dépenser pour élever le corps à la hauteur de 1^{m}.

Supposons maintenant que le corps pèse 10^{kg} et qu'il soit encore suspendu à 1^{m} au-dessus du sol ; son énergie potentielle sera 10 × 1 = 10^{kgm}. Chaque kilogramme, du fait qu'il se trouve à 1^{m}, est capable d'effectuer 1^{kgm} de travail ; nous appellerons cette quantité de travail son *potentiel*. En multipliant ce potentiel par le nombre de kilogrammes qui agissent, on obtient le travail que le corps est susceptible de produire.

D'une façon générale, l'énergie potentielle d'un corps, le travail que l'on peut en tirer dépend de deux facteurs : 1° la quantité ou masse du corps ; 2° l'état dans lequel se trouve l'unité de quantité du corps, ce que nous avons appelé son *potentiel*. Ainsi le travail total que peut fournir en un jour une équipe d'ouvriers dépend évidemment : 1°

du nombre de ces ouvriers ; 2° du potentiel de chaque ouvrier, c'est-à-dire de la force que produit chacun d'eux, du travail qu'il est capable de faire en une journée. De même le travail que peut fournir par seconde une chute d'eau est égal au produit du nombre de litres d'eau qui tombent par le potentiel de chaque litre, potentiel qui est représenté par le même nombre que celui de la hauteur d'où tombe la chute d'eau.

176. Potentiel électrique. — L'énergie électrique est soumise aux mêmes lois que l'énergie mécanique. Une quantité d'électricité est capable d'un certain travail, elle possède une énergie potentielle, comme un corps maintenu à une certaine hauteur. Cette énergie s'exprimera par le produit de la quantité d'électricité mise en jeu par l'énergie potentielle de l'unité de quantité d'électricité, c'est-à-dire par le *potentiel* de cette électricité.

Quant au potentiel de l'électricité, il provient de l'énergie dépensée antérieurement, le frottement dans une machine par exemple. Et ce travail de frottement pour amener les molécules électriques de cet état de puissance emmagasinée qui constitue leur potentiel, s'est *dépensé* contre la force de répulsion qui s'exerce entre ces molécules. Quand on charge un conducteur, par exemple, dès qu'une masse électrique s'y est trouvée déposée, une nouvelle masse ne peut y être déposée à son tour que si on peut vaincre la répulsion qui s'exerce entre la première masse et elle-même dès qu'elle apparaît.

177. Définition expérimentale du potentiel. — Considérons un conducteur électrisé non sphérique, comme un cylindre creux (*fig.* 209), isolé. Nous savons que si on le touche successivement en ses différents points avec un plan d'épreuve, les charges emportées par le plan ne sont pas égales entre elles (168). Au contraire, mettons le cylindre en communication par un fil métallique fin avec un électroscope, assez éloigné pour qu'il ne puisse subir aucune influence ; l'électroscope prend la même électricité que le cylindre et *l'écart des feuilles d'or reste constant quel que soit le point touché de la surface du conducteur*, ce point

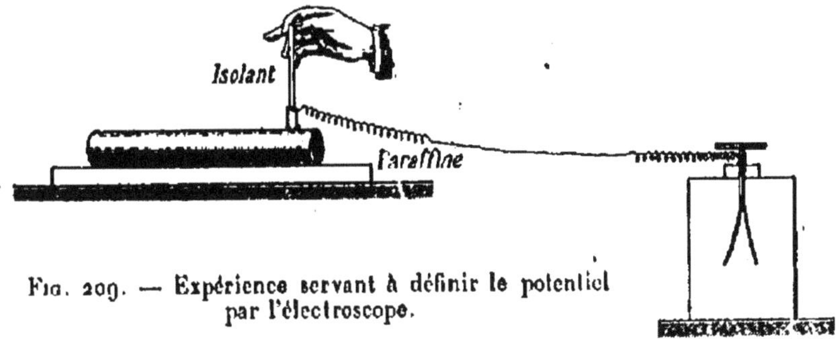

Fig. 209. — Expérience servant à définir le potentiel par l'électroscope.

fût-il au fond d'une cavité de la surface extérieure. Cet écart caractérise le *potentiel commun* au cylindre et à l'électroscope.

En répétant l'expérience précédente avec d'autres conducteurs électrisés, on constaterait que l'écart des feuilles d'or, toujours constant pour tous les points d'un même conducteur, varie d'un conducteur à l'autre.

Remarque. — Le signe de l'électricité des feuilles d'or étant le même que celui de l'électricité du conducteur, le potentiel du conducteur est dit *positif* ou *négatif* suivant que la charge prise par l'électroscope est positive ou négative.

178. Conducteurs de même potentiel. — *On dit que deux conducteurs ont le même potentiel lorsque, étant chargés d'électricité de même espèce, et mis en communication lointaine avec un électroscope, ils produisent sur les feuilles d'or un écartement égal.*

Si l'on établit entre ces conducteurs une communication

par un long fil, rien n'est changé dans leur état respectif après la communication et ils donnent encore le même écart aux feuilles d'un électroscope.

179. Comparaison des potentiels. Différences de potentiel. — L'électroscope à feuilles d'or peut servir pour comparer les potentiels, comme le thermomètre sert pour comparer les températures. Lorsqu'un électroscope est mis en communication avec le sol, il prend le potentiel de la Terre. Comme, à ce moment, l'écart des feuilles d'or est nul, on prend comme *potentiel zéro* le potentiel de la Terre. Par suite, tout conducteur qui, relié à un électroscope, ne communique aux feuilles d'or aucun écart, sera au potentiel zéro. En prenant comme unité de potentiel, le potentiel qui correspond à un écart déterminé, on appellera potentiel 2, 3, ... ceux qui correspondront à un écart double, triple, ... et on comptera le potentiel *positivement* si l'écart est dû à de l'électricité positive, *négativement* si l'écart est dû à de l'électricité négative.

Si l'on fait communiquer par un fil long et fin deux conducteurs ayant des potentiels différents, de l'électricité passe par le fil du conducteur qui a le potentiel le plus élevé sur celui qui a le potentiel le moins élevé. Après la communication, les deux conducteurs ont un même potentiel, intermédiaire entre les potentiels primitifs.

Remarque. — Les phénomènes électriques qui peuvent se produire entre deux conducteurs électrisés ne dépendent pas de la valeur absolue de leurs potentiels, mais seulement de la différence de ces potentiels. Cette différence est donc seule intéressante à connaître. On mesure ces différences avec des *électromètres*, appareils ayant une sensibilité beaucoup plus grande que l'électroscope à feuilles d'or.

180. Unité pratique de potentiel. Volt. — L'unité employée dans la pratique pour évaluer les potentiels a reçu le nom de *volt* (du nom du physicien italien Volta). Le volt correspond au coulomb, c'est-à-dire que si, dans les calculs, on évalue les quantités en coulombs, il faut évaluer les potentiels en volts.

181. Capacité électrique. Unité pratique. — Supposons que l'on donne successivement à un conducteur électrisé des charges double, triple, ... de sa charge primitive, son potentiel devient double, triple, ... du potentiel primitif. Le rapport constant qui existe ainsi entre la charge Q du conducteur et son potentiel V s'appelle la *capacité électrique* du conducteur. En désignant cette capacité par C, on a

$$C = \frac{Q}{V}.$$

Ce coefficient C caractérise un conducteur de dimensions et de forme déterminées, soustrait à toute influence électrique. Dans la pratique, on évalue les capacités électriques avec une unité correspondant au coulomb et au volt ; elle a reçu le nom de *farad* (du nom du physicien Faraday). D'après la formule $C = \frac{Q}{V}$ $\left(\text{farad} = \frac{\text{coulomb}}{\text{volt}}\right)$, le farad est *la capacité d'un conducteur qui, chargé par un coulomb, aurait un potentiel d'un volt.*

182. Premières notions sur l'énergie électrique. — De même qu'une masse d'eau peut donner du travail en passant d'un niveau plus élevé à un niveau moins élevé, l'électricité positive peut donner du travail en passant d'un potentiel plus élevé à un potentiel moins élevé. C'est ainsi qu'un conducteur électrisé que l'on met en communication avec le sol, par exemple, produit en se déchargeant une dépense de travail ou d'*énergie* qui se manifeste par des effets variés : physiologiques, calorifiques, mécaniques, etc.

Pour ce conducteur électrisé, le travail produit par la décharge ne dépend que de la charge Q du conducteur et de son potentiel V. Comme le potentiel va en décroissant pendant la décharge, le travail est le même que si la charge Q était tombée d'un potentiel moyen entre V et le potentiel 0 du sol. En représentant par W ce travail, on a

$$W = \frac{1}{2} QV.$$

Q étant exprimé en coulombs et V en volts, le travail sera donné en unités pratiques, c'est-à-dire en *joules* (un kilogrammètre vaut $9^{\text{joules}},81$).

RÉSUMÉ DU CHAPITRE XXI

Le travail que l'on peut tirer d'un corps dépend de la quantité du corps et de l'état dans lequel se trouve l'unité de quantité du corps, ce que l'on appelle son potentiel. De même une quantité d'électricité est capable d'un certain travail, et ce travail s'exprime par le produit de la quantité d'électricité mise en jeu par le potentiel de l'unité de quantité.

Lorsqu'un conducteur électrisé est relié, par un fil long et fin, à un électroscope, l'écart des feuilles reste constant quel que soit le point touché de la surface du conducteur. Cet écart caractérise le potentiel du conducteur.

Deux conducteurs ont le même potentiel ou ont des potentiels différents suivant qu'ils donnent le même écart ou des écarts différents aux feuilles d'un électroscope.

L'unité pratique de potentiel est le volt.

Pour un corps électrisé, isolé et soustrait à toute influence électrique, le rapport de sa charge à son potentiel s'appelle sa capacité électrique. L'unité pratique de capacité est le farad.

L'électricité peut donner du travail en passant d'un certain potentiel à un potentiel moins élevé. Ce travail se manifeste par des effets variés.

EXERCICES SUR LE CHAPITRE XXI

70. Quelle est la capacité d'un conducteur chargé de $\frac{1}{1000}$ de coulomb et dont le potentiel est de 20 volts ?

71. Un conducteur chargé de $\frac{1}{100}$ de coulomb a un potentiel de 30 volts. Quelle est son énergie électrique ?

CHAPITRE XXII

CONDENSATEURS

183. Variation de la capacité d'un conducteur. — La capacité électrique d'un conducteur n'est une constante que s'il est soustrait à toute influence électrique ; elle varie lorsqu'il y a dans le voisinage d'autres conducteurs électrisés ou à l'état neutre, isolés ou non, simplement soumis à l'influence.

Pour le démontrer, on approche d'un électroscope, préalablement électrisé, un plateau métallique tenu à la main (*fig.* 210). L'écart des feuilles diminue, et d'autant plus

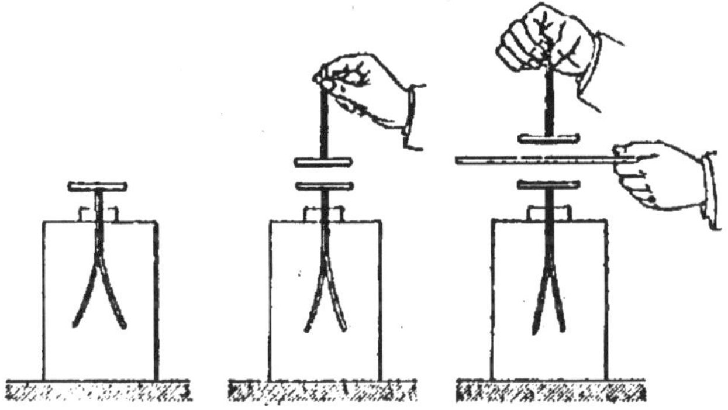

FIG. 210. — Expérience montrant les variations de capacité d'un conducteur.

que la distance des deux plateaux est moindre. Le potentiel de l'électroscope devient donc plus petit, bien que sa charge n'ait pas varié ; on en conclut que *sa capacité augmente*. En effet, appliquons la formule $Q = CV$ à l'électroscope ; si son potentiel primitif V devient deux fois plus petit, par exemple, sa capacité devient deux fois plus grande puisque la charge Q reste invariable, et il faudrait une charge double pour rendre à l'électroscope son potentiel primitif.

Dans l'expérience précédente, l'écart des feuilles d'or diminue de nouveau si l'on interpose entre les deux plateaux un isolant solide comme une lame de verre ou de paraffine.

En résumé, *la capacité électrique d'un conducteur augmente lorsqu'on en approche un autre conducteur,* surtout si ce conducteur est relié au sol; l'augmentation est plus grande lorsque l'isolant interposé est un solide mauvais conducteur que lorsque c'est l'air.

184. Définition et construction des condensateurs. — *On donne le nom de condensateur à un système de deux conducteurs dont la disposition permet d'accumuler sur l'un d'eux une quantité d'électricité plus grande que lorsque ce même conducteur est isolé.*

Les condensateurs sont ordinairement constitués par deux surfaces conductrices parallèles ou *armatures,* séparées par une mince couche isolante. L'une des armatures est reliée à une source d'électricité ; on l'appelle *collecteur* à cause de sa fonction. L'autre armature appelée *condenseur,* est mise en communication avec le sol.

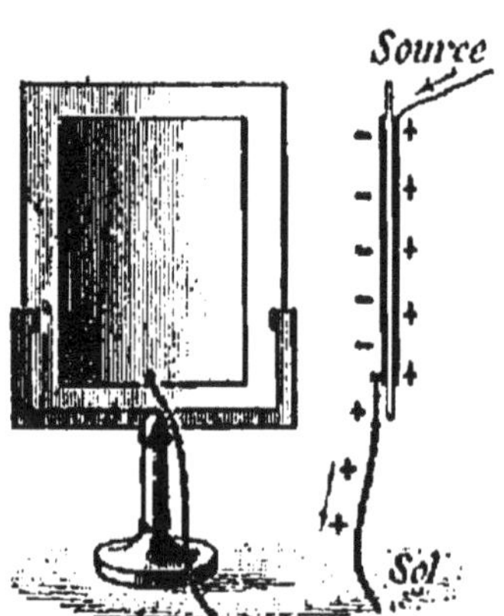

FIG. 211. — Condensateur à feuilles d'étain.

Le condensateur le plus simple consiste en un carreau de vitre sur les deux faces duquel on a collé deux feuilles d'étain de même dimension (*fig.* 211). On laisse autour de ces feuilles une bande de verre que l'on recouvre de gomme laque pour mieux les isoler l'une de l'autre.

Le *condensateur d'Æpinus* se compose de deux plateaux de laiton (*fig.* 212), munis chacun d'un petit pendule à fil conducteur, et isolés sur deux colonnes de verre dont les pieds peuvent se déplacer à volonté le long d'une règle horizontale. Une lame de verre, supportée par la même règle, sépare les deux plateaux.

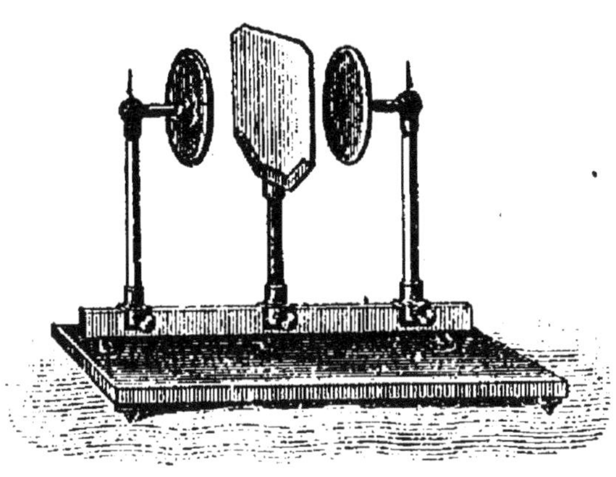

Fig. 212. — Condensateur d'Æpinus.

Enfin la forme la plus usitée des condensateurs est la *bouteille de Leyde*.

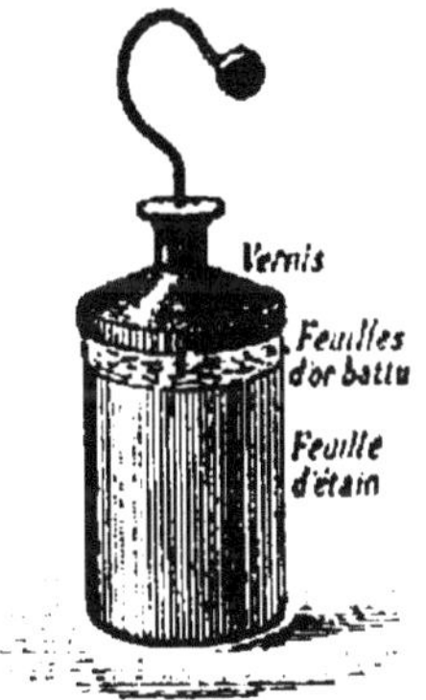

Fig. 213. — Bouteille de Leyde.

185. Bouteille de Leyde. — C'est un flacon en verre (panse), recouvert extérieurement d'une feuille d'étain (*fig.* 213), et rempli de feuilles de clinquant ou d'or, dans la masse desquelles plonge une tige de laiton terminée extérieurement par un bouton. Enfin l'intervalle laissé entre la feuille d'étain et le goulot est recouvert d'un vernis.

On construit aussi des bouteilles de Leyde de grandes dimensions et à large ouverture (*fig.* 214) dans lesquelles l'armature intérieure est constituée par une feuille d'étain collée sur la face interne. La tige centrale est droite et se termine inférieurement par une chaîne métallique qui repose sur cette feuille d'étain. Les bouteilles ainsi construites s'appellent des *jarres*.

FIG. 214. — Jarre.

Charge et décharge d'une bouteille de Leyde. — Pour charger une bouteille de Leyde, on prend la panse à la main, ce qui met l'armature extérieure en communication avec le sol, et l'on présente le bouton à une machine électrique en activité, dont le pôle négatif est au sol. L'armature intérieure prend une charge positive $Q = CV$, C désignant sa capacité, V le potentiel du pôle positif de la machine ; l'armature extérieure se charge d'une quantité à peu près égale d'électricité négative (cette quantité serait égale à Q si le condenseur enveloppait complètement le collecteur).

La décharge se fait soit *instantanément* en touchant à la fois les deux armatures, soit *lentement* en touchant alternativement les deux armatures après avoir placé la bouteille chargée sur un plateau isolant.

FIG. 215. — Bouteille de Leyde décomposable.

Après la décharge instantanée, on peut obtenir plusieurs décharges résiduelles ; cela tient à ce que les électricités semblent pénétrer les deux faces de la partie isolante. Pour le démontrer, on emploie une bouteille de Leyde *décomposable* comme le montre la figure 215. Après avoir chargé la bouteille, on l'isole sur un gâteau de paraffine et avec la main on enlève successivement l'armature intérieure, le vase de verre et l'armature extérieure. Les deux armatures ont été évidemment déchargées par le contact. Cependant si on reconstitue la bouteille, on obtient avec l'excitateur une étincelle presque aussi forte que si la bouteille n'avait pas été démontée.

Association des bouteilles de Leyde. — Quand on veut obtenir un condensateur d'une grande capacité, on réunit

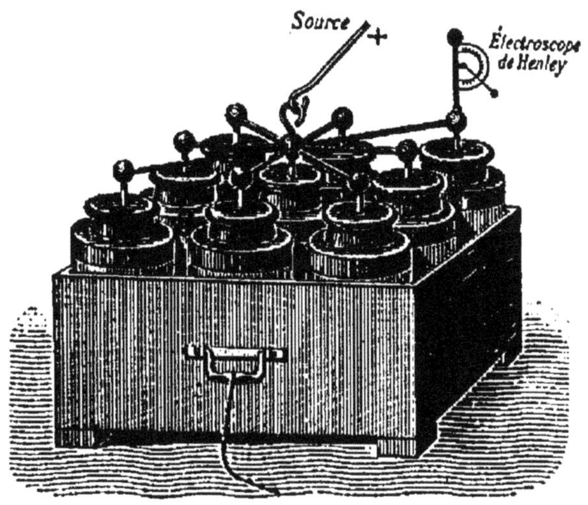

Fig. 216. — Batterie de jarres en surface.

plusieurs bouteilles de Leyde que l'on groupe de manière à former une *batterie en surface*.

On dispose dans une caisse de bois un certain nombre de jarres dont les armatures intérieures communiquent entre elles au moyen de tiges métalliques horizontales convergentes (*fig.* 216). Les armatures extérieures se trouvent en contact avec une feuille d'étain qui revêt le fond de la caisse et se prolonge latéralement jusqu'à la rencontre de deux poignées métalliques fixées aux parois.

Remarque. — La *force condensante* d'une bouteille de

Leyde et, en général, d'un condensateur, est le rapport $\frac{Q}{q}$ des charges qu'il faut donner au collecteur pour l'élever au même potentiel quand il fait partie du condensateur et quand il est isolé. On a dans le premier cas $Q = CV$ et dans le second $q = cV$. Par suite,

$$\frac{Q}{q} = \frac{C}{c}.$$

La force condensante est donc aussi égale au rapport de la capacité C du collecteur lorsqu'il fait partie du condensateur à la capacité c de ce même collecteur pris isolément.

Le calcul de la capacité C est facile dans le cas d'un condensateur fermé, constitué par deux sphères concentriques séparées par une faible épaisseur d'air. On trouve alors $C = \frac{S}{4\pi e}$, ce qui montre que la capacité du collecteur est proportionnelle à sa surface S et en raison inverse de l'épaisseur e de la lame d'air.

Cette capacité varie en outre avec la nature de l'isolant interposé. Le rapport de la capacité d'un condensateur construit avec une lame d'un isolant solide à la capacité d'un condensateur à lame d'air de forme et de dimensions identiques s'appelle la *capacité inductive spécifique* de l'isolant ; ce pouvoir est de 2 environ pour le verre, le soufre et la paraffine, de 5 pour le mica.

D'après cela, la capacité du collecteur d'un condensateur sphérique à lame isolante de capacité diélectrique k a pour valeur $\frac{kS}{4\pi e}$. Ce résultat est sensiblement exact pour tous les condensateurs dont les armatures sont parallèles et de dimensions très grandes par rapport à l'épaisseur de la lame isolante, comme la bouteille de Leyde.

186. Condensateurs à feuilles alternantes. — Ce sont des condensateurs dont la disposition permet d'obtenir une très grande capacité sous un petit volume. Ils sont formés de feuilles d'étain alternant avec des feuilles de papier paraffiné ou de mica (*fig.* 217). Toutes les

Fig. 217. — Condensateur à feuilles alternantes.

feuilles d'ordre impair sont en étain et communiquent ensemble d'un côté; elles constituent le collecteur. Les feuilles d'ordre pair en mica sont réunies de l'autre côté et constituent le condenseur.

Les condensateurs à feuilles alternantes sont employés notamment dans les bobines d'induction.

187. Électroscope condensateur. — L'électroscope condensateur permet de mettre en évidence des charges avec lesquelles l'électroscope ordinaire ne donnerait aucune indication.

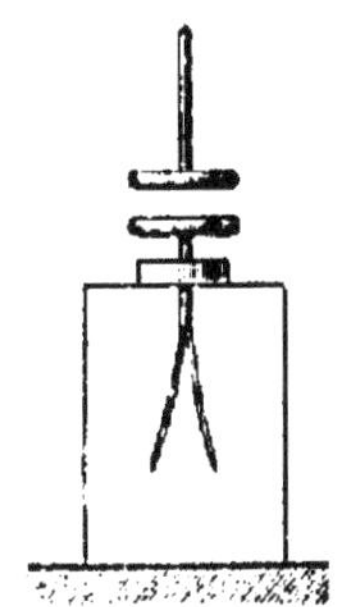

Fig. 218. — Électroscope condensateur.

C'est un électroscope dont le plateau est recouvert sur sa face supérieure d'une couche de vernis; un second plateau (*fig.* 218), recouvert de vernis sur sa face inférieure et muni d'un manche isolant s'applique sur le premier. Les deux plateaux forment un condensateur, dont la partie isolante est constituée par les deux couches de vernis.

Le corps électrisé à étudier étant mis en contact avec le plateau inférieur (*fig.* 219), on touche le plateau supérieur. Il y a condensation, mais les feuilles d'or ne divergent pas parce que le potentiel du plateau inférieur est trop faible; la charge que prend ce plateau est $Q = CV$, C désignant sa capacité quand il fait ainsi partie du condensateur. On supprime alors les communications et on enlève le plateau supérieur : la capacité du plateau inférieur est réduite dans une proportion considérable; sa charge est resté Q, mais

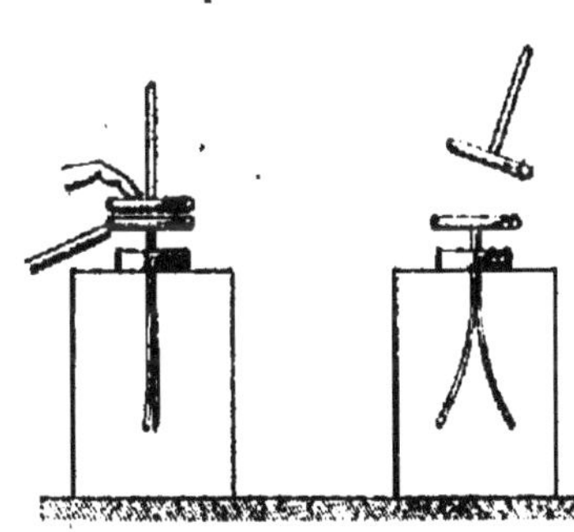

Fig. 219. — Emploi de l'électroscope condensateur.

son potentiel prend une valeur V′ telle que l'on ait $Q = cV'$, c désignant la capacité du plateau inférieur quand il est soustrait à l'influence du plateau supérieur. On a donc $CV = cV'$, d'où $\frac{V'}{V} = \frac{C}{c}$. Comme C peut être beaucoup plus grand que c à cause de la faible épaisseur du vernis isolant, le nouveau potentiel V′ peut être suffisant pour faire diverger les feuilles d'or.

RÉSUMÉ DU CHAPITRE XXII

La capacité d'un conducteur augmente lorsqu'on en approche un conducteur relié au sol ; elle augmente encore si l'on interpose entre les deux conducteurs un isolant solide.

Les *condensateurs* ont pour but d'accumuler sur des conducteurs des quantités d'électricité plus grandes que lorsque ces mêmes conducteurs sont isolés. Un condensateur comprend deux conducteurs séparés par un corps isolant ; le premier conducteur (collecteur) est mis en communication avec une machine électrique ; le second (condenseur) communique avec le sol.

Le condensateur le plus simple est un carreau de vitre sur les deux faces duquel on a collé deux feuilles d'étain.

Dans la bouteille de Leyde, la partie isolante est constituée par un flacon de verre, le condenseur par une feuille d'étain collée extérieurement et le collecteur par des feuilles de clinquant ou d'or et une tige métallique terminée par un bouton. Dans les jarres, les feuilles d'or sont remplacées par une feuille d'étain collée intérieurement.

La décharge se fait soit instantanément en touchant à la fois les deux armatures, soit lentement par contacts successifs des deux armatures.

Quand on veut obtenir un condensateur de grande capacité, on associe des jarres en faisant communiquer entre elles d'une part toutes les armatures intérieures, d'autre part toutes les armatures extérieures.

L'électroscope condensateur décèle des charges très faibles. Le corps à étudier étant mis en contact avec le plateau inférieur, on touche le plateau supérieur, puis on supprime les communications et on enlève le plateau supérieur. Comme ce dernier ne fait plus alors partie du condensateur, sa capacité diminue ; son potentiel augmente et peut être suffisant pour produire la divergence des feuilles d'or.

EXERCICES SUR LE CHAPITRE XXII

72. Quelle devrait être la surface d'un condensateur à air dans

lequel la distance entre les armatures serait de 25cm pour que la capacité du collecteur soit de 1 microfarad, c'est-à-dire la millionième partie d'un farad.

73. Déterminer la charge que prend un condensateur d'un mètre carré de surface, dont les armatures sont séparées par une couche d'air de 2cm d'épaisseur, sachant que le collecteur est en communication avec un conducteur au potentiel constant 5, tandis que le condenseur est relié au sol.

CHAPITRE XXIII

PRINCIPE DES MACHINES ÉLECTRIQUES

188. Considérations générales. — *On appelle machines électrostatiques des sources d'électricité dont le fonctionnement repose sur l'électrisation par frottement ou sur les phénomènes d'influence.* Dans l'un comme dans l'autre cas, les deux électricités se produisent toujours simultanément et en quantités égales : elles se portent dans deux régions distinctes que l'on appelle les *pôles* de la machine. Le *débit* des machines électrostatiques, c'est-à-dire la quantité d'électricité qu'elles peuvent fournir en une seconde, est relativement faible ; en revanche, elles sont capables d'établir entre leurs pôles une *différence de potentiel* considérable.

Une machine électrostatique contient toujours trois organes principaux : une *source*, qui produit l'électricité ; un *transmetteur* qui la transporte ; et un *collecteur* qui la recueille. Si le transmetteur apporte à chaque opération la même quantité d'électricité sur le collecteur, la machine est dite *à addition* ; si au contraire la charge du transmetteur s'accroît par le jeu de la machine, celle-ci est dite *à multiplication*.

189. Machine de Ramsden. — C'est une machine à addition dont la source est à frottement. Elle se compose d'un plateau de verre (*fig.* 220) que l'on fait tourner entre deux

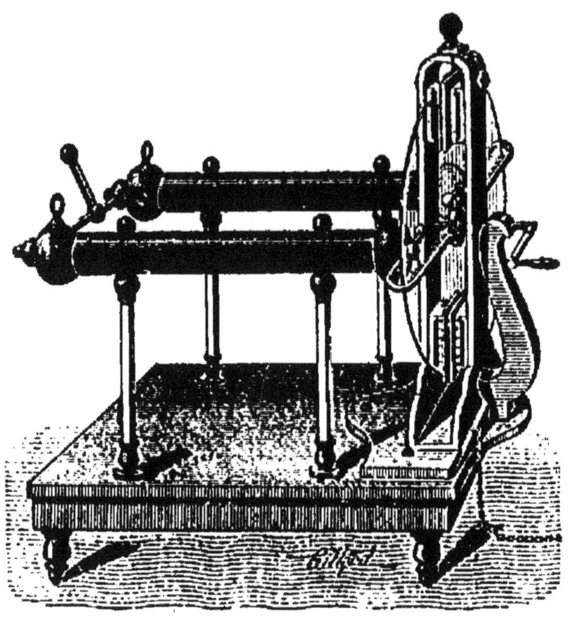

FIG. 220. — Machine de Ramsden.

paires de coussins ou *frottoirs*, fixés sur deux montants de bois et mis en communication avec le sol. Aux extrémités du diamètre horizontal se trouvent deux conducteurs en fer à cheval, appelés *peignes*, qui embrassent le plateau et qui sont munis de pointes. Ces conducteurs communiquent avec deux gros cylindres reliés entre eux par un tube de plus petit diamètre.

Fonctionnement. — Le plateau, en frottant contre les

coussins, s'électrise positivement ; de l'électricité négative se développe sur les coussins et se perd dans le sol par l'intermédiaire de bandes d'étain et d'une chaîne métallique. L'électricité positive est transportée par le plateau jusqu'aux peignes (*fig.* 221) ; là, elle agit par influence sur les cylindres et y repousse de l'électricité positive, tandis que de l'électricité négative s'écoule par les pointes des peignes, ramenant à l'état neutre les points du plateau qui ont franchi les peignes. La machine ne fournit donc que de l'électricité positive.

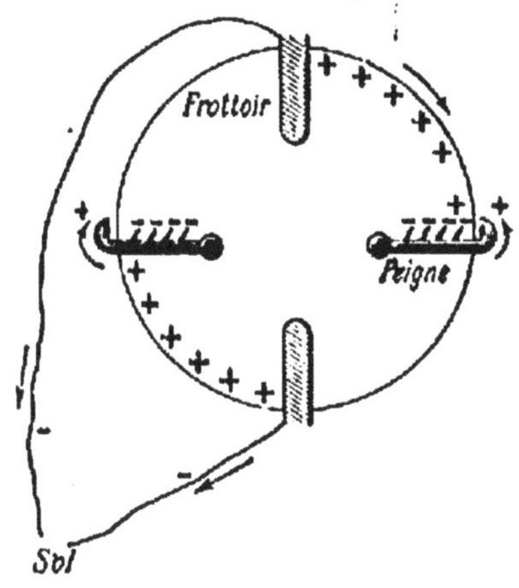

FIG. 221. — Développement des électricités sur le plateau de la machine de Ramsden.

Limite de la charge. — Les phénomènes que nous venons de décrire se reproduisant à chaque tour du plateau, la charge des cylindres va en augmentant jusqu'à une certaine limite, limite qui est atteinte lorsqu'une décharge peut éclater entre les coussins et les conducteurs.

Dans la pratique, plusieurs causes empêchent d'atteindre cette limite ; la plus importante est la *déperdition par l'air et par les supports* ; aussi a-t-on soin, par les temps humides, de dessécher, avec un fourneau, l'air qui entoure la machine, de frotter les supports et le plateau avec des linges secs et chauds pour leur enlever toute trace d'humidité.

La machine de Ramsden n'est plus guère employée aujourd'hui, parce qu'elle est trop encombrante, eu égard à sa faible puissance.

190. Machine de Wimshurst. — C'est une machine à multiplication dont la source est à influence ; elle est auto-excitatrice : il suffit de la mettre en mouvement pour qu'elle s'amorce d'elle-même en partant d'une charge initiale très faible.

Cette machine se compose de deux plateaux de verre

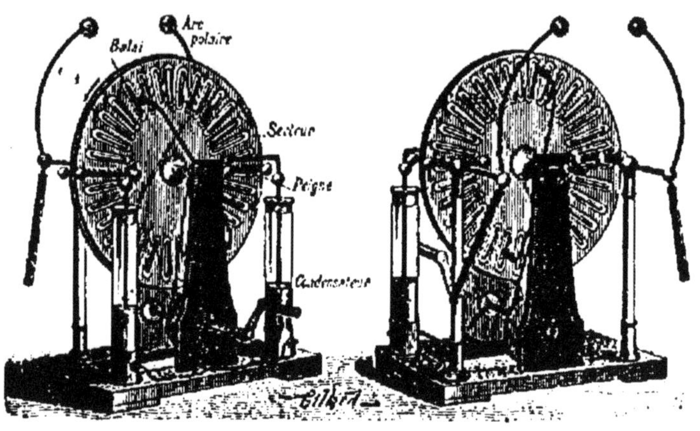

FIG. 222. — Machine de Wimshurst (vue antérieure et vue postérieure).

identiques (*fig.* 222) vernis, et munis extérieurement d'un même nombre de secteurs d'étain. Ces plateaux jouent le rôle de transporteurs, ils tournent en sens inverse par l'intermédiaire d'une corde de transmission droite et d'une corde de transmission croisée. En regard de chaque plateau se trouvent deux conducteurs diamétraux communiquant entre eux par l'axe et avec le sol. Ces conducteurs sont inclinés l'un et l'autre d'environ 60° sur l'horizon, mais en sens contraires ; leurs extrémités portent des petits *balais* métalliques qui frottent légèrement contre les secteurs d'étain et les mettent ainsi successivement en communication avec le sol pendant la rotation. Enfin deux peignes métalliques collecteurs embrassent les deux plateaux et communiquent avec deux arcs mobiles, terminés par des boules de décharge et constituant les deux *pôles* de la machine.

Pour augmenter la capacité des arcs polaires, on adjoint à la machine deux bouteilles de Leyde dont les armatures extérieures communiquent entre elles et les armatures intérieures avec chacun des deux peignes.

Pour mettre la machine en activité, on approche au contact les boules qui terminent les arcs polaires; puis on met les plateaux en mouvement. Dès que l'on entend un bruissement particulier, on écarte un peu les boules, et il se produit entre elles une série d'étincelles bruyantes.

Réversibilité. — La machine de Wimshurst est *réversible*, c'est-à-dire qu'elle peut convertir de l'énergie électrique en travail.

Pour en faire la curieuse expérience il faut deux machines; l'une sert de *génératrice*, l'autre de *réceptrice*.

On enlève les cordes de la machine réceptrice, on retourne ses porte-balais de manière que les balais ne frottent plus sur les secteurs, puis on réunit les peignes de cette machine aux peignes correspondants de la génératrice à l'aide de gros fils isolés. Si l'on fait alors tourner la génératrice, on voit les plateaux de la réceptrice se mettre en mouvement.

191. Applications des machines électrostatiques. — On emploie les machines électrostatiques pour charger les condensateurs, pour répéter les expériences d'électricité statique.

La machine de Wimshurst sert dans les hôpitaux à produire de l'oxygène ozonisé, qui est un antiseptique.

En médecine, la machine de Wimshurst sert à traiter les maladies nerveuses. Pour produire le souffle électrique, par exemple, on isole le malade sur un tabouret à pieds de verre et on le met en communication avec un des pôles de la machine. On présente alors en face des parties sensibles du malade une série de pointes reliées au sol (*fig.* 223); l'écoulement de l'électricité par les pointes donne une impression de souffle (vent électrique) doué de propriétés calmantes.

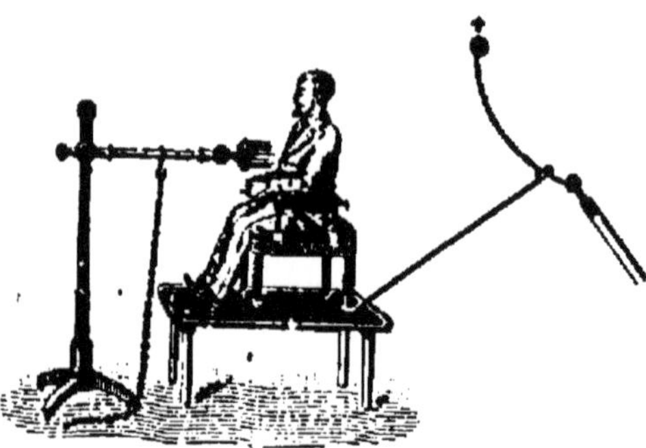

Fig. 223. — Électrisation par le souffle électrique.

192. Effets des décharges électriques. — L'énergie qui a été dépensée dans la charge des condensateurs électrisés doit se retrouver dans la décharge ; elle se manifeste par des effets qui varient suivant le milieu à travers lequel se produit la décharge et que l'on classe en effets *physiologiques*, *mécaniques*, *calorifiques*, *lumineux* et *chimiques*.

Effets physiologiques. — Les décharges des condensateurs donnent des commotions consistant en contractions musculaires.

Avec une bouteille de Leyde, la commotion peut être ressentie aux coudes, aux épaules, et produire même un ébranlement de la poitrine. La commotion peut être donnée simultanément à un grand nombre de personnes formant la chaîne. Les batteries de plusieurs jarres donnent des commotions qui ne peuvent plus être subies impunément.

Effets mécaniques. — Lorsqu'une décharge traverse un

corps mauvais conducteur, celui-ci peut être brisé ou percé. Si, par exemple, on place une carte entre les pôles d'une machine de Wimshurst en activité, elle se trouve criblée de trous en quelques instants. Une lame de verre peut être percée de même ; on emploie alors des conducteurs en pointe et on les noie, ainsi que la lame, dans de la paraffine, pour empêcher l'électricité de contourner la lame de verre (*fig.* 224).

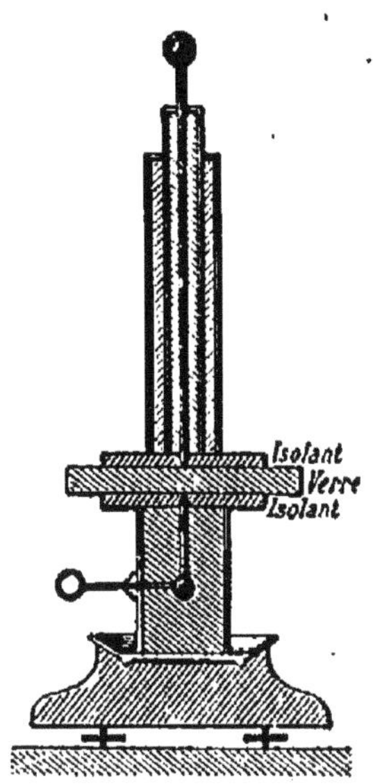

Fig. 224. — Perce-verre.

Effets calorifiques. — La chaleur dégagée dans un conducteur par lequel s'opère une décharge est d'autant plus grande que la résistance de ce conducteur est elle-même plus grande ; aussi les fils métalliques très fins et ayant par suite une grande résistance peuvent-ils être fondus et même volatilisés.

Effets lumineux. — Les effets lumineux affectent les formes d'étincelles, d'aigrettes ou de lueurs.

L'*étincelle* n'a la forme d'un trait rectiligne que si elle est courte ; à mesure que la distance entre les corps électrisés augmente, le trait devient sinueux et ramifié.

La planche I représente, en réduction, une étincelle électrique de 16^{cm} de longueur obtenue directement sur une plaque photographique sur laquelle on faisait arriver les deux extrémités du fil d'une bobine d'induction.

Les planches II et III reproduisent, avec des réductions moindres, des photographies obtenues en amenant seulement soit le pôle positif, soit le pôle négatif en contact avec la partie sensible de la plaque photographique, l'autre pôle étant en contact avec l'autre face de la plaque.

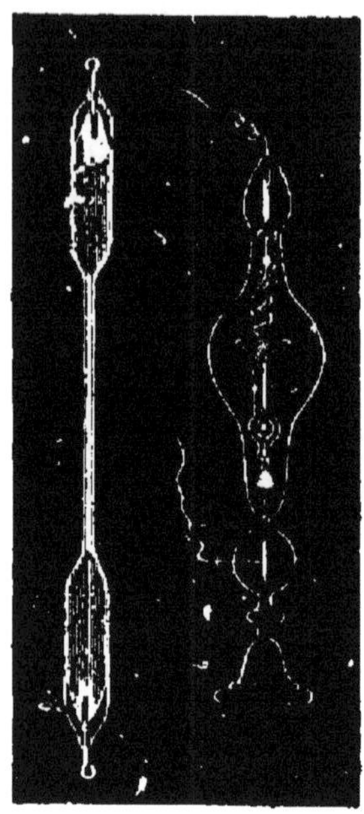

Fig. 225. — Tubes de Geissler.

Les *aigrettes* se produisent lorsque l'électricité s'écoule par des pointes; elles ont une teinte pâle violacée et s'accompagnent d'un bruissement particulier.

Enfin les *lueurs* se produisent quand la décharge a lieu dans les gaz raréfiés. L'expérience se fait avec les *tubes de Geissler* (*fig.* 225). Ce sont des tubes clos en verre, munis aux extrémités de fils de platine, et contenant un gaz dont la force élastique a été réduite à quelques millimètres au plus. Si l'on met les fils de platine en contact avec les pôles d'une machine de Wimshurst en activité, le tube est parcouru par une lueur présentant des parties alternativement brillantes et obscures. On donne à ces tubes mille formes diverses et on obtient les plus beaux effets en variant aussi la nature des gaz.

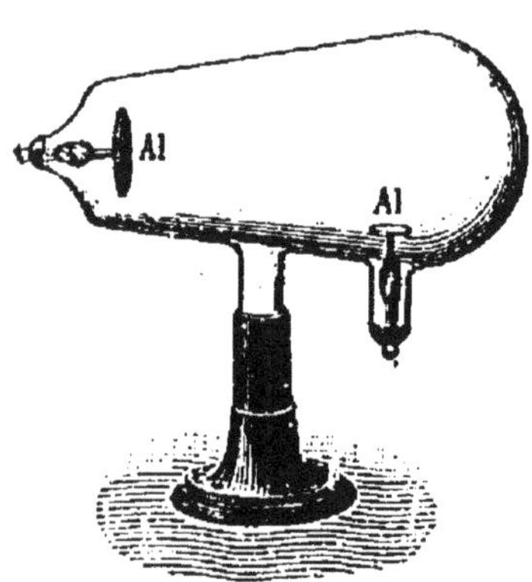

Fig. 226. — Tube de Crookes.

Dans les tubes de Crookes (*fig.* 226), la raréfaction est poussée de manière que la force élastique du gaz ne soit plus que quelques millièmes de millimètre. Les lueurs disparaissent et le tube acquiert une fluorescence verte très vive dans la partie opposée à l'électrode négative.

Effets chimiques. — Une série d'étincelles détermine la décomposition du gaz ammoniac en azote et hydrogène, la combinaison de l'azote et de l'oxygène, etc. Les lueurs transforment partiellement l'oxygène en ozone.

RÉSUMÉ DU CHAPITRE XXIII

Les machines électrostatiques donnent de l'électricité en utilisant le frottement ou l'influence; ce sont des sources d'électricité à faible débit et à haut potentiel.

Le type des machines à frottement est la *machine de Ramsden*. Un plateau de verre s'électrise positivement par frottement entre deux paires de coussins; cette électricité est transportée jusqu'en regard de peignes en fer à cheval qui laissent écouler de l'électricité de nom contraire. En même temps, de l'électricité positive est refoulée dans deux gros cylindres reliés par un tube. La machine ne fournit donc que de l'électricité positive.

La *machine de Wimshurst* est une machine à influence. Deux plateaux garnis de secteurs d'étain tournent en sens contraires : deux conducteurs inclinés à 60° portent des balais qui frottent contre les secteurs. Enfin deux peignes embrassent les plateaux et communiquent avec les arcs polaires. Les effets de la machine sont augmentés par deux bouteilles de Leyde. Quand les plateaux sont en mouvement, la machine s'amorce d'elle-même, et si l'on écarte alors les deux boules, il jaillit entre elles des étincelles.

Les machines électrostatiques ne servent que dans les hôpitaux (production d'ozone) et pour les expériences de cours.

La décharge d'un corps électrisé se manifeste par des effets variables ; effets *physiologiques*, contractions musculaires produites par les décharges des condensateurs ; *mécaniques*, avec les corps mauvais conducteurs; *calorifiques* dans des conducteurs de grande résistance comme des fils métalliques très fins; *lumineux*, affectant la forme d'étincelles, d'aigrettes ou de lueurs. Les aigrettes sont dues à l'écoulement de l'électricité par des pointes. Les lueurs se produisent dans es gaz raréfiés; l'expérience se fait avec les tubes de Geissler.

CHAPITRE XXIV

ÉLECTRICITÉ ATMOSPHÉRIQUE

193. Phénomènes généraux. — Lorsqu'un conducteur isolé et à l'état neutre est placé dans l'atmosphère en un lieu découvert et par un temps serein, il y subit une influence électrique : il s'électrise *positivement* du côté du sol et *négativement* du côté du ciel. Cette expérience se fait aisément avec une longue barre métallique verticale dont les extrémités communiquent chacune avec deux électroscopes sensibles placés près de ces extrémités et eux-mêmes isolés. On constate de plus que le potentiel du conducteur ainsi disposé est *positif*, supérieur par conséquent à celui du sol. Tout se passe donc dans l'atmosphère comme si la terre était électrisée négativement à sa surface ou comme si une charge positive existait à une grande hauteur dans l'atmosphère.

Fig. 227. — Électromètre de Saussure.

194. Électromètre de Saussure. — Pour étudier l'électricité atmosphérique, on emploie divers appareils dont le plus simple est l'électromètre de Saussure (*fig.* 227).

C'est un électroscope à feuilles d'or dont la monture qui supporte les feuilles est surmontée d'une tige en cuivre de 60cm de hauteur, terminée par une pointe. Un chapeau métallique protège la cage en verre contre la pluie. Enfin un arc divisé, fixé sur les parois intérieures de la cage, permet de mesurer la divergence des feuilles d'or. Si l'on élève cet électromètre dans l'atmosphère, il se produit une divergence qui augmente avec la hauteur. Cette divergence est produite généralement par de l'électricité positive ; une quantité égale d'électricité négative s'est écoulée par la pointe.

PHÉNOMÈNES DES ORAGES

195. Définitions et historique. — Les orages sont des manifestations électriques temporaires produites par des nuages électrisés. Les nuages peuvent être électrisés positivement ou négativement. Les étincelles qui jaillissent entre deux nuages chargés d'électricités différentes se nomment *éclairs*. Lorsque l'éclair éclate entre un nuage orageux et le sol, on dit que la foudre *tombe*. Dans tous les cas, l'éclair est suivi d'un bruit plus ou moins fort dû à l'ébranlement de l'air et que l'on appelle le *tonnerre*.

En 1752, le physicien américain Franklin lança, par un temps d'orage, un cerf-volant muni d'une pointe métallique et soutenu par une corde de chanvre conductrice terminée par un cordon de soie ; il put tirer des étincelles de la corde. Franklin admettait que le cerf-volant soutirait au nuage son électricité ; en réalité, c'était l'électricité de même signe que celle du nuage qui, étant repoussée à la partie inférieure de la corde, donnait des étincelles à l'approche d'un corps communiquant avec le sol.

Cette expérience de Franklin démontrait l'identité de la foudre et des décharges électriques ordinaires, identité qui n'avait été jusque-là que soupçonnée.

196. Éclairs. — Les éclairs comprennent un trait de feu principal, accompagné souvent de très nombreuses ramifications (*fig.* 228). Leur lumière est blanche dans les régions inférieures de l'atmosphère, plus ou moins violacée dans les hautes régions où l'air est très raréfié.

L'étincelle qui constitue l'éclair a une durée très courte (à peine 1/1000 de seconde). Sa longueur peut atteindre

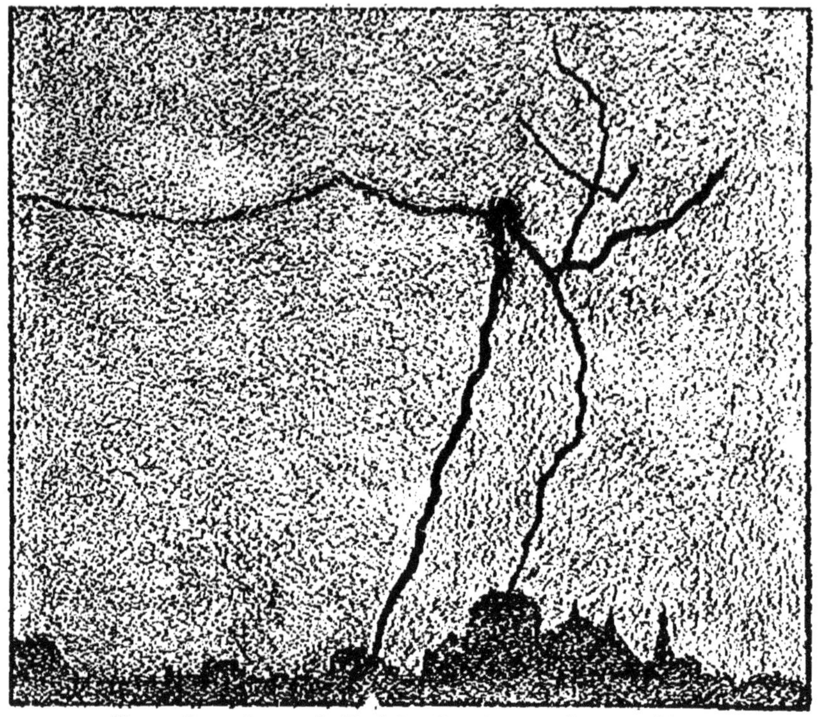

Fig. 228. — Image de l'eclair, d'après une photographie.

10^{km}. Lorsqu'elle éclate derrière un nuage ou au-dessous de l'horizon, le trait de feu se trouve masqué et l'éclair apparait sous forme d'une lueur diffuse qui illumine subitement le ciel. On trouvera à la fin du livre (Pl. IV) la reproduction d'une photographie d'éclair.

197. Tonnerre. — Le tonnerre est le bruit plus ou moins violent qui accompagne la décharge électrique. Il se fait entendre après qu'on a vu la lumière de l'éclair, car le son ne parcourt que 340^m environ par seconde, tandis que la lumière ne met qu'un temps inappréciable à franchir cette même distance.

Le tonnerre est sec et de courte durée quand on est près du lieu où se produit la décharge ; à une grande distance, il est d'abord faible, puis forme un roulement prolongé paraissant dû aux échos.

198. Effets de la foudre. — La foudre tombe lorsque l'attraction qui s'exerce entre les électricités répandues sur un nuage et sur le sol l'emporte sur la résistance de l'air.

Les effets des coups de foudre sont, aux proportions près, ceux que produisent les décharges électriques dans les laboratoires. Les corps mauvais conducteurs comme le bois, la brique sont brisés, dispersés; les combustibles sont enflammés ; les hommes, les animaux sont renversés, brûlés, parfois frappés instantanément de mort. Enfin en pénétrant dans le sol, la foudre fond souvent les matières siliceuses sur son passage et forme ainsi des sortes de tubes vitrifiés que l'on appelle des *fulgurites*.

Remarques. — 1° La foudre frappe de préférence les points les plus saillants du sol (arbres, cheminées, clochers); ce sont en effet les points où s'accumule l'électricité contraire attirée par l'influence du nuage orageux. D'un autre côté, les corps bons conducteurs livrent plus facilement passage à la foudre que les corps mauvais conducteurs; aussi est-il imprudent de s'abriter trop près d'un arbre pendant un orage ; si la foudre tombe sur l'arbre, elle quitte le tronc à la hauteur de la tête de la personne pour passer à travers son corps, le corps humain étant meilleur conducteur que le bois. En temps d'orage, on est plus en sûreté à l'intérieur d'une maison que dehors, surtout si les murs extérieurs ont été mouillés par la pluie et rendus conducteurs ; quand la foudre pénètre à l'intérieur d'une maison, c'est presque toujours que la maison est surmontée d'une cheminée élevée et tapissée d'une couche de suie conductrice. Cet inconvénient ne se présente pas pour la cave ; aussi y est-on en sécurité presque absolue ;

2° Un être vivant peut recevoir une commotion même mortelle sans être frappé directement par la foudre. Supposons un nuage électrisé assez voisin du sol ; un corps communiquant avec le sol se charge par influence d'une électricité contraire à celle du nuage. Si la foudre tombe en un point peu éloigné, le nuage se décharge, l'influence cesse, et le corps revient brusquement à l'état neutre. Cette modification équivaut à un courant de décharge et peut être aussi dangereuse. On appelle ce phénomène le *choc en retour*.

PARATONNERRES

199. Définition. — *Les paratonnerres sont des appareils qui servent à protéger les édifices contre la foudre.* Les principaux types sont le paratonnerre de Franklin et celui de Melsens.

200. Paratonnerre de Franklin. — Le paratonnerre de Franklin est une application du pouvoir des pointes. Il se compose d'une tige en fer, dressée sur l'édifice à protéger. Cette tige se termine à la partie supérieure par une pointe en cuivre doré (*fig.* 229) et communique avec le sol par un conducteur formé de fils de fer. Ce conducteur est relié sur son trajet aux pièces métalliques de l'édifice et se rend dans l'eau d'un puits ou dans de la braise de boulanger, où il se ramifie en plusieurs branches (*fig.* 230).

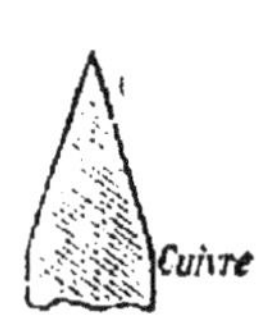

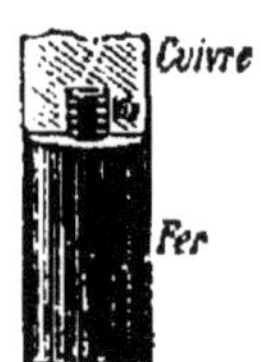

Fig. 229. — Extrémité d'un paratonnerre.

Lorsqu'un nuage orageux, électrisé négativement par

exemple, se trouve au-dessus d'un paratonnerre, l'électricité positive développée par influence s'écoule par la pointe dans l'atmosphère et va décharger partiellement le nuage, qui devient ainsi moins dangereux. Si la foudre tombe malgré la pointe, elle frappe la tige du paratonnerre de préférence aux autres parties de l'édifice, et l'électricité s'écoule dans le sol par le conducteur sans aucun dommage pour l'édifice.

FIG. 230. — Paratonnerre de Franklin.

Effets du paratonnerre. — Outre l'*effet préventif* que nous venons de signaler, le paratonnerre exerce un *effet préservatif* si la foudre tombe malgré la pointe.

On admet généralement qu'une tige de paratonnerre protège autour d'elle un espace circulaire d'un rayon double de la hauteur de cette tige, mais cette règle ne repose sur aucune donnée certaine. Quoi qu'il en soit, la condition essentielle pour qu'un paratonnerre soit réellement efficace, c'est que la communication entre la pointe et le sol soit le plus intime possible : un paratonnerre en mauvaise communication avec le sol est plus dangereux pour un édifice que l'absence de paratonnerre.

201. Paratonnerre de Melsens. — Le paratonnerre de Melsens repose sur ce principe que les corps placés à l'intérieur d'un conducteur communiquant avec le sol sont soustraits à l'influence des corps électrisés extérieurs. Il n'est pas nécessaire que le conducteur soit continu (167) pour former ce que l'on appelle un *écran électrique*; un simple grillage suffit.

FIG. 231. — Paratonnerre de Melsens.

On réalise cette disposition en enveloppant l'édifice à préserver d'une sorte de vaste réseau de fils métalliques en communication parfaite avec le sol. Pour plus de sûreté on place sur le faîte, de distance en distance, des gerbes de petites pointes métalliques (*fig.* 231). Ces pointes jouent le rôle de petits paratonnerres et laissent écouler l'électricité développée par influence sur l'édifice.

RÉSUMÉ DU CHAPITRE XXIV

Tout conducteur isolé, placé dans l'atmosphère par un temps serein, s'électrise négativement du côté du ciel et positivement du côté du sol. De plus, son potentiel est positif. Pour étudier l'électricité atmosphérique, on se sert de l'électromètre de Saussure. C'est un électroscope à feuilles d'or dont le plateau est remplacé par une longue tige terminée en pointe. Si l'on élève cet instrument dans l'atmosphère par un temps serein, on constate une divergence qui augmente avec la hauteur.

Les *orages* sont produits par des nuages électrisés. Les *éclairs* sont de gigantesques étincelles ramifiées qui éclatent soit entre deux nuages électrisés, soit entre un nuage électrisé et le sol. Le *tonnerre* est le bruit qui accompagne la décharge; il n'est pas perçu en même temps que l'éclair, mais au bout d'un temps plus ou moins long, parce que le son se propage avec une vitesse incomparablement moins grande que la lumière.

Les effets de la foudre sont en grand ceux des décharges ordinaires: fusion des conducteurs, rupture des mauvais conducteurs, foudroiement des hommes et des animaux, formation des fulgurites.

Les *paratonnerres* protègent les édifices contre la foudre. Celui de Franklin se compose d'une tige verticale terminée par une pointe en cuivre doré et communiquant par l'intermédiaire d'un conducteur en fils métalliques avec l'eau d'un puits. Son principe réside dans le pouvoir des pointes. De l'électricité de nom contraire à celle du nuage électrisé s'écoule par la pointe et va décharger partiellement le nuage. Le paratonnerre de Melsens joue le rôle d'un écran électrique : l'édifice est enveloppé d'un réseau de fils de fer en communication parfaite avec le sol.

CHAPITRE XXV

PILES. — COURANT ÉLECTRIQUE

---

202. Élément de pile. — ***Les piles sont des appareils dans lesquels la production de l'électricité résulte de réactions chimiques.***

Soit un vase contenant de l'eau légèrement acidulée par de l'acide sulfurique (*fig.* 232). Plongeons dans ce liquide une lame de cuivre et une lame de zinc, et fixons à chacune de ces lames un fil de cuivre : nous avons ainsi formé un *élément de pile*. Les lames métalliques s'appellent les *électrodes* ; les fils de cuivre sont les *pôles* de l'élément. Une réunion d'éléments convenablement associés constitue une *pile*.

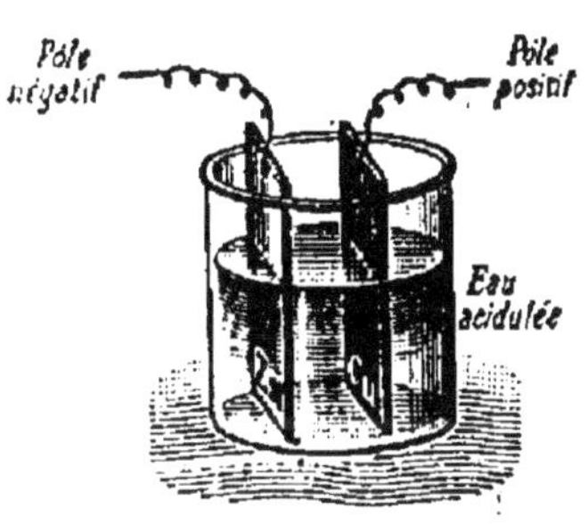

Fig. 232. — Élément de pile.

L'élément ainsi construit est une source d'électricité : ses deux pôles sont électrisés, et il existe entre eux une différence de potentiel qui reste constante tant que l'on maintient les deux pôles *écartés*. Cette différence de potentiel s'appelle la *force électromotrice* de l'élément de pile ; elle est d'environ *un volt*. Le pôle en contact avec la lame de cuivre est celui dont le potentiel est le plus élevé ; on lui donne le nom de *pôle positif* ou d'*anode* ; le pôle en contact avec la lame de zinc s'appelle le *pôle négatif* ou la *cathode*.

On démontre facilement que les deux pôles sont électrisés à l'aide de l'électroscope condensateur (187). On relie l'un des pôles, le pôle zinc par exemple, au plateau inférieur et on touche le plateau supérieur (*fig.* 233). On supprime ensuite la

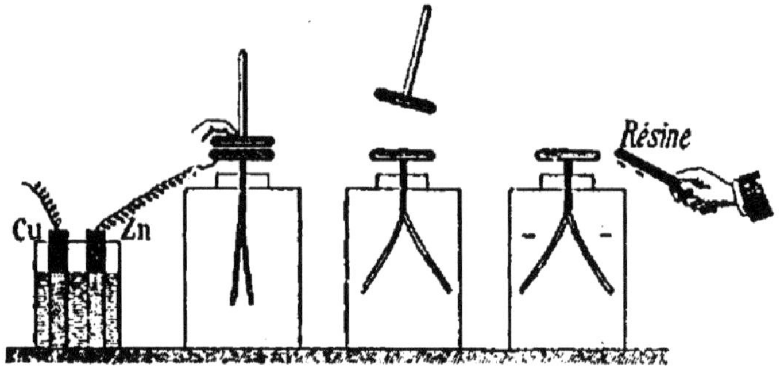

Fig. 233. — Expérience montrant que les deux pôles d'un élément de pile sont électrisés.

communication du zinc avec le plateau supérieur et on enlève ce plateau. Les feuilles divergent, indiquant ainsi que le plateau inférieur s'est chargé d'électricité. Si l'on approche de l'électroscope un bâton de résine préalablement frotté avec une peau de chat, la divergence des feuilles augmente ; donc le pôle du zinc est électrisé négativement. En faisant une expérience analogue avec le pôle du cuivre, on constaterait qu'il est électrisé positivement.

203. Production du courant électrique. — Réunissons entre eux les deux pôles de l'élément de pile (*fig.* 234). Comme le potentiel du pôle positif est plus élevé que celui du pôle négatif, l'électricité positive se met en mouvement dans le conducteur extérieur, et ce mouvement persiste à cause des réactions chimiques qui se produisent dès que les deux pôles sont réunis. Le zinc est oxydé, puis transformé en sulfate de zinc; de l'hydrogène se dégage sous forme de bulles le long de la lame de cuivre. Par cette dépense d'énergie chimique, l'élément de pile maintient constamment son pôle positif à un potentiel plus élevé que son pôle négatif, de sorte que l'électricité se trouve sans cesse en mouvement dans le conducteur extérieur en allant du pôle positif vers le pôle négatif. Ce mouvement d'électricité s'appelle *courant électrique.*

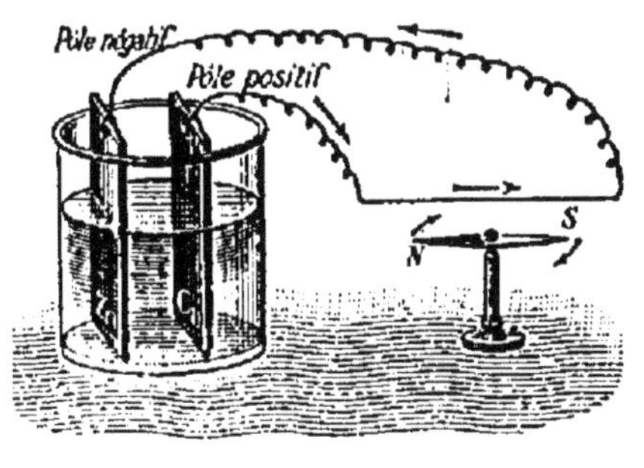

Fig. 234. — Production du courant électrique.

Expériences mettant en évidence le courant électrique. — 1° Si l'on place sur la langue les extrémités des deux pôles à une petite distance l'une à l'autre, on sent dans la langue comme un fourmillement. Ce fourmillement est dû au passage du courant électrique.

2° On sait qu'une aiguille aimantée reposant sur un pivot vertical et abandonnée à elle-même, prend une direction fixe qui est à peu près celle du Sud au Nord. Si l'on dispose au-dessus de l'aiguille le conducteur formé par la réunion des deux pôles, l'aiguille dévie aussitôt et se met en *croix,* perpendiculairement à la direction du conducteur (*fig.* 234).

3° Plongeons enfin les deux pôles dans de l'eau additionnée d'un peu d'acide sulfurique; nous verrons au bout de quelques instants se dégager aux extrémités des fils de petites bulles de gaz qui monteront à la surface du liquide.

Ces gaz sont, à l'un des pôles, de l'oxygène, à l'autre pôle, de l'hydrogène, et ils proviennent tous deux de la décomposition de l'eau par le courant électrique.

204. Propriétés du courant électrique. — Une comparaison simple va nous permettre de nous rendre compte des éléments principaux qu'il y a à considérer dans l'étude d'un courant électrique. Soient deux réservoirs situés à des hauteurs différentes et réunis par un tuyau (*fig.* 235). Supposons qu'on y mette de l'eau et qu'à l'aide d'une pompe on fasse remonter dans le réservoir supérieur l'eau qui vient de sortir du réservoir inférieur, de manière à établir entre les niveaux de l'eau une différence constante. Il y aura dans le tuyau de communication production d'un courant constant, qui sera caractérisé par la *différence des niveaux* et par le *débit* par seconde. De plus, ce tuyau agit par la *résistance* qu'il oppose à l'écoulement.

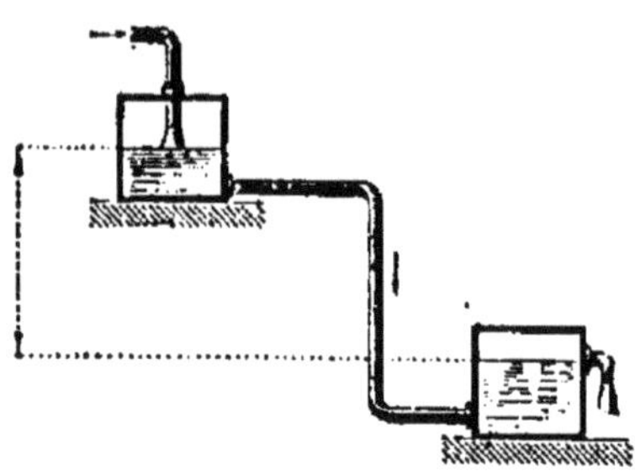

Fig. 235. — Comparaison d'un courant liquide avec un courant électrique.

Dans l'étude d'un courant électrique, on considère de même la *différence de potentiel* existant entre les deux pôles, le *débit* par seconde ou l'*intensité* et la *résistance* du circuit.

1° **Force électromotrice.** — La différence de potentiel entre les deux pôles d'un élément de pile en circuit ouvert agit en réalité comme force produisant le courant ; c'est pourquoi on lui a donné le nom de *force électromotrice*.

Les différences de potentiel s'expriment en *volts*. Le volt représente à peu près la force électromotrice d'un élément zinc-cuivre-eau acidulée, en circuit ouvert.

2° **Intensité.** — *L'intensité du courant est la quantité d'électricité qui traverse par seconde une section quelconque du circuit.*

L'unité d'intensité a reçu le nom d'*ampère* ; elle correspond à un débit d'un coulomb par seconde. Il existe des appareils appelés *ampèremètres* qui indiquent par une simple lecture l'intensité du courant qui les traverse.

3° **Résistance.** — Un circuit est d'autant plus résistant qu'il entrave davantage le passage du courant électrique. Cette entrave consiste à consommer une partie du courant, qui a ainsi d'autant moins d'intensité que le conducteur est plus résistant. Le plus ou moins de facilité qu'offre un conducteur au passage du courant dépend de sa longueur, de sa section et de sa nature. Si l'on augmente la longueur, ou si l'on diminue la section du conducteur, l'intensité devient plus petite. Si l'on réunit successivement les pôles par des fils de même longueur, de même section, mais de nature différente (cuivre, fer, etc.), l'intensité variera d'un conducteur à l'autre. On peut constater ces variations d'intensité en plaçant chaque fois le conducteur au-dessus d'une aiguille aimantée mobile dans un plan horizontal : la déviation de l'aiguille est d'autant plus grande que le courant est plus intense.

L'unité employée dans la pratique pour comparer les résistances des conducteurs s'appelle l'*ohm* (nom d'un physicien allemand).

L'ohm est la résistance d'une colonne de mercure ayant 1^{mmq} *de section et* $106^{cm},3$ *de longueur à* $0°$. On dira qu'un conducteur a une résistance de 10^{ohms}, par exemple, si sa résistance est 10 fois plus grande que celle de la colonne de mercure définie comme il vient d'être dit.

205. Loi d'Ohm. — Lorsque le courant fourni par un élément de pile ne fournit aucun travail particulier, il existe une relation très simple entre la force électromotrice E de l'élément, la résistance totale $R + r$ du circuit (R désignant la résistance intérieure de l'élément, r la résistance extérieure) et l'intensité I du courant fourni par l'élément :

$$I = \frac{E}{R + r}.$$

Cette relation, connue sous le nom de loi d'Ohm exprime que ***l'intensité du courant exprimée en ampères est égale à la force électromotrice exprimée en volts divisée par la résistance totale exprimée en ohms.***

La loi d'Ohm est générale et s'applique à une portion quelconque d'un circuit parcouru par un courant. Entre deux points de ce circuit, la différence $V - V'$ de leurs potentiels respectifs, est égale au produit de l'intensité du courant par la résistance entre ces deux points :

$$V - V' = Ir.$$

206. Constitution d'un élément de pile. — Polarisation. — Un élément de pile peut être construit avec un liquide quelconque dans lequel on plonge deux conducteurs inégalement attaqués par le liquide. Le pôle négatif est toujours du côté de l'électrode la plus attaquée ; le pôle positif, du côté de l'autre électrode.

Dans un élément ainsi constitué (l'élément zinc-cuivre-eau acidulée que nous avons considéré, par exemple), l'expérience montre que si l'on réunit les deux pôles, le courant s'affaiblit rapidement. Cet affaiblissement est dû en grande partie à ce qu'il se dégage de l'hydrogène qui forme des petites bulles adhérentes à la surface de la lame de cuivre.

Or l'hydrogène étant plus oxydable que le zinc, forme avec la lame de zinc un véritable élément, dans lequel cette lame constitue l'électrode positive, tandis que l'hydrogène joue le rôle d'électrode négative. Un courant de sens contraire au premier tend donc à se produire, et au bout de peu de temps, le courant ordinaire cesse presque complètement. On dit alors que les électrodes de l'élément de pile sont *polarisées*, et on désigne ce phénomène sous le nom de *polarisation*.

Si l'on veut avoir un élément à *courant sensiblement constant*, il faut employer un composé qui absorbe l'hydrogène au fur et à mesure de sa formation, et empêche ainsi le dépôt de ce gaz sur l'électrode positive. Les composés qui remplissent ce but portent le nom de *dépolarisants*.

PILES A COURANT CONSTANT

207. Élément Daniell. — Cet élément a pour dépolarisant le *sulfate de cuivre*. Il comprend : un vase de verre, une lame de zinc contournée en forme de cylindre (*fig.* 236), un vase en terre poreuse et un cylindre de cuivre. Le vase extérieur contient de l'eau acidulée par 1/10 environ d'acide sulfurique ; le vase poreux, une dissolution de sulfate de cuivre que l'on entretient *saturée* en plaçant des cristaux de sulfate de cuivre sur une galerie disposée à la partie supérieure de l'élément. Les pôles sont constitués par deux lames minces de cuivre fixées, l'une

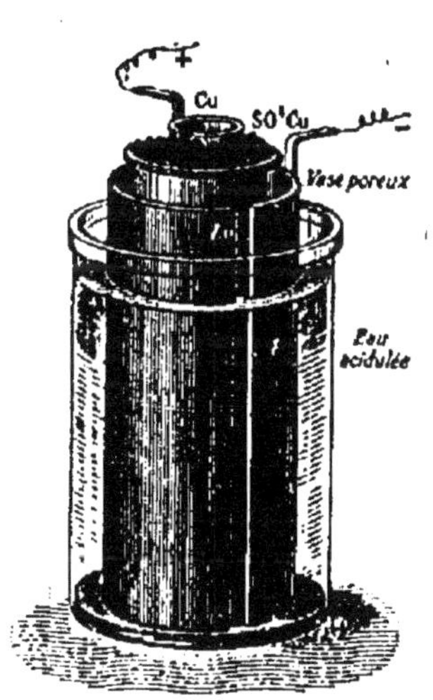

Fig. 236. — Élément Daniell.

à l'électrode de zinc, l'autre à l'électrode de cuivre. La force électromotrice de cet élément (en circuit ouvert) est égale à 1^{volt},07. Lorsqu'on ferme le circuit, l'élément fournit un courant et en même temps il se produit des réactions chimiques. L'acide sulfurique et le sulfate de cuivre sont décomposés par le courant, le premier en SO^4 et H^2, le second en SO^4 et Cu. Le radical SO^4 provenant de la décomposition de l'acide sulfurique se porte sur l'électrode en zinc et forme du sulfate de zinc; l'hydrogène passe à travers le vase poreux, s'unit au radical SO^4 provenant de SO^4Cu et reforme de l'acide sulfurique. Quant au cuivre mis en liberté, il se dépose sur l'électrode en cuivre.

Élément Callaud. — C'est une modification de l'élément Daniell dans lequel on a supprimé le vase poreux afin de diminuer la résistance intérieure; les deux liquides se séparent simplement par la différence de densité.

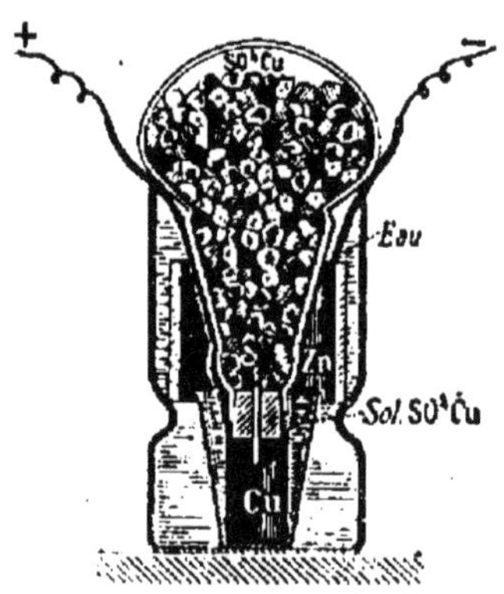

Fig. 237. — Élément Callaud.

L'électrode de cuivre est entourée d'un gobelet en verre dans lequel pénètre le goulot d'un ballon rempli de cristaux de sulfate de cuivre (*fig.* 237). Le bouchon qui ferme le ballon est traversé par un tube de verre. — On remplit le vase d'eau pure jusqu'au niveau supérieur du cylindre de zinc; l'eau monte dans le ballon; du sulfate de cuivre se dissout, et la dissolution, plus dense que l'eau, déplace peu à peu cette dernière et remplit le gobelet. La pile est alors prête à fonctionner.

208. Élément Bunsen. — L'élément Bunsen comprend : 1° un vase en grès contenant de l'eau acidulée par l'acide sulfurique (*fig.* 238); 2° une lame de zinc, recourbée en cylindre et servant d'électrode négative; 3° un vase poreux contenant de l'acide azotique destiné à servir de *dépolarisant* ; 4° un prisme de charbon de cornues servant d'électrode positive.

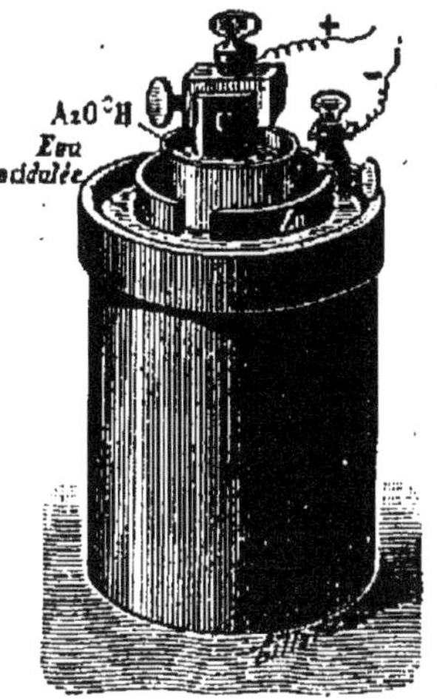

Fig. 238. — Élément Bunsen.

Lorsqu'on veut former une *pile* d'éléments, on les dispose sur un plancher bien sec et l'on réunit les pôles de noms contraires par des pinces d'assemblage comme le montre la figure 239.

La force électromotrice d'un élément Bunsen est de $1^{volt},8$. Quand le circuit est fermé, l'acide sulfurique se décompose : SO^4 s'unit au zinc et forme du sulfate de zinc ; l'hydrogène réduit l'acide azotique en produisant de l'eau et des composés oxygénés de l'azote qui se dégagent dans l'air.

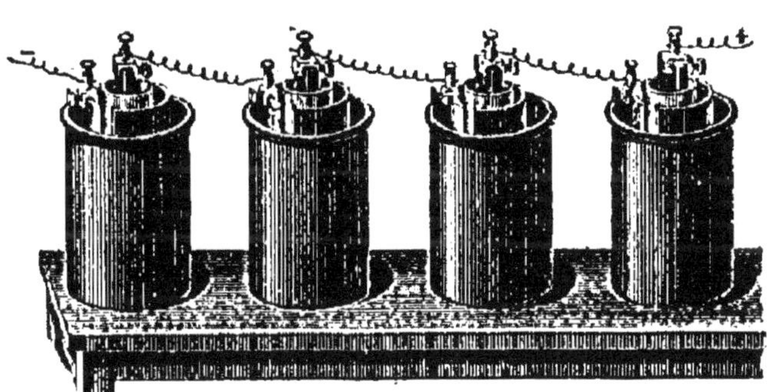

Fig. 239. — Pile d'éléments Bunsen (disposition en série).

209. Élément au bichromate. — Dans cet élément, le dépolarisant est une dissolution de bichromate de potassium ou de sodium que l'on mélange ordinairement au liquide actif. La forme la plus usitée de cet élément est le modèle Grenet.

Le modèle Grenet, appelé aussi *pile-bouteille,* se compose d'une bouteille sphérique en verre (*fig.* 240) contenant un mélange d'eau, d'acide sulfurique et de bichromate de potassium. Le couvercle de la bouteille porte deux plaques de charbon parallèles qui plongent dans la dissolution. Entre ces deux plaques est une lame de zinc que l'on peut sortir du liquide à l'aide d'une glissière maintenue par une vis de pression.

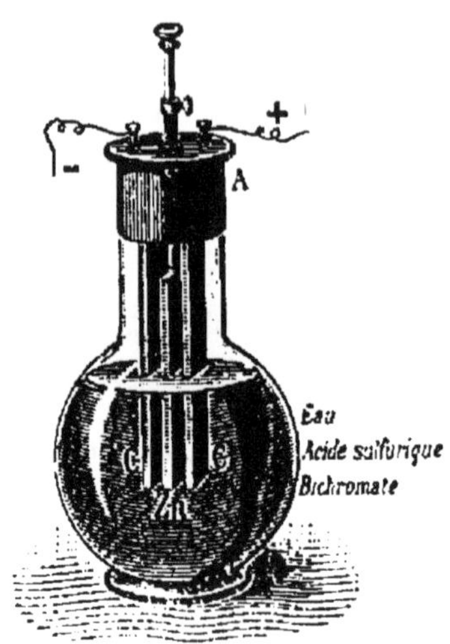

Fig. 240. — Pile-bouteille.

L'élément Grenet ne dégage ni odeur, ni vapeurs acides; de plus, c'est un élément puissant à cause de sa grande force électromotrice (2 volts) et de sa

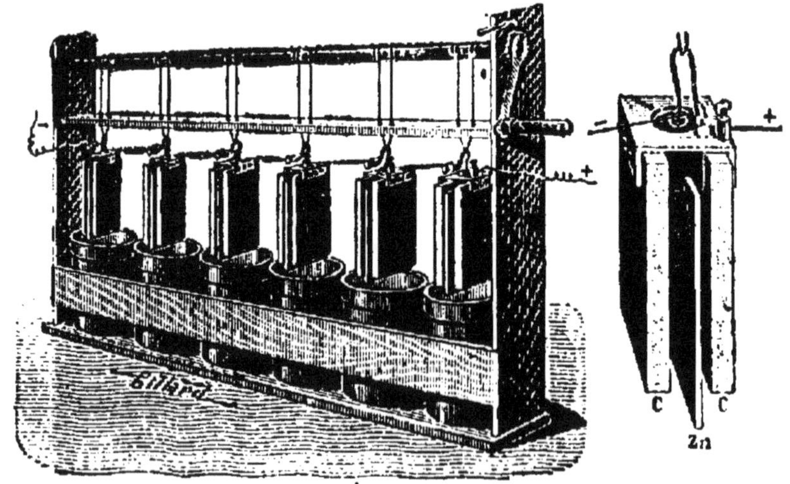

Fig. 241. — Pile à treuil d'éléments Grenet.

faible résistance. En revanche, la polarisation n'y est pas

complètement évitée, ce qui produit un affaiblissement assez rapide du courant.

La figure 241 représente une pile d'éléments Grenet. Les vases ont la forme cylindrique ; les charbons et les zincs sont suspendus à une barre horizontale et peuvent à volonté être plongés dans les vases ou retirés du liquide à l'aide d'une manivelle.

210. Élément Leclanché. — L'électrode positive est une lame de charbon enfouie entre deux plaques de charbon et de bioxyde de manganèse agglomérés avec de la gomme laque (*fig.* 242). L'électrode négative est une tige de zinc. L'ensemble des électrodes et des plaques est placé dans un vase en verre contenant une dissolution de chlorure d'ammonium. La force électromotrice de l'élément est d'environ 1volt,5.

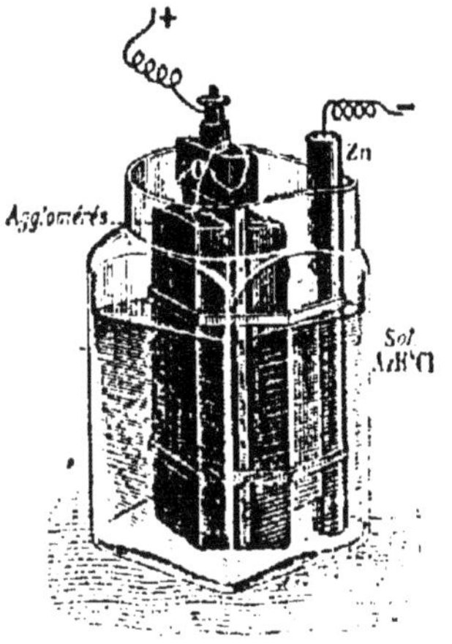

Fig. 242. — Élément Leclanché.

Le zinc décompose le chlorure d'ammonium :

$$2AzH^4Cl + Zn = ZnCl^2 + 2AzH^3 + 2H ;$$

et l'hydrogène provenant de cette réaction réduit à son tour le bioxyde de manganèse, qui joue ainsi le rôle de dépolarisant :

$$2MnO^2 + 2H = Mn^2O^3 + H^2O.$$

211. Élément de Lalande et Chaperon. — Il se compose d'un vase de verre (*fig.* 243), dont le fond est recouvert d'oxyde de cuivre surmonté d'une dissolution de potasse caustique. L'électrode positive est une lame de fer disposée de manière à être recouverte par l'oxyde de cuivre; l'électrode négative est une spirale de zinc amalgamé. La force électromotrice est d'environ 0^{volt},8.

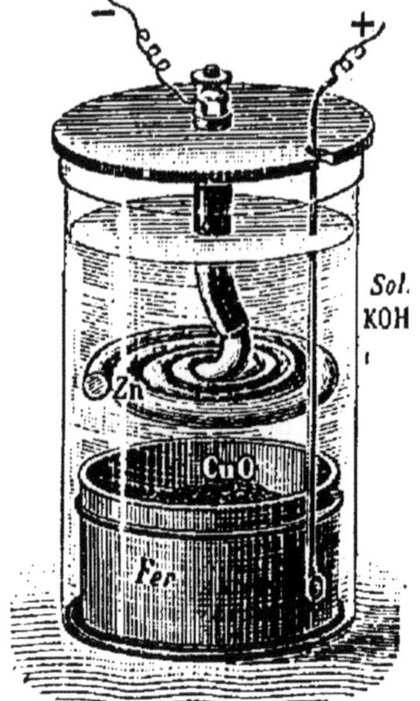

Fig. 243. — Élément de Lalande et Chaperon.

En circuit fermé, le zinc attaque la potasse :

$$Zn + 2KOH = Zn(OK)^2 + 2H ;$$

et l'hydrogène dégagé réduit l'oxyde de cuivre qui joue le rôle de dépolarisant :

$$CuO + 2H = H^2O + Cu.$$

Cet élément a une résistance très faible et fournit un courant d'une grande constance.

212. Applications des piles. — Les piles ont été pendant longtemps les seules sources employées pour avoir un courant électrique. Aujourd'hui que l'on a des machines puissantes fournissant de l'électricité plus économiquement, l'emploi des piles se restreint de plus en plus.

On utilise les piles pour les expériences de laboratoire, pour actionner les sonneries électriques, les bobines d'induction; on les emploie en télégraphie, en téléphonie, dans les ateliers où l'on fait de la galvanoplastie en petit, etc.

PRINCIPAUX EFFETS DU COURANT ÉLECTRIQUE

213. Effets chimiques. — Lorsque dans un circuit parcouru par un courant se trouve un composé conducteur contenant un métal ou de l'hydrogène, la séparation se fait entre le métal (ou l'hydrogène) et le groupe simple ou composé (radical) qui lui est uni. Le métal se dépose sur l'électrode de sortie du courant (cathode) et le radical sur l'électrode d'entrée (anode).

Électrolyse de l'acide sulfurique étendu. — Cette électrolyse se fait dans un *voltamètre* (*fig*. 244). C'est un vase de verre que l'on remplit d'eau additionnée d'acide sulfurique. Le fond du vase est traversé par deux fils de platine sur lesquels on renverse deux tubes à essais remplis également

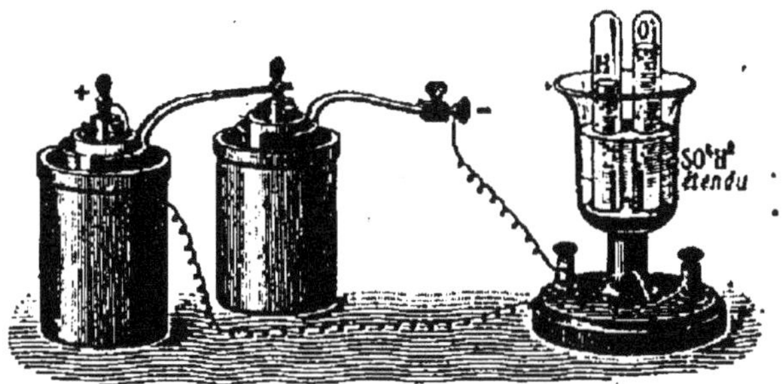

Fig. 244. — Électrolyse de l'acide sulfurique étendu.

d'eau acidulée. Si l'on joint les fils de platine aux pôles de quelques éléments Bunsen, par exemple, de l'oxygène se dégage dans le tube qui se trouve au-dessus de l'anode et de l'hydrogène dans celui qui recouvre la cathode. A un moment quelconque, le volume de l'hydrogène est double de celui de l'oxygène.

Dans cette expérience, l'eau paraît décomposée en ses éléments. En réalité, c'est l'acide sulfurique qui est d'abord décomposé en SO^4 et H^2. L'hydrogène se dégage sur la cathode; le radical SO^4 se porte vers l'anode, où il se dédouble en oxygène qui se dégage et en anhydride sulfurique qui réagit sur l'eau pour former de l'acide sulfurique.

Dans l'industrie, on décompose d'une façon analogue une

dissolution de potasse ou de soude caustique, en vue d'obtenir économiquement de l'oxygène et de l'hydrogène.

Électrolyse du sulfate de cuivre. — Dans les deux branches d'un tube en U renfermant une dissolution de ce sel (*fig.* 245), on plonge deux lames de platine reliées aux deux pôles d'une pile ; la cathode se recouvre de cuivre métallique, en même temps que des bulles d'oxygène se dégagent autour de l'anode.

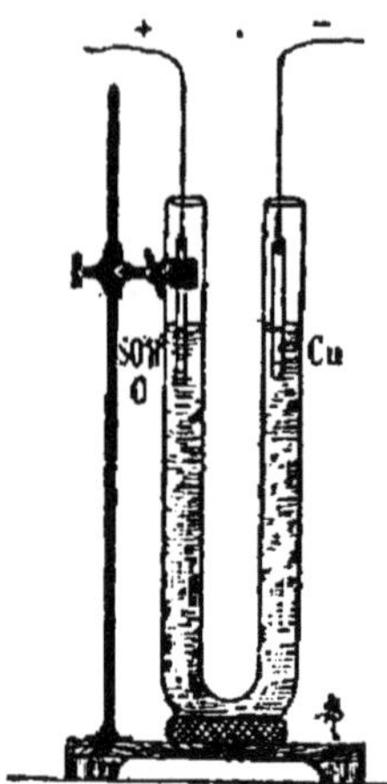

Fig. 245. — Électrolyse du sulfate de cuivre.

$$SO^4Cu = \overset{}{SO^4} + \underset{-}{Cu},$$

$$SO^4 + H^2O = \underset{+}{SO^4H^2} + \underset{+}{O}.$$

Si l'on prend comme anode une lame de cuivre au lieu d'une lame de platine, le radical SO^4 s'unit au cuivre pour reformer une quantité de sulfate de cuivre égale à celle qui a été décomposée pendant le même temps.

Applications. — L'électrolyse des sels a reçu des applications importantes.

La *galvanoplastie* a pour but de reproduire des modèles au moyen d'un moule sur lequel le métal est précipité par électrolyse sans y adhérer.

La *galvanisation* a pour but de déposer à la surface d'un corps une couche métallique mince adhérente. Elle comprend la dorure, l'argenture, le nickelage, etc.

Dans l'*électrométallurgie*, on extrait un métal de ses minerais ou bien on le purifie par l'électrolyse.

214. Définition pratique du coulomb et de l'ampère. — L'expérience montre que pour mettre en liberté 1^{gr} d'hydrogène dans un voltamètre à acide sulfurique étendu, il faut une quantité d'électricité égale à 96 600 coulombs ; un coulomb met donc en liberté $\frac{1}{96\,600} = 0^{milligr},01035$ d'hydrogène. Dans un voltamètre contenant une dissolution d'azotate d'argent, un coulomb mettrait en liberté (108 étant le poids atomique de l'argent) $108 \times 0,01035 = 1^{milligr},118$ d'argent.

L'ampère correspond au débit d'un coulomb par seconde. *On peut donc définir l'ampère, l'intensité du courant qui, traversant un voltamètre à azotate d'argent, dépose l'argent à raison de* $1^{milligr},118$ *par seconde.*

215. Effets calorifiques. — Le courant échauffe les conducteurs qu'il traverse. Pour le montrer, on introduit un fil de fer de faible diamètre dans un circuit parcouru par le courant d'une forte pile : le fil devient incandescent, puis fond et se volatilise.

Joule a montré que *la quantité de chaleur dégagée dans un fil conducteur par le passage d'un courant est proportionnelle : 1° au carré de l'intensité du courant ; 2° à la résistance de la portion de conducteur considérée ; 3° au temps pendant lequel le courant passe.*

Cette loi est résumée par la formule $Q = AI^2rt$, dans laquelle Q désigne le nombre de calories produites pendant t secondes ; I, l'intensité du courant exprimée en ampères ; r, la résistance du conducteur exprimée en ohms ; A, un coefficient constant qui est égal à $\frac{1}{4,17}$.

Applications. — La chaleur produite par le passage d'un courant dans un fil conducteur est utilisée en chirurgie pour l'ablation des tumeurs, des polypes, la cautérisation des plaies.

Le chauffage par l'électricité est encore peu usité, à cause de son prix de revient relativement élevé.

Enfin l'incandescence produite par les courants a reçu une application importante dans les lampes à incandescence.

216. Effets lumineux. — Lorsqu'une région d'un circuit présente une grande résistance, il y a dans cette région un grand dégagement de chaleur, et si ce dégagement est assez intense, il y a production de lumière.

Les effets lumineux sont utilisés sous deux formes: l'*incandescence* d'un conducteur dans le vide et l'*arc voltaïque.*

Incandescence d'un conducteur dans le vide. — Lorsqu'un fil conducteur fin et résistant est placé dans le vide, le passage d'un courant le rend incandescent sans en amener la combustion. Il faut, bien entendu, que le conducteur employé soit assez réfractaire pour ne pas fondre par le passage du courant. On emploie des filaments minces de charbon, que l'on enferme dans des ampoules en verre où l'on fait le vide, ou que l'on remplit avec des gaz comburants très raréfiés (*fig.* 240).

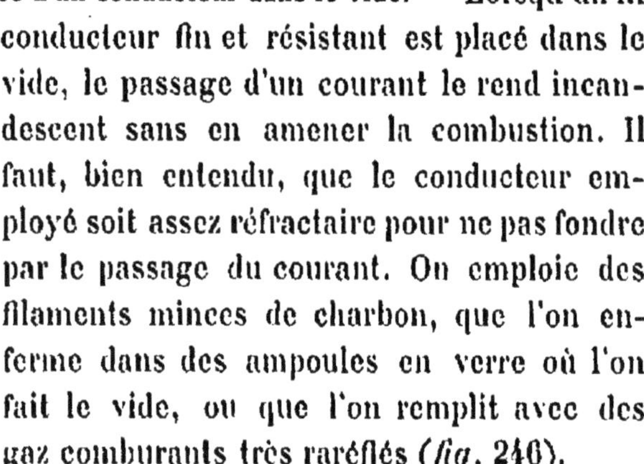

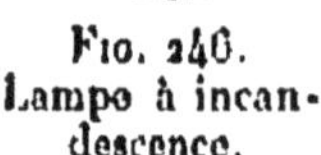

Fig. 240. Lampe à incandescence.

Arc voltaïque. — On donne le nom d'arc voltaïque à la flamme brillante qui jaillit entre deux conducteurs en charbon placés dans le circuit d'un courant intense, lorsqu'on les écarte légèrement l'un de l'autre.

Les charbons doivent d'abord être amenés en contact; s'ils sont tant soit peu écartés, la résistance de l'air est trop grande et le courant ne passe pas. Lorsque les charbons sont en contact, l'air environnant s'échauffe et devient conducteur, de sorte que si à ce moment on écarte légèrement les pointes, le courant continue à passer et l'étincelle persiste en produisant une lumière continue, rendue brillante par l'incandescence des particules de carbone détachées des charbons. Au contact de l'air, ces particules brûlent; il y a usure des charbons et il est nécessaire de les rapprocher à mesure qu'ils s'usent, pour que la résistance de l'air interposé entre les pointes ne devienne pas trop considérable.

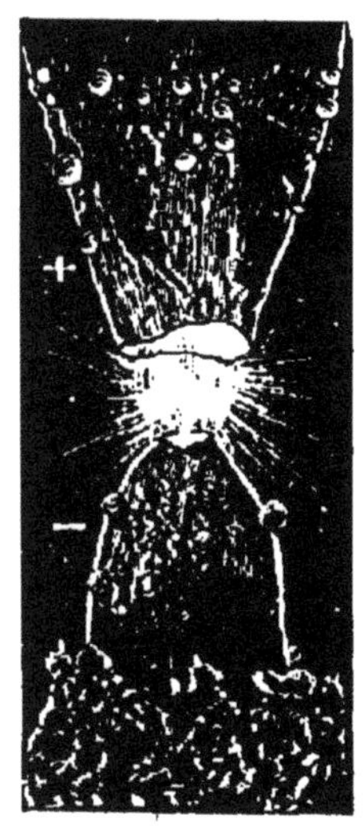

Fig. 247. — Projection de l'arc voltaïque sur un écran.

Si l'on projette sur un écran, à l'aide d'une lanterne de projection, l'image de l'arc et des deux charbons (*fig.* 247), on remarque que ce sont surtout les pointes de charbon qui ont de l'éclat. De plus, si le courant conserve toujours le même sens, l'extrémité du charbon positif se creuse en forme de cratère, tandis que celle du charbon négatif conserve la forme d'une pointe plus ou moins émoussée.

Davy, qui a observé le premier l'arc voltaïque (1808), disposait les charbons horizontalement. La flamme obtenue alors était *courbée* par le courant d'air chaud ascendant et Davy lui donna, pour cette raison, le nom d'*arc* voltaïque. Actuellement on dispose les charbons verticalement, l'un au-dessus de l'autre; le courant d'air chaud dont nous venons de parler ne se produit plus et il n'y a pas d'arc proprement dit ; mais le nom est resté.

Applications. — L'arc voltaïque sert pour l'éclairage. On utilise sa température élevée pour souder les métaux à eux-mêmes (plaques de tôle, barres d'acier, etc.), et dans les *fours électriques,* qui servent à préparer le carbure de calcium, l'aluminium et ses alliages, etc.

217. Accumulateurs. — ***Les accumulateurs sont des appareils qui emmagasinent de l'électricité en utilisant le phénomène de la polarisation.***

Nous avons vu que lorsqu'on fait passer un courant à travers un voltamètre, tout se passe comme si l'eau qu'il renferme était décomposée (213). Si l'on supprime ce courant, puis qu'on réunisse par un fil conducteur traversant un galvanomètre les deux bornes du voltamètre, on constate l'existence d'un nouveau courant, de sens contraire au premier. C'est que le passage de celui-ci a déterminé sur les électrodes une *polarisation,* identique à celle qui se produit sur les électrodes d'une pile (206), et accompagnée comme elle d'une force contre-électromotrice.

Les accumulateurs ne sont pas autre chose que des voltamètres ainsi utilisés ; mais les fils de platine qui constituent les électrodes y sont remplacés par des masses de plomb de grande surface. Le plomb, en effet, jouit de la propriété de se polariser non seulement à la surface, mais encore jusqu'à une certaine profondeur. Les électrodes étant de très large surface, et l'eau acidulée étant conductrice, la résistance d'un tel accumulateur sera très faible, et le courant qu'il donnera pourra être très intense. La force électromotrice d'un accumulateur au plomb atteint $2^{volts},5$, c'est-à-dire qu'elle est supérieure à celle des plus forts éléments de pile (209).

Accumulateur Planté. — Il se compose de deux lames de plomb enroulées sur elles-mêmes, maintenues à un écartement constant par des lanières de caoutchouc, et plongées dans de l'eau additionnée d'acide sulfurique. Le tout est placé dans un vaste cylindre en verre dont le couvercle, en ébonite, porte deux bornes reliées aux lames de plomb (*fig.* 248).

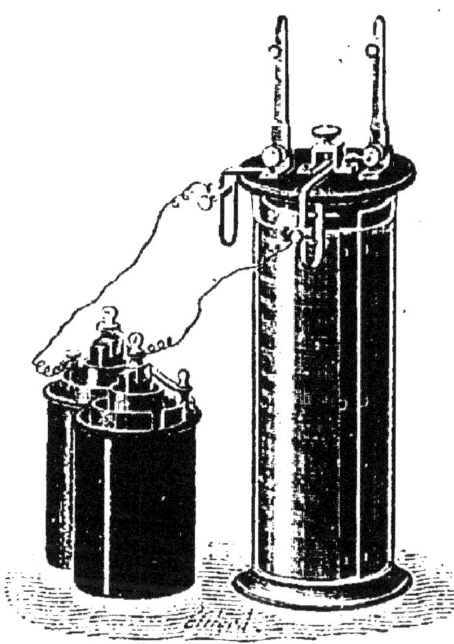

Fig. 248. — Accumulateur Planté.

Pour *charger* l'accumulateur, on met chacune des électrodes en communication avec les pôles d'une source (sur notre figure, une pile), fournissant un courant continu. L'oxygène forme sur la lame positive une couche brune de bioxyde de plomb ; l'hydrogène se porte sur la lame négative. Lorsque la couche de bioxyde a acquis une épaisseur suffisante, le reste du métal est préservé de l'action de l'oxygène, et ce gaz se dégage. La force contre-électromotrice a alors atteint sa valeur maxima. Si, après avoir interrompu le courant de charge, on réunit les deux lames par un fil conducteur, l'hydrogène se porte sur la lame de plomb oxydé, qui devient alors l'électrode négative, et ramène le bioxyde de plomb à l'état de protoxyde qui forme avec l'acide sulfurique du sulfate de plomb ; l'oxygène se porte sur la lame de plomb hydrogéné et y produit du protoxyde de plomb qui donne également du sulfate de plomb. Quand tout le bioxyde de plomb a été réduit, le courant secondaire s'arrête.

Si l'on fait passer de nouveau le courant primaire, les mêmes phénomènes se reproduisent, mais la couche de bioxyde de plomb formée est plus épaisse. En renouvelant un grand nombre de fois les charges et les décharges, on produit des couches utiles de plus en plus profondes.

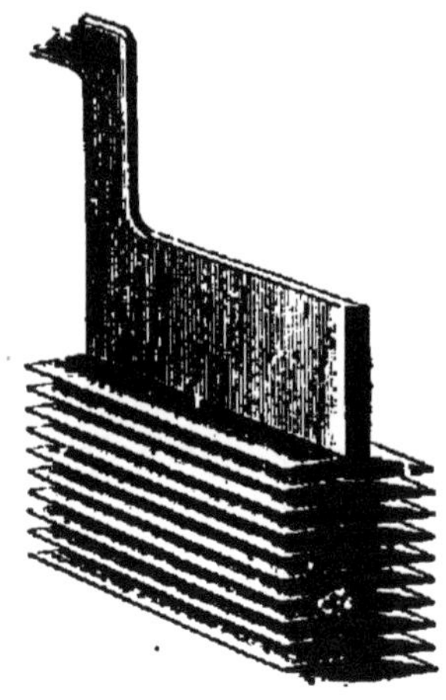

Fig. 249. — Plaque d'un accumulateur Tudor.

Les accumulateurs Planté ont été améliorés par des modifications de forme tendant à donner aux électrodes la plus grande surface possible pour une masse donnée. On munit en général les lames de plomb de rainures ou d'ondulations diverses. Dans les accumulateurs Tudor (*fig.* 249), les lames de plomb sont garnies d'ailettes. La surface est ainsi quintuplée pour une même quantité de plomb ; il en résulte une plus grande intensité du courant obtenu et aussi une rapide formation.

Accumulateurs Faure. — La *formation* des accumulateurs Planté est généralement fort longue. Pour éviter la perte de temps et d'énergie qui en résulte, on a imaginé les accumulateurs *à formation artificielle.*

Le type de ces accumulateurs est celui de Faure, dans lequel le courant de formation agit non sur le plomb, mais sur de l'oxyde de plomb. Les électrodes de plomb sont recouvertes d'une pâte comprimée d'oxydes de plomb : on applique de la litharge sur l'électrode négative, du minium sur l'électrode positive. Le courant de charge réduit la litharge à l'état de plomb poreux, et suroxyde le minium, qui passe à l'état de bioxyde. On retrouve ainsi les mêmes électrodes que dans les accumulateurs Planté, mais elles ont immédiatement l'épaisseur suffisante.

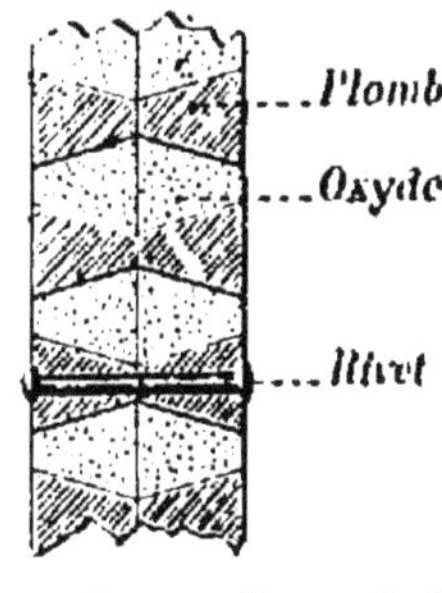

Fig. 250. — Coupe de la grille d'un accumulateur Gadot.

Pour bien agréger la matière active et l'empêcher de tomber des électrodes on remplace les lames de plomb originelles par des grilles de plomb dans lesquelles on place la pâte d'oxyde par pression. Dans les accumulateurs Gadot, par exemple, la grille (*fig.* 250), formée de deux demi-grilles rivées, maintient très bien les oxydes.

Applications. — L'emploi des accumulateurs a pris un développement considérable, nécessité par les progrès de l'industrie électrique. Les véritables génératrices d'électricité sont des machines qu'on appelle des *dynamos*. Pour parer à l'arrêt momentané d'une de ces machines, dans toutes les usines on charge (au moyen de l'une d'elles) des accumulateurs. Dans une entreprise d'éclairage, par exemple, on conçoit quel trouble apporterait aux consommateurs la suppression momentanée du courant, si des accumulateurs n'étaient là, prêts à remédier aux accidents possibles. Ce sont eux qui servent à éclairer les usines dans lesquelles les dynamos ne marchent pas la nuit.

Les accumulateurs fournissent le courant électrique à certains tramways qui ne l'empruntent pas à un fil de ligne. Ils sont employés de plus en plus pour les automobiles et l'on trouve maintenant beaucoup de relais où l'on peut charger ses accumulateurs ou les échanger : l'électricité se débite comme le pétrole. On construit d'ingénieuses voitures disposées de façon que, dans les descentes, la seule force de la pesanteur, qui est gratuite, actionne une petite dynamo qui recharge les accumulateurs. Depuis longtemps déjà certaines voitures de luxe des chemins de fer (à la Cie internationale des wagons-lits, notamment) étaient éclairées électriquement par un courant dont l'énergie était empruntée à la rotation de l'essieu pendant la marche ; une partie servait à charger des accumulateurs, qui fonctionnaient pendant les temps d'arrêt.

Dans les usines hydro-électriques, une fois les dépenses d'installation faites, le chargement des accumulateurs devient quasi gratuit. C'est pour cela que l'on voit maintenant les meuniers et usiniers échelonnés le long des cours d'eau non seulement s'éclairer à l'électricité, mais se servir d'automobiles électriques.

Les bateaux sous-marins, pendant la plongée et la navigation sous l'eau, marchent au moyen d'accumulateurs électriques ; ceux-ci ont été chargés avec la source d'énergie qui actionne le bateau quand il navigue à la surface (moteur à pétrole ou à vapeur).

A côté des emplois relativement récents, au moins au degré de puissance auquel ils sont parvenus, nous citerons l'emploi qui est fait des accumulateurs dans la petite industrie (galvanoplastie, etc.), dans les laboratoires, en médecine, chirurgie et art dentaire pour faire rougir des cautères de platine, porter la lumière au fond de la bouche, etc. De petits accumulateurs servent à éclairer des bijoux ou des jouets électriques ; d'autres, moins faibles, illuminent des lanternes de bicyclettes, voitures, automobiles, etc.

RÉSUMÉ DU CHAPITRE XXV

Les piles fournissent de l'électricité par des réactions chimiques.

On obtient un élément de pile en plongeant par exemple une lame de zinc et une lame de cuivre dans de l'eau acidulée et fixant à chacune de ces lames un fil de cuivre. Les deux fils de cuivre s'électrisent, et il existe entre eux une différence de potentiel (force électromotrice) d'environ un volt. Si on les réunit, il se produit dans le circuit un mouvement de l'électricité, mouvement qui est entretenu (*courant électrique*) par les réactions chimiques (formation de sulfate de zinc, dégagement d'hydrogène).

La force électromotrice d'un élément de pile s'évalue en *volts*; l'intensité du courant (quantité d'électricité par seconde), en *ampères*; la résistance du circuit en *ohms*. L'intensité du courant est le quotient de la force électromotrice par la résistance totale (loi d'Ohm).

Le principal inconvénient de l'élément zinc-cuivre-eau acidulée est l'affaiblissement progressif du courant dû à la polarisation des électrodes (dégagement d'hydrogène sur l'électrode positive). Dans les piles modernes, on absorbe l'hydrogène à l'aide d'un dépolarisant.

Dans l'*élément Daniell*, le liquide attaquant le zinc est de l'eau acidulée, le liquide dépolarisant est une dissolution de sulfate de cuivre placée dans un vase poreux; l'électrode positive est un cylindre de cuivre.

L'*élément Bunsen* a comme dépolarisant l'acide azotique; l'électrode positive est un prisme de charbon de cornues.

Dans l'*élément au bichromate*, le liquide actif et le dépolarisant sont mélangés (eau, acide sulfurique, bichromate de potassium); l'électrode négative est une lame de zinc placée entre deux lames de charbon parallèles.

L'*élément Leclanché* est un élément à dépolarisant solide (bioxyde de manganèse); le liquide actif est une dissolution de chlorure d'ammonium, l'électrode positive est une plaque de charbon de cornues enfouie entre deux plaques de bioxyde et de charbon agglomérés.

Enfin l'*élément de Lalande et Chaperon* a pour dépolarisant l'oxyde de cuivre. Le liquide actif est de la potasse en dissolution dans laquelle plonge une spirale de zinc (électrode négative).

L'usage des piles est restreint depuis qu'on utilise de puissantes machines productrices d'électricité. Les piles servent à actionner les téléphones, sonneries, bobines d'induction; on les emploie en galvanoplastie, etc.

Tout composé conducteur est décomposé par le passage d'un courant. La séparation se fait entre le métal ou l'hydrogène (sur l'électrode négative) et le radical (sur l'électrode positive).

L'électrolyse de l'*acide sulfurique étendu* se fait dans un voltamètre à fils de platine ; de l'oxygène se dégage à l'anode, un volume double d'hydrogène, à la cathode. Dans l'électrolyse du *sulfate de cuivre*, il y a dépôt de cuivre sur la cathode. Les applications des électrolyses des sels sont la galvanoplastie, la galvanisation, l'électrométallurgie. Un ampère correspond à un coulomb par seconde ; c'est l'intensité du courant qui dépose 1^{milligr},118 d'argent par seconde.

Le courant échauffe les conducteurs qu'il traverse, rougit et fond les fils fins. La quantité de chaleur dégagée est proportionnelle au carré de l'intensité, à la résistance et au temps. On utilise cette chaleur en chirurgie et dans les lampes à incandescence.

Les effets lumineux se manifestent lorsqu'une région du circuit présente une grande résistance. Les *lampes à incandescence* sont formées d'un fil en charbon très fin enfermé dans une ampoule en verre où l'on a raréfié l'air. L'*arc voltaïque* est la flamme brillante qui jaillit entre deux charbons parcourus par un courant quand on les écarte l'un de l'autre. L'éclat de cette flamme est dû à des particules de carbone qui se détachent des charbons, brûlent et se volatilisent. L'arc voltaïque est utilisé dans les fours électriques.

Les *accumulateurs* emmagasinent de l'énergie électrique en utilisant le phénomène de la polarisation.

L'accumulateur Planté se compose de deux lames de plomb immergées dans l'eau acidulée. Quand on y fait passer un courant, la lame positive se recouvre de bioxyde de plomb, l'hydrogène se porte sur la lame négative. Si l'on relie les deux lames après avoir interrompu le courant de charge, l'hydrogène réduit le plomb oxydé et il y a production d'un courant dit secondaire. Dans l'accumulateur Faure, les oxydes de plomb sont déposés préalablement sur les lames (litharge sur les lames négatives, minium sur les lames positives). Les accumulateurs servent surtout pour l'éclairage et la traction.

EXERCICES SUR LE CHAPITRE XXV

74. Quelle est la force électromotrice d'un élément de pile, sachant que l'intensité du courant qu'il fournit est de 3^{amp},6 et que la résistance totale de l'élément et du fil interpolaire est de 0^{ohm},5 ?

75. Un élément de pile a une force électromotrice égale à 1^{volt},48. La résistance totale de la pile et du circuit interpolaire est de 0^{ohm},25. Quelle quantité d'électricité évaluée en coulombs fournira le courant en une heure ?

76. Un courant passant à travers un voltamètre à azotate d'argent pendant 35 minutes dépose 13^{gr},25 de métal. Quelle est l'intensité du courant et combien a-t-il passé de coulombs ?

77. Un courant donne 120^{cc} d'hydrogène par minute, à 20° et sous la pression de 75cm. La force élastique maxima de la vapeur d'eau acidulée à 20° est 17mm : calculer l'intensité du courant.

78. On veut recouvrir d'une couche d'argent de 0mm,5 d'épaisseur une sphère de cuivre de 3cm de diamètre. A cet effet, on l'introduit dans un bain d'argenture où l'on fait passer un courant capable de dégager 11cc,11 d'hydrogène par seconde. Au bout de combien de temps la couche d'argent aura-t-elle atteint sur la sphère l'épaisseur voulue?

79. On fait passer pendant une minute un courant de 2amp,5 dans un fil de cuivre ayant 5 ohms de résistance. Le fil est plongé dans un calorimètre contenant 500gr d'eau. Quelle sera l'élévation de température de l'eau?

TABLE DES MATIÈRES

CHAPITRE XVII

Vapeur d'eau dans l'atmosphère.

CHAPITRE XVIII

Conductibilité. — Rayonnement.

ÉLECTRICITÉ

CHAPITRE XIX

Phénomènes fondamentaux.

CHAPITRE XX

Influence électrique.

CHAPITRE XXI

Potentiel et capacité électriques.

CHAPITRE XXII

Condensateurs.

CHAPITRE XXIII

Machines électriques.

CHAPITRE XXIV

Électricité atmosphérique.

CHAPITRE XXV

Piles. — Courant électrique.

CHARTRES. — IMPRIMERIE DURAND, RUE FULBERT.

www.ingramcontent.com/pod-product-compliance
Ingram Content Group UK Ltd.
Pitfield, Milton Keynes, MK11 3LW, UK
UKHW020103200726
13856UKWH00002B/356

9 782013 541640